高等院校规划教材

爆破工程及安全技术

主　编　高文蛟　赵启峰
副主编　胡　洋　韩　亮
　　　　冯吉成　郭敬中

中国矿业大学出版社
· 徐州 ·

内 容 提 要

本书是在第一版的基础上，根据近年来爆破器材和爆破技术的最新发展，以及爆破工程领域最新法律法规，对相关章节内容进行了更新和补充，使本书更切合现代爆破技术的要求。全书主要介绍了炸药及爆炸的基本概念、起爆器材和起爆技术、爆破凿岩机械、岩石爆破破碎理论、井巷爆破、露天爆破、矿山地下爆破、建（构）筑物拆除控制爆破、爆破器材安全管理、爆破工程安全管理和爆破安全技术等方面的内容。

本书可作为高等院校地矿类、安全工程、岩土工程等相关专业的教材和爆破作业人员及安全技术人员的培训教材，也可作为相关科研设计单位、管理部门和施工单位工程技术人员的参考资料。

图书在版编目(C I P)数据

爆破工程及安全技术 / 高文蛟，赵启峰主编. —徐州 ：中国矿业大学出版社，2022.7(2024.8 重印)

ISBN 978 - 7 - 5646 - 5453 - 5

Ⅰ. ①爆… Ⅱ. ①高… ②赵… Ⅲ. ①爆破技术②爆破安全 Ⅳ. ①TB41

中国版本图书馆 CIP 数据核字(2022)第 112240 号

书　　名 爆破工程及安全技术

主　　编 高文蛟　赵启峰

责任编辑 吴学兵

出版发行 中国矿业大学出版社有限责任公司

（江苏省徐州市解放南路　邮编 221008）

营销热线 (0516)83884103　83885105

出版服务 (0516)83995789　83884920

网　　址 http://www.cumtp.com　**E-mail**:cumtpvip@cumtp.com

印　　刷 徐州中矿大印发科技有限公司

开　　本 787 mm×1092 mm　1/16　**印张** 16　**字数** 399 千字

版次印次 2022 年 7 月第 1 版　2024 年 8 月第 2 次印刷

定　　价 35.00 元

（图书出现印装质量问题，本社负责调换）

前　言

爆破作为矿山、建筑、公路、铁路、水利等工程建设中最为重要的破岩手段，随着科学技术的进步和技术规范、法规的不断完善，近年来，淘汰了一些在工程应用中不安全的器材和设备，也涌现出了不少新器材、新工艺，同时行业有关规范、法规也作了相应的调整。为了更好地适应爆破技术的发展和教学的需要，作者根据自己长期从事爆破的科研实践和多年的教学经验，参考了许多专家和工程技术人员的著作和文章，在保持第一版的体系、基本内容和风格的基础上，本次对以下几方面做了一些修订：

(1) 爆破器材方面删除了火雷管、导火索的相关内容，增加并更新了电子雷管结构、性能及其在工程应用领域中的最新研究成果，使读者对爆破器材的认识能与时俱进。

(2) 凿岩作业作为工程爆破的重要工艺环节，本次修订增加了爆破凿岩机械相关内容，使本书知识体系更加完整。

(3) 为了适应采矿工程专业教学要求，特增加了金属矿山井下爆破相关内容。

(4) 根据《爆破安全规程》(GB 6722—2014)最新内容，对爆破器材安全管理和爆破工程管理的相关章节及对应条款进行了修订。

本书由高文蛟、赵启峰任主编，胡洋、韩亮、冯吉成、郭敬中任副主编。高文蛟、赵启峰对全书进行了统稿和修改。具体编写分工如下：高文蛟编写第1章、第10章、第13章；赵启峰编写第2章、第3章、第4章；胡洋编写第6章、第11章；韩亮编写第8章、第12章；冯吉成编写第5章、第7章；郭敬中编写第9章。

由于编者水平有限，加之时间仓促，书中难免有不当之处，恳请广大读者批评指正。

编　者

2022年2月

目　录

1 绪 论

1.1 爆破器材的发展史

爆破器材是人类历史发展到一定阶段的产物。我们的祖先早在公元7世纪最先发明了以硫黄、硝石和木炭为原料配制的黑火药。黑火药发明后，公元10世纪，我国才开始将黑火药应用于军事。大约在公元13世纪，黑火药经印度、阿拉伯传入欧洲，直到1627年，匈牙利人将黑火药用于采掘工程，从而拓展到了爆破工程的领域。黑火药作为世界上第一代工业炸药一直使用到19世纪中叶，延续达几百年之久。

现代炸药的合成始于18世纪，1771年，英国P.沃尔夫合成了苦味酸，用作黄色染料，直到1885年，法国才将苦味酸用于装填弹药。1863年，德国J.维尔布兰德制得了梯恩梯，1902年，德国首次以梯恩梯装弹。1891年，德国化学家托伦斯等人用季戊四醇与浓硝酸硝化制得太安，这是一种单体高能炸药，多用于制造导爆索、传爆药柱以及雷管中的次发装药，在第一次世界大战中太安得到了比较广泛的应用。1899年G.F.亨宁在合成医药时制得黑索今，1922年G.C.赫尔茨首先确认它是一种有价值的炸药，在第二次世界大战中受到各国的重视，并发展了以黑索今为基础的高性能混合炸药。1941年，G.F.赖特和W.E.巴克曼发现的奥克托今，在第二次世界大战后得到了实际应用。至此，从应用的单体炸药而言，炸药的发展经历了第一代苦味酸、第二代梯恩梯、第三代黑索今的3个里程碑的时代。

工业混合炸药的发展历程是从硝化甘油炸药开始的。1847年，意大利A.索布伦采用硝硫混酸低温硝化工艺首先制得硝化甘油，并认识到它具有爆炸性能，直到1862年由瑞典工程师诺贝尔建立了第一个生产硝化甘油的工厂，但由于硝化甘油的液体稠度较大及对冲击摩擦的感度较高，极大地限制了它的应用。诺贝尔在一个偶然的机会把硝化甘油溅到包装用的硅藻土里，发现硅藻土能吸收大约3倍于自身质量的硝化甘油，于是他开始将75%硝化甘油和25%硅藻土的混合物作为爆炸剂投放市场，这就是诺贝尔发明的第一代代拿买特(Dynamite)。此后诺贝尔公司对其展开进一步研究得到了一系列产品，如爆胶、代拿买克斯(Dynamex)等。由于代拿买特具有易起爆、传爆稳定且爆炸威力高等特点，它迅速取代了黑火药，获得了广泛的应用。1867年瑞典工程师Ohlsson和Norrbein提出了硝酸铵和各种燃料油制成的混合炸药专利，从而奠定了硝铵类炸药与代拿买特炸药相互竞争发展的基础。硝铵类炸药经过几十年的发展，已逐步形成适合各种爆破条件的炸药系列，如铵梯炸药、铵梯油炸药、铵油炸药、多孔粒状硝铵炸药、铵松蜡炸药、煤矿许用铵梯炸药等。浆状炸药是1956年由库克及法纳姆发明并开始使用的，它是以胶凝剂稠化的硝酸铵水溶液为连续相，燃料及敏化剂为分散相，通过交联剂形成网状结构的凝胶炸药。这种结构把水及敏化剂引入工业炸药体系中，不仅给工业炸药品种增添了一个新的系列，而且打破了工业炸药不能含水的传统观念，巧妙地解决了工业炸药抗水的难题，为新型工业炸药的研制开创了广阔的天地，为以后的水胶炸药和乳化炸药的诞生奠定了基础。水胶炸药是在浆状炸药的基础上改良获得的，由于浆状炸药的爆轰波冲击感度比较低，很难用8号雷管起爆，因此通过采用不同的敏化剂(甲胺硝酸盐)对浆状炸药进行改造，使得原浆状炸药的硝酸铵、硝酸钠混合体的析晶点明显降低，微细液珠的分散性增强，胶体的稳定性好，爆轰波感度显著提高，可直接用8号雷管起爆，爆轰性能也得到了显著改善。1958年，英国的迪西基特研制成功了具有良好的爆轰性能的液体炸药。1969年，美国阿特拉斯化学工业有限公司的布卢姆发明了以油为连续相、过饱和氧化剂(硝酸盐)水溶液微滴为分散相的乳化炸药，使含水炸药进一步得到发展。到了20世纪90年代，我国又相继研制出了粉状乳化炸药和膨化硝铵炸药等新品种。

起爆器材的发展与应用始于18世纪，1778年，L. G. 布朗哈里特发现雷汞，直到1799年才由英国人高尔瓦德制造出了雷汞；1831年美国人比克福德发明了导火索；1863年瑞典人诺贝尔发明了火雷管。进入20世纪后，随着科学技术的进步和新理论研究成果的应用，爆破器材和爆破技术也有了长足的发展。1919年出现了以太安为药芯的导爆索；1927年，在瞬发电雷管的基础上研制成功了秒延期电雷管；1946年，研制成功了毫秒延期电雷管；1967年，瑞典诺贝尔公司发明了塑料导爆管。电子雷管技术的研究开发工作大约始于20世纪80年代初，到80年代中期电子雷管产品开始进入起爆器材市场。

尽管黑火药诞生在我国，但我国的炸药工业发展较晚。中华人民共和国成立后，随着国民经济的迅速发展，建立了炸药厂，才真正有了自己的工业炸药。1953年，我国开始生产以硝酸铵为主要成分，含梯恩梯、木粉等成分的粉状铵梯炸药，年产量为2×10^4 t。1957年，长沙矿山研究院等单位对粉状铵油炸药进行了比较深入的研究，1963年，铵油炸药得到了全面的推广和应用。1959年，我国开始研制浆状炸药，20世纪60年代中期在矿山爆破中获得应用，进入70年代浆状炸药发展十分迅速，浆状炸药装药车和可泵浆状炸药的出现，更好地满足了露天爆破作业的需要。70年代后期，我国开始研制乳化炸药，90年代独创了粉状乳化炸药。目前乳化炸药已发展成品种齐全、能满足各种环境需求的主打品种。

在起爆器材方面，中华人民共和国成立初期仅能生产导火索、火雷管和瞬发电雷管，随着技术的进步和生产的需求，逐步能生产秒级延期和毫秒级延期电雷管。到20世纪70年代初期，阜新矿务局十二厂生产了导爆索和继爆管。70年代末，我国自行研制出了塑料导爆管及其配套的非电毫秒、半秒、秒延期起爆雷管，由于该种起爆器材的优越性，其在露天矿山爆破、非煤地下矿山爆破、一般岩土爆破和城市拆除爆破等工程领域中得到了广泛的应用。80年代中期，根据电磁感应原理我国研制生产了电磁雷管，90年代研制出了变色塑料导爆管。近年来，30段等间隔(25 ms)毫秒延期雷管系列已研制成功并投入应用。低能导爆索(3.0 g/m、1.5 g/m)、高能导爆索(34 g/m及以上)、普通导爆索、油井导爆索和安全型导爆索等已形成系列产品。为提高深孔爆破的起爆能量，我国还研制了各种型号的起爆药具来满足生产需求。

我国民用爆破器材行业经过60多年的发展，特别是改革开放以来的迅速发展，已形成产品比较齐全、能力比较完备的工业体系，主要产品有工业炸药、工业雷管、工业导火索、工业导爆索、非电导爆管系统、起爆药、爆破剂、震源器材、油气井爆破器材和起爆药具等多个品种，基本满足冶金、煤炭、水电、土建、铁路、交通、航运、石油、天然气、机械制造等工业部门的建设与生产需要。

1.2 爆破技术在国民经济建设中的作用

爆破是以工程建设为目的的技术，它直接为国民经济建设的各种工业生产和开挖施工提供了重要的技术手段。目前，在冶金、煤炭等矿业部门的矿岩开挖，水电部门定向抛掷筑坝，土建中的基坑岩石的破碎和废旧建(构)筑物的拆除，铁路交通的隧洞路堑开挖，航道的礁石疏通，石油油井的特殊处理，天然气储存硐室的建设，机械加工制造领域的爆炸复合和焊接、爆炸合成、爆炸硬化、特殊部件的爆炸加工等国民经济工程建设和生产领域均取得了广泛的应用。下面主要就硐室爆破、深孔爆破和拆除爆破在我国的发展情况做一个简要的回顾。

硐室爆破在我国矿山、铁路、公路、水利水电、机场的建设中均有应用，炸药量也从几百千克到上万吨。中华人民共和国成立以后万吨级的硐室爆破仅有3次，其中最大的一次是1956年甘肃白银厂露天矿建设的剥离硐室爆破，其炸药量达1.564×10^4 t，爆破方量为9.077×10^6 m^3，也是我国首次万吨级硐室大爆破；1992年12月28日广东珠海炮台山非矿山的填海抛掷硐室爆破，总药量为1.2×10^4 t，一次性破碎和抛掷方量达$1.085\ 2\times10^7$ m^3，有效抛掷率为51.36%，控制方向的飞石不超过300 m，邻近爆区600 m的民房无倒塌，达到了设计要求。中华人民共和国成立后部分达到千吨级的硐室爆破见表1-1。

表1-1 达到千吨级的硐室爆破

序号	年份	地点	爆破类型	爆破量/($\times10^4$ m^3)	炸药总量/t	单耗/(kg/m^3)	抛掷率/%
1	1956	甘肃白银厂露天矿	加强松动和抛掷	907.7	15 640	1.460	25.10
2	1964	甘肃金川镍矿	加强松动	218.4	1 655	0.724	
3	1969	广东南水电站	定向抛掷爆破	100	1 394		
4	1971	攀枝花狮子山铁矿	分层加强松动	1 140	10 162	0.817	
5	1973	陕西石峪水库	定向抛掷爆破	136	1 575		
6	1978	江西永平铜矿	加强松动	114.2	1 001	0.690	
7	1985	福建顺昌洋菇山	抛掷爆破	122.2	1 702	1.100	64.20
8	1991	广东惠州芝麻州	定向抛掷爆破	1 082	3 750		
9	1992	广东珠海炮台山	加强松动和抛掷	1 085.2	12 000	0.817	51.36
10	1992	广东马鞭州第二炮	一侧抛掷，一侧松动	118	1 350	1.140	49.60
11	1993	广东珠海铁头嘴山	定向抛掷爆破	127	1 165.5	0.880	42.80
12	1994	贵州贵阳龙登堡机场	松动爆破	225	3 010	1.180	
13	1995	福建漳州经济开发区	松动爆破	181	1 240	0.829	
14	1997	福建上杭紫金山金矿	抛掷爆破	125	1 036	0.829	62.60
15	2002	首钢大石河铁矿	抛掷爆破	181	1 301	0.728	60
16	2007	宁夏汝箕沟矿区		633	5 500		

尽管硐室爆破所需设备简单、施工速度快且不受地形和气候条件影响，但是爆破药量集中，爆炸能量也很不均匀，使得爆破危害（爆破地震、爆破空气冲击波、爆破飞石、烟尘等）难以控制，大块率很高，二次破碎量增加，显著降低劳动生产率，同时爆破施工的劳动条件极差。因此，随着科学技术的发展和装备水平的提升，深孔爆破在大规模爆破中逐渐得到重视，它不仅广泛应用于地下矿山、铁路、公路、水利水电的爆破工程中，还应用于采石场、工业广场平整、露天矿山的剥离和采矿中，在我国大型工程建设中取得了举足轻重的地位。

拆除爆破是指采用爆破的方法对建（构）筑物进行拆除的控制爆破，这种控制爆破技术是第二次世界大战之后才迅速发展起来的一项爆破新技术。该技术在城市改造和工矿企业改扩建等方面发挥了重要作用。我国在拆除爆破方面起步较早，1958 年东北工学院首次用爆破方法拆除了 120 m 高的钢筋混凝土烟囱。同年，为修建北京人民大会堂、历史博物馆，工程兵用密孔爆破法拆除了旧银行金库及银行大厦基础，开创了我国拆除爆破的先河。1973 年，北京铁路局和铁道科学研究院合作拆除旧北京饭店约 2 200 m^3 钢筋混凝土结构的地下室。1976 年，中国人民解放军工程兵学院和南京工程兵学院协作，拆除天安门广场两侧总面积为 1.2×10^4 m^2 的 3 座大楼。1979 年，铁道部第四勘察设计研究院采用水压爆破技术拆除长 5.7 m、宽 3.6 m、高 2.7 m、壁厚 0.5 m 的钢筋混凝土滤水罐。20 世纪 80 年代后，拆除爆破技术在全国得到了广泛的推广应用。许多科研单位、高等院校将爆破理论与实践相结合，使拆除建（构）筑物的复杂性、拆除的高度、一次拆除的面积等都在不断增加，拆除爆破技术在此阶段得到了飞速发展。

目前，经过半个多世纪的发展，拆除爆破技术对拆除物的倒塌方向和破碎程度，以及爆破震动、空气冲击波、飞石、粉尘等爆破有害效应均可实现有效控制，以其拆除速度快、安全性高、经济效益好、劳动强度低等优势，在我国现代化建设中显示出了强大的威力。表 1-2 为我国拆除的 15 层以上或类似高度建筑物爆破实例，表 1-3 为我国近年来拆除的 100 m 以上烟囱的爆破实例。

表 1-2　我国 15 层以上建筑物拆除爆破的部分实例

序号	年份	地点	工程名称	层数	高度/m	爆破孔数/个	药量/kg
1	1995	武汉	武汉 18 层危楼	18	56	6 000	300
2	1999	上海	上海长征医院	18	67.3		
3	2001	北京	北京东直门 16 号楼	20	62.18	11 007	362
4	2003	南宁	南宁公安局办公楼	15	54.64	10 587	221
5	2003	乌鲁木齐	鸿春园饭店	18	64.5		
6	2004	温州	中银大厦	22	93	3 300	300
7	2004	阜新	阜新市发电厂房		45	12 094	1 220

表 1-3 我国近年来 100 m 以上烟囱拆除爆破的部分实例

序号	年份	地点	高度/m	承担单位
1	1996	广东茂名炼油厂	120	广东宏大爆破公司
2	1998	鞍钢发电厂	120	东北大学、辽宁省高科爆破工程有限公司
3	2001	云南宣威电厂	120	昆明理工大学、云南天宇爆破技术有限公司
4	2001	广西合山电厂	120	铁道部铁道科学研究院
5	2002	天津大港发电厂	120	铁科院北京铁锋爆破公司
6	2003	浙江温州镇海电厂	150	广东宏大爆破公司
7	2008	彭州煤矸石电厂	120	四川铁建爆破工程有限公司
8	2010	华润电力鲤鱼江电厂	120	

1.3 工程爆破的主要内容与基本特点

1.3.1 工程爆破的主要内容

20 世纪 50 年代以来，钻孔机具、爆破器材和计算机技术的发展为工程爆破现代化提供了坚实的物质基础，极大促进了工程爆破的发展，拓宽了它的应用范围，已从传统的岩土爆破渗透到国民经济建设的各个领域。因此，现代工程爆破涵盖爆破器材、爆破施工机械、爆破工程地质、爆炸与炸药基本理论、爆破技术与工程应用等方方面面，图 1-1 列述了其涵盖的主要内容。

工程爆破作为人类改造自然的有力工具，也具有特定的工程对象和质量、安全、工期及主要技术经济指标等目标要求，项目密切结合工程实际，爆破效果要通过实践评价检验。因此，工程爆破设计和施工要做到技术可行、经济合理和安全可靠。

技术可行，是指爆破设计方案所采用的各项技术在施工中是可行的，通过精心设计，能够达到预期的工程目标和各项要求。

经济合理，是指爆破设计方案不仅能够实现工程项目提出的主要技术和质量指标，而且有可能降低爆破成本，避免因爆破不当带来额外的工作。

安全可靠，是指采取必要的安全防护和监测措施，保证爆破作业与环境安全，把爆破地震、空气冲击波、个别飞散物、有害气体、噪声、粉尘和对生态环境影响等爆破公害限制在允许的范围以内，保证施工与爆破安全。

1.3.2 工程爆破的基本特点

工程爆破涉及的领域广阔、内容丰富、方法手段各异，且作业环境条件复杂，其基本特点可以概括归纳为以下 5 个方面：

(1) 工程爆破是一种涉及爆炸物品的高风险特种行业。炸药和雷管等爆破器材是工程爆破作业中必不可少的物质保证，购买、运输、储存、使用炸药和雷管等爆炸物品是爆破工作者必然涉及的事情。但是，它们属于易燃易爆物品，在特定条件下，其性能是稳定的，购买、运输、储存、使用它们是安全的，若使用或处置不当又极易发生爆炸事故，并且是不可逆转

图 1-1　现代工程爆破涵盖的主要内容

的，故工程爆破是一种涉及爆炸物品的高风险的特种行业。

(2) 工程爆破外部环境特定且复杂。一般来说，工程爆破都是在特定的条件下进行的，其外部环境复杂且要求严格。例如，城市楼房拆除爆破通常是在闹市区和交通要道地区内进行的，且与保留建筑物毗邻或结构相互连接，又有市政铺设的各种管道和线路等。在这样复杂的环境条件下进行拆除爆破，就会对爆破设计、防护、环保、施工扰民等环节提出更高、更难的要求。

(3) 对爆破器材有特定的严格要求。尽管不同工程爆破使用的炸药等爆破器材的品种会有所不同，但是对爆破器材的质量、性能的严格要求都是一致的。例如，矿山毫秒延期爆破时，对雷管的准爆率和延期精度及炸药爆炸性能的可靠性有很高要求。又如，高温爆破对爆破器材的耐高温性能有特殊的要求。

(4) 工程爆破施工环节多而复杂。一般来说，爆破技术人员应首先熟悉被爆对象的工程地质条件及爆破要求，搜集有关资料，然后再着手设计(包括可行性研究、技术设计、施工图设计、设计审查和安全评估)、钻孔(包括布孔、钻孔、测量与验收)、装药(包括炸药和雷管等起爆器材的选择、合理位置的确定、合理装填)、连接爆破网路、起爆、警戒、监测爆破有害效应。爆破周围环境的安全涉及社会和民生问题等诸多环节，每一个环节都必须慎之又慎，才能获得良好的爆破与安全效果。

(5) 从业人员必须经过严格的培训考核，持证上岗，熟悉并严格遵守爆炸物品的管理规定和国家标准《爆破安全规程》(GB 6722)。这些规定都是从成千上万例事故中总结出来的，是血的教训，爆破工作者必须严格遵守。

2　炸药及爆炸的基本理论

2.1　爆炸及其分类

爆炸是指在适宜的条件下，某些物质发生急剧的物理或化学变化，其内部的能量瞬间释放，并借助系统内原有气体或爆炸后生成气体的膨胀，对系统周围介质做功，使之发生冲击破坏效应的现象。

爆炸是宇宙中普遍存在的一种重要的自然现象。爆炸可以由各种不同的物理或化学变化引起。根据爆炸的起因和特征，爆炸大致可分为物理爆炸、核爆炸和化学爆炸。

(1) 物理爆炸。由物态变化(如蒸汽锅炉或高压气瓶、地震、强火花放电等)所引起的爆炸叫物理爆炸。该类爆炸是由内部压力或物态发生剧烈变化引起的，其特征是爆炸过程中只是物态发生了变化，其物质的化学成分和性质并没有改变。

(2) 核爆炸。由某些具有放射性物质产生的核裂变(如 U235 的裂变)或核聚变(如氘、氚、锂核的聚变)反应所释放出的核能引起的爆炸叫核爆炸。该类爆炸是原子发生了核裂变或核聚变，释放出大量的能量引起的，其特征是物质的原子发生了改变。

(3) 化学爆炸。物质变化时发生极为迅速的放热化学反应(如细煤粉悬浮于空气中的爆燃、炸药爆炸等)，生成高温高压的气体产物而引起的爆炸叫化学爆炸。该类爆炸是物质的分子发生了化学变化，且释放出了大量的热和气体产物引起的，其特征是物质的分子结构发生了改变。

2.2　炸药及其相关概念

爆破是利用炸药的爆炸能量对介质做功以达到预定工程目标的作业。在工程爆破中，研究应用最为广泛的是炸药的化学爆炸，因此，本书重点介绍炸药的化学爆炸及其相关知识。

炸药是一种相对不稳定的化合物或混合物，在一定外界条件下能够发生快速化学反应，释放出热量，生成大量气体产物，显示爆炸效应。

2.2.1　炸药爆炸的三要素

放出大量热量、产生大量的气体产物和能自动传播的高速化学反应是出现爆炸现象的 3 个必要条件，一般称为炸药爆炸三要素。这 3 个条件正是任何化学反应成为爆炸性反应所必备的，三者互相关联、缺一不可。

(1) 释放出大量热量。反应过程的放热性是爆炸现象发生的首要条件，它是对外做功的能源。例如，硝酸铵在常温到 150 ℃时是吸热的分解反应，就不会发生爆炸；当把它加热到接近 200 ℃时，虽然发生了放热的分解反应，但释放出的热量不大，不足以形成爆炸；当把它迅速加热到 400～500 ℃或在爆轰波激发下，就会提高硝酸铵的放热效应，从而形成爆炸。

(2) 产生大量的气体。由于气体具有远远超过固体和液体的压缩比与膨胀系数，因此，炸药爆炸就是利用气体的可压缩性和膨胀性，将释放出的热量转化为对外做功的机械能，即气体是炸药爆炸对外做功不可缺少的中间媒介条件。例如，铝热反应，产生化学反应时所释放出来的热量大于一般炸药，反应速度也很快，但由于不能生成大量的气体产物，不能把热能转化为机械功，所以这种物质的化学反应就不具有爆炸性。

(3) 能自动传播的高速化学反应。炸药爆炸过程中，在反应区内炸药变成气体产物的时间只需要 10^{-6}～10^{-5} s，在这样短的时间内所生成的气体和能量均聚集在原炸药占据的空间中来不及扩散，使气体的压力和温度急剧上升，形成很高的能量密度而产生爆炸。这是爆炸反应区别燃烧及其他化学反应的一个显著特点。

因此，放热性为炸药爆炸提供了能源；反应生成的大量气体为炸药爆炸对外做功提供了工作媒介；快速的化学反应则是使炸药爆炸释放出的有限能量集中在有限空间的必要条件。它们三者之间是相互联系、互为条件的，体现了炸药爆炸的共同特性。

2.2.2 炸药组成特点和爆炸机理

1. 炸药组成特点

(1) 炸药是能发生自身燃烧和爆炸反应的物质（自带氧的物质），即炸药本身含有化学反应最终产物 CO_2 和 H_2O 的必要元素碳、氢、氧等，使炸药发生化学反应时不需要外界任何其他物质参与即可完成。

(2) 炸药是具有相对稳定性的物质系统，即炸药应具有一定的稳定性，不能是一触即发的危险物品，而只有达到一定条件后才能使其产生爆炸反应。正因如此，炸药才能安全生产、运输、储存和使用。

(3) 炸药的能量全部存储于分子结构中，也就是说，炸药的分子要具有爆炸结构。这种结构分子发生爆炸反应所释放出的能量，能使其他分子自动活化形成自恃式的爆轰反应。

(4) 炸药是具有高能量密度的物质。炸药与一般燃料相比，单位质量的炸药爆炸后所放出的热量并不比一般燃料燃烧后所放出的热量多，但是如以反应产物单位时间体积能量计算，则炸药却大大高于一般燃料。

2. 炸药爆炸机理

炸药在一定条件下之所以能够发生化学爆炸，是因为组成炸药的化学分子中包含比较活泼的氧化剂和可燃剂。对一个化合物分子来说，氧化剂是指分子中的含氧基团，可燃剂是指分子中含碳、氢的基团。这两种基团都是反应性很强的活性原子基团，在一般情况下，它们在分子中被活性小的中性原子基团或原子分隔，但当炸药分子被外界能量活化时，分子运动速度增大，分子之间的碰撞增强，致使炸药分子破裂，释放出活性基团，因此，它们之间相互发生化学反应，以热能形式释放出其内部所含的化学能，并借助迅速膨胀的气体产物，把能量传递给周围介质而做功，这就是炸药的爆炸机理。

根据上述炸药组成的特点和爆炸机理，炸药虽然属于不稳定体系的物质，但在不受外界作用的条件下，炸药是稳定的，不会发生爆炸，因而炸药才能安全地生产、运输、存储和使用。因此，炸药是既具有相对稳定性又带有不稳定因素的矛盾统一体。研究炸药就是要研究和掌握炸药不稳定的条件以及了解促使炸药稳定的因素，从而找出炸药安全使用的技术规则，为人类谋福利。

2.2.3 炸药化学反应的基本形式

炸药爆炸并不是炸药唯一的化学反应形式。由于环境和引起炸药化学反应的条件不同，同种炸药可能有缓慢分解反应、燃烧反应和爆炸反应3种不同形式的化学变化。这3种化学反应形式进行的速度不同，生成产物和热效应也不同。

1. 缓慢分解反应

炸药与一般化合物一样，在常温常压下部分分子均能发生缓慢的化学分解反应，环境温度越高，其分解速度也越快。

缓慢分解反应的特点：反应是在全部炸药中进行的，炸药内部各点的温度相同，没有集中的反应区，环境温度对其反应速度影响较大。缓慢分解反应一般都伴随热量的释放，如果所释放的热量不能及时散发出去，累积起来的热量就会使炸药的温度升高，从而加快炸药的分解反应速度，释放出更多的热量，致使炸药的环境温度更高，如此循环往复热量不断累积，最终导致反应形式的升级，造成炸药的燃烧或爆炸。

炸药缓慢分解反应反映了炸药的化学安定性指标，所以在炸药存储时储存量不宜过多、堆放不宜过密过紧，而且库房内温度不宜过高，要注意通风，防止炸药因温度过高分解反应加速而发生燃烧或爆炸事故。

2. 燃烧反应

炸药在热的作用下可以燃烧，并以一定的速度在炸药内传播，而且这种燃烧不需要外界供氧就可以进行。

燃烧反应的特点：反应不是在全部炸药中同时发生，而只是在炸药局部区域内进行，但是它可以在炸药中自动传播。开始发生燃烧的面称作焰面，焰面的传播速度称作燃烧速度。炸药燃烧主要靠热传导来传递能量，燃烧速度不会很高，一般为几毫米每秒到几米每秒，最高也能达到几百米每秒，但都低于炸药的声速。

炸药在燃烧过程中，若燃烧速度保持定值，不发生波动，这样的燃烧称为稳定燃烧，否则为不稳定燃烧。炸药燃烧速度能否保持稳定，取决于燃烧过程中的热平衡：如果燃烧释放的热量与传导到炸药邻层和周围介质散失的热量相等，则燃烧就能稳定进行；否则燃烧速度加快或降低，形成爆炸或缓慢分解反应。

根据燃烧的特性，炸药可分为起爆药、猛炸药和火药3大类。起爆药一旦燃烧，化学反应非常迅速，因此燃烧很不稳定，非常容易转化成爆炸；猛炸药一般能稳定燃烧，但在一定条件下又可以很快转化成爆炸；火药燃烧的稳定性最好，一般不会爆炸，但在特殊条件下也能爆炸。

因此，当炸药燃烧时所生成的气体和热量不能及时排出时，燃烧反应就可以转化成爆炸，这一点在炸药焚毁时要特别注意。

3. 爆炸反应

炸药在冲击、摩擦或热作用下能形成爆炸。爆炸的反应过程与燃烧相类似，都是可燃元素的氧化反应，反应也只在局部区域内进行，且能在炸药内部自动传播。

爆炸反应与燃烧反应的主要区别是：燃烧靠热传导来传递能量和激起化学反应，受环境条件影响较大，而爆炸反应则依靠压缩冲击波的作用来传递能量和激起化学反应，基本上不受环境条件的影响；爆炸反应比燃烧反应更为激烈，单位时间内放出的热量与形成的温度也更高；燃烧时产物的运动方向与反应区的传播方向相反，而爆炸时产物运动方向则与反应区的传播方向相同。因此，燃烧产生的压力较低，而爆炸则可产生很高的压力；燃烧速度是亚音速的，而爆炸速度则是超音速的。爆炸反应传播速度保持在稳定时的化学反应称为爆轰，爆轰是炸药反应的最高形式，人们利用炸药做功就是利用炸药爆轰的特性。

上述炸药的化学反应形式，在一定条件下，都是能够相互转化的。缓慢分解可以发展为燃烧、爆炸；爆炸也能转化为缓慢分解。但是炸药的反应形式无论向哪个方向转化，都会给安全使用带来极大的隐患，造成重大的安全事故。

2.3　炸药的氧平衡及爆炸反应方程

2.3.1　炸药的氧平衡

1. 氧平衡的概念

炸药主要由碳(C)、氢(H)、氧(O)、氮(N)4 种元素组成，其中，碳、氢是可燃元素，氧是助燃元素，氮是载氧体。炸药的爆炸过程实质上是可燃元素与助燃元素发生极为迅速和猛烈的氧化还原反应的过程，而且氧元素由炸药自身提供。放热量最大、生成产物最稳定的氧化反应称为理想的氧化反应。若炸药内含有足够的氧，按理想的氧化反应生成的产物应为 H_2O、CO_2 和一些其他游离产物；若含氧量不足，则生成物中除了 H_2O、CO_2、N_2 以外，还有 CO、H_2 和固体碳颗粒以及其他氧化不完全的产物。每种炸药内都含有一定数量的碳、氢原子，也含有一定数量的氧原子，发生化学反应时就会出现碳、氢、氧的数量不完全匹配的情况。氧平衡是研究氧与可燃元素的平衡问题，也就是研究炸药内含氧量与可燃元素完全氧化所需氧量之间的关系。

炸药中的含氧量与能够把可燃元素完全氧化所需氧量之间的关系叫炸药的氧平衡。一般来说，对于含有碳、氢、氧、氮的单质炸药和混合炸药，其通式可写为：$C_aH_bN_cO_d$。发生爆炸时，可燃元素碳、氢元素完全氧化的反应式为：

$$C_aH_bN_cO_d = aCO_2 + \frac{b}{2}H_2O + \frac{1}{2}\left(d - 2a - \frac{b}{2}\right)O_2 + \frac{c}{2}N_2$$

根据上述反应式氧平衡可分为 3 类：

(1) 炸药中的含氧量除了把可燃元素完全氧化，尚有剩余，即 $d > 2a + \frac{b}{2}$ 的炸药称为正氧平衡的炸药。

(2) 炸药中的含氧量刚够把可燃元素完全氧化，没有剩余，即 $d = 2a + \frac{b}{2}$ 的炸药称为零氧平衡的炸药。

(3) 炸药中的含氧量不能把可燃元素完全氧化，即 $d < 2a + \frac{b}{2}$ 的炸药称为负氧平衡的炸药。

大量的实验证明，只有当炸药中的碳和氢原子全部被氧化成 CO_2 和 H_2O 时，其放出的热量最大，生成的有毒有害气体量最小，即零氧平衡时的情况。

正氧平衡的炸药未能充分利用其中氧量。剩余的氧与本来应该游离的氮化合生成氮氧化合物，其中 NO 是瓦斯爆炸反应的催化剂，因此是有害的。NO_2、N_2O_3 都有毒，而且由于它们比空气重，爆破后容易聚存于煤岩爆堆的间隙内，不易被新鲜空气吹散和稀释，人吸入体内后对内脏器官有严重损害。当空气中 NO_2 浓度达到 0.5 mg/L 时，数分钟人就死亡，因此井下应严格控制氮氧化合物的浓度。另外，氮氧化合物生成时要吸收大量的热量，这也会影响炸药能量的有效利用。

负氧平衡的炸药因含氧量不够，未能把可燃元素全部氧化，会生成 CO（俗称煤气），既有毒又有害，吸入人体后会与血红蛋白迅速结合，使人体的血液丧失载氧能力，甚至窒息死亡。另外，CO 属于可燃气体，在井下可以产生二次火焰，浓度适宜时还可造成爆炸。因此，井下空气中 CO 的浓度在《爆破安全规程》(GB 6722)中作了严格的限制。

由此可见，氧平衡对炸药的爆炸性能、放出热量、生成气体的组成和体积、有毒气体含量、爆温、二次火焰以及做功效率等都有多方面的影响。

2. 氧平衡的计算

炸药的氧平衡在数值上用氧平衡率表示。若炸药中主要含有碳、氢、氮、氧元素，其通式为 $C_aH_bN_cO_d$，则单质炸药的氧平衡率为：

$$K_b=\frac{d-\left(2a+\frac{b}{2}\right)}{M}\times 16\times 100\% \tag{2-1}$$

式中　M——炸药的相对分子质量；

a,b,d——炸药中的碳、氢、氧元素的原子个数。

对于混合炸药是以 1 kg 计，其氧平衡率为：

$$K_b=\frac{d-\left(2a+\frac{b}{2}\right)}{1\ 000}\times 16\times 100\% \tag{2-2}$$

混合炸药氧平衡率为各组分百分率与其氧平衡乘积的总和，计算式为：

$$K_b=\sum m_i k_{bi} \tag{2-3}$$

式中　m_i，k_{bi}——第 i 组分的百分率与其氧平衡率。

常用炸药和物质的氧平衡率见表 2-1。

表 2-1　常用炸药和物质的氧平衡率

物质名称	分子式	相对原子质量或相对分子质量	氧平衡率/%
硝酸铵	NH_4NO_3	80	20.0
硝酸钾	KNO_3	101	39.6
硝酸钠	$NaNO_3$	85	47.0
乙二醇	$C_2H_4(OH)_2$	62	−129.0
太安(PETN)	$C_5H_8N_4O_{12}$	316	−10.1
黑索今(RDX)	$C_3H_6N_6O_6$	222	−21.6
奥克托今(HMX)	$C_4H_8N_8O_8$	296	−21.6

表 2-1(续)

物质名称	分子式	相对原子质量或相对分子质量	氧平衡率/%
特屈儿(CE)	$C_7H_5N_5O_8$	287	−47.4
梯恩梯(TNT)	$C_7H_5N_3O_6$	227	−74.0
二硝基甲苯(DNT)	$C_7H_6N_2O_4$	182	−114.4
硝化棉(NC)	$C_{24}H_{31}N_9O_{38}$	1 053	−38.5
石蜡	$C_{18}H_{38}$	254	−346.0
木粉	$C_{15}H_{22}O_{10}$	362	−137.0
轻柴油	$C_{16}H_{32}$	224	−342.0
沥青	$C_{30}H_{18}O$	394	−276.0

对于煤矿许用炸药，由于炸药组分中有惰性盐，只要大概制定出其用量就可以了，不考虑其对氧平衡的影响。

【例 2-1】 计算梯恩梯(TNT)和硝酸铵的氧平衡率。

解 将梯恩梯的通式写为 $C_7H_5N_3O_6$，即 $a=7$、$b=5$、$c=3$、$d=6$、$M=227$。由式(2-1)得 TNT 的氧平衡率为：

$$K_b=\frac{1}{227}\times\left[6-\left(2\times7+\frac{5}{2}\right)\right]\times16\times100\%=-74\%$$

硝酸铵的通式为 $C_0H_4N_2O_3$，即 $a=0$、$b=4$、$c=2$、$d=3$、$M=80$。其氧平衡率为：

$$K_b=\frac{1}{80}\times\left[3-\left(2\times0+\frac{4}{2}\right)\right]\times16\times100\%=20\%$$

【例 2-2】 计算阿梅托(梯恩梯和硝酸铵各占 50%)炸药的氧平衡率。

解 1 kg 阿梅托炸药中含梯恩梯和硝酸铵各 0.5 kg，则梯恩梯的物质的量为 500/227 mol=2.2 mol，硝酸铵的物质的量为 500/80 mol=6.25 mol，炸药通式为：

$$2.2(C_7H_5N_3O_6)+6.25(C_0H_4N_2O_3)=C_{15.4}H_{36}N_{19.1}O_{31.95}$$

将上述通式代入式(2-2)中，得阿梅托的氧平衡率为：

$$K_b=\frac{1}{1\ 000}\times\left[31.95-\left(2\times15.4+\frac{36}{2}\right)\right]\times16\times100\%=-27\%$$

或者根据式(2-3)，其中 $m_1=m_2=50\%$，查表 2-1 可知，$K_{b1}=-74\%$，$K_{b2}=20\%$，则有：

$$K_b=\sum m_i k_{bi}=50\%\times(-74\%)+50\%\times20\%=-27\%$$

2.3.2 炸药的爆炸反应方程

炸药爆炸后是以应力波和爆生气体对介质做功来实现作业目的的。这就要求对炸药爆炸时的爆容、爆热、爆温、爆压等参数进行计算，而确定这些参数的基础是要知道炸药爆炸后的爆轰产物的组成，因此，必须要研究和确定炸药的爆炸反应方程。炸药爆炸的特点决定了要精确建立炸药的爆炸反应方程是比较困难的，这是因为：① 起爆条件不同，爆炸产物的组分不同；② 炸药密度不同，爆炸产生的温度、压力以及产物也不一样；③ 炸药本身的配比、粒度、均匀程度、装药直径、外壳包装材料等都影响炸药爆炸反应的完全程度和产物的组成；④ 爆炸反应大多是在高温高压下进行的，其产物之间会发生多种形式的可逆二次反应。但是，可以根据炸药内的含氧量，判断反应发展趋势和主要生成产物的组成，建立近似的反应方程式。在建立近似爆炸反应方程式中，布伦克里和威尔逊提出的"在充分考虑高温条件下可能发生可逆平衡反应的同时，以最大放热量为原则的方法"最为实用。根据这一方法将炸药分为3类。第一类炸药：零氧平衡和正氧平衡炸药，即 $d \geqslant 2a+\frac{b}{2}$；第二类炸药：只生成气体产物的负氧平衡炸药，即 $2a+\frac{b}{2}>d \geqslant a+\frac{b}{2}$；第三类炸药：可生成固体颗粒碳的严重负氧平衡的炸药，即 $d<a+\frac{b}{2}$。

(1) 第一类炸药的生成产物被充分氧化，即氢原子全部被氧化成水，碳原子全部被氧化成二氧化碳，氮原子和多余的氧原子以游离状态出现。因此，这类炸药的爆炸反应式为：

$$C_aH_bN_cO_d = aCO_2 + \frac{b}{2}H_2O + \frac{1}{2}\left(d-2a-\frac{b}{2}\right)O_2 + \frac{c}{2}N_2$$

(2) 第二类炸药虽然含氧量不足，不足以充分氧化可燃元素，但生成产物中全部是气体，没有游离的固体颗粒碳出现，即氢原子全部氧化成水，碳首先全部氧化成一氧化碳，氧量再多时，再将一氧化碳氧化成二氧化碳。因此，这类炸药的爆炸反应式为：

$$C_aH_bN_cO_d = \left(d-a-\frac{b}{2}\right)CO_2 + \frac{b}{2}H_2O + \left(2a-d+\frac{b}{2}\right)CO + \frac{c}{2}N_2$$

(3) 第三类炸药由于严重缺氧，要产生游离的固体颗粒碳。确定该类炸药爆炸反应方程式的原则是：首先使氢全部和氧化合成水，剩余的氧再将一部分碳氧化成一氧化碳，剩余的碳游离出来，氮原子形成氮气分子游离出来。因此，这类炸药的爆炸反应式为：

$$C_aH_bN_cO_d = \frac{b}{2}H_2O + \left(d-\frac{b}{2}\right)CO + \left(a-d+\frac{b}{2}\right)C + \frac{c}{2}N_2$$

2.4 炸药的起爆与感度

2.4.1 炸药的起爆理论

1. 起爆与起爆能

炸药属于具有一定稳定性的化学体系，但如果没有任何外部能量的作用，炸药是可以保持平衡状态的。为了打破原体系的平衡，就必须由外部给予足够的能量以激发或活化一部分炸药分子，这种使炸药活化发生爆炸反应所需的外部能量叫作起爆能。引起炸药爆炸的过程叫作起爆。

通常工业炸药的起爆能有热能、机械能和爆炸冲能3种形式：

(1) 热能。利用加热作用使炸药起爆，它又可以分为火焰、火星、电热等形式。工业雷管多利用这种形式能量做起爆能。

(2) 机械能。通过撞击、摩擦、针刺等机械作用使炸药分子之间产生强烈的相对运动，并在瞬间产生热效应使炸药起爆。这种形式能量的起爆多用于武器弹药的激发。

(3) 爆炸冲能。利用起爆药爆轰产生的爆轰波及高温高压气体产物流的动能，可以使猛炸药起爆。

2. 起爆机理

起爆能是否能使炸药起爆，不仅与起爆能量多少有关，而且还取决于能量的集中程度。根据活化能理论，化学反应只是在具有活化能量的活化分子之间互相接触和碰撞时才能发生。活化分子具有比一般分子更高的能量，故比较活泼。因此，为了使炸药起爆，就必须有足够的外能使部分分子变为活化分子，活化分子的数量愈多，其能量同分子平均能量相比愈大，则爆炸反应速度也愈高。图 2-1 所示为炸药爆炸反应过程中能量的变化。

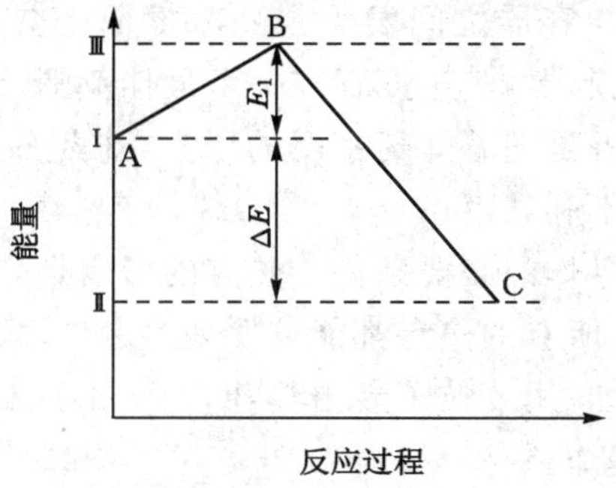

图 2-1 炸药爆炸时能量变化示意图

能量级Ⅰ是炸药 A 的分子平均能量，能量级Ⅱ是爆炸产物 C 的分子平均能量，能量级Ⅲ则是炸药分子碰撞发生化学反应所必须具有的最低能量。显然，为了使炸药分子的能量级从Ⅰ提高到Ⅲ以达到活化状态 B，就必须增加能量 E_1，E_1 就是活化能。起爆时，就是让外界能转化为炸药分子的活化能，产生足够数量的活化分子，并因它们的相互接触、碰撞而发生爆炸反应。

图 2-1 中，ΔE 表示反应过程最终释放出的热能，说明该过程为放热反应。许多炸药的活化能为 125～250 kJ/mol，相应地，爆炸反应释放出来的热量为 840～1 250 kJ/mol，远大于所需活化能量，因此，反应以后这些炸药分子所释放的能量，足以生成更多的活化分子，而使炸药分子产生自动加速的化学反应。所以，外能越大、越集中，炸药局部温度越高，所形成的活化分子越多，则引起炸药爆炸的可能性越大。反之，如果外能均匀地作用于炸药整体，使能量均分于每个炸药分子，则需要更多的能量才能使分子全部活化而发生爆炸反应。

(1) 热能起爆机理

炸药在热能作用下通常都发生放热分解，但不一定导致爆炸。只有当单位时间内炸药反应放出的热量大于散失到环境中的热量时，炸药中才有可能产生热量的积累，而只有炸药中产生热积累，才有可能使炸药温度不断上升，引起反应速度加快而导致爆炸。因此，炸药爆炸的条件就是单位时间的发热量必须超过单位时间的散热量，才能使炸药分子的热分解反应自动加速而形成爆炸。

雷汞、二硝基重氮酚等在遇到火焰或电热作用时，能迅速由分解反应转变成爆炸，故可做起爆药使用。

通常采用不易因受热而发生爆炸的炸药做猛炸药，要使这种猛炸药起爆，又必须利用起爆器材的爆炸冲能。虽然如此，在使用、运输、加工和存储过程中，仍然必须采取安全措施，防止猛炸药由于受热或燃烧而转为爆炸的事故。在密闭条件下，大量燃烧的猛炸药由于温度、压力的不断升高而最终爆炸，这是在使用焚烧法销毁炸药时必须注意的。

（2）机械能起爆机理

热点学说认为：在机械能作用下产生的热来不及均匀地分散到全部炸药分子中，而是集中在炸药个别的小点上，例如个别结晶的两面角，特别是多面角或微小气泡周围，这些小点上的温度达到爆发点时，就会首先在这里发生爆炸反应，然后再扩展开去。通常将这种温度很高的小点叫作热点。

热点形成的原因是：① 炸药中的空气隙或微小气泡在机械作用下绝热压缩；② 炸药颗粒间、炸药与杂质之间、炸药与容器之间发生强烈摩擦而生热；③ 高黏性液体炸药流动生热。因此，要使工业炸药顺利起爆，其密度存在一个最佳范围，当密度过大时，爆炸参数值急剧恶化而不易起爆。主要原因是随着炸药密度的增大，炸药分子中的空隙和颗粒表面所吸附的气泡减少而对热点形成不利。

热点扩展和成长是炸药爆炸的必要条件。热点的形成是炸药在机械能作用下发生爆炸的首要条件，但这并不意味着所有的热点都能够发展为爆炸，只有同时满足热点扩展和成长的条件时才能形成爆炸。例如，用 α 粒子轰击炸药，由于形成的热点太小，只能使热点附近的炸药变黑，并不能发展为爆炸。

通过实验得知热点必须在下列条件下才能发展为爆炸：

① 热点温度不低于 300～600 ℃，具体视炸药品种而定；

② 热点半径足够大，d 要达到 10^{-3}～10^{-5} cm；

③ 热点作用时间在 10^{-7} s 以上；

④ 热点具有足够多的热量，即 q 达 4.18×10^{-10}～4.18×10^{-8} J。

（3）爆炸冲能起爆机理

在工程爆破中常利用起爆药的爆炸冲能去引爆次发炸药，例如用雷管的爆炸使工业炸药起爆。爆炸冲能起爆机理同机械能起爆机理相似，由于瞬间爆轰波（强冲击波）的作用，首先在炸药某些局部造成热点，然后由热点周围炸药分子的爆炸再进一步扩展。

2.4.2 炸药的感度

1. 炸药感度的概念

炸药是一种相对稳定的物质系统，只要外界提供适当的能量，炸药就可以从稳定向不稳定方向转化，形成爆炸，因此，研究炸药的感度对于炸药的安全储存、运输、加工处理以及使用都具有重要意义。热、电、光、冲击波、机械摩擦与撞击等外界能量作用均可激发炸药发生爆炸。炸药在外界起爆能作用下发生爆炸反应的难易程度，叫作该炸药的感度（敏感度）。炸药感度的高低以激起炸药爆炸反应所需要起爆能的多少来衡量，感度与所需要的起爆能成反比。同一种炸药对不同形式起爆能的感度不存在一定的当量关系，不能简单地以炸药对某种起爆能的感度等效地衡量它对另一种起爆能的感度，它们具有一定的选择性。如果炸药对某些形式起爆能的感度过高，就会在炸药生产、运输、储存、使用过程中造成危险，这样的感度称为危险感度。对用来起爆炸药的起爆能所呈现的感度称为使用感度。

（1）炸药的热感度

炸药在储存、运输、加工处理及使用过程中常会遇到不同的热源。如雷管中电热丝加热、炸药的烘干、装药前炸药的预热或熔化等。因此，弄清楚炸药的热感度概念，对于安全使用和处理炸药具有很重要的指导意义。炸药的热感度是指在热能作用下引起炸药爆炸的难易程度。根据加热方式的不同，炸药的热感度分为加热感度和火焰感度。

① 加热感度。它是指炸药在均匀加热条件下发生爆炸的难易程度，通常采用在一定试验条件下确定出的爆发点来表示炸药的加热感度。爆发点是指炸药在规定时间内（通常为5 min）起爆所需加热的最低温度。爆发点愈低炸药愈易受热爆炸，其加热感度愈高。表2-2列出了一些炸药的爆发点。

表2-2 一些炸药的爆发点

炸药名称	爆发点/℃	炸药名称	爆发点/℃
二硝基重氮酚	170～175	太安	205～215
胶质炸药	180～200	黑索今	215～235
雷汞	170～180	梯恩梯	290～295
特屈儿	195～200	硝铵类炸药	280～320
硝化甘油	200～205	氮化铅	330～340

② 火焰感度。它是指炸药在明火（火焰、火星）作用下发生爆炸的难易程度。火焰感度主要用于起爆药，通常采用炸药对导火索喷出火焰的上下限距离值来表示，单位为cm。上限值即炸药100％发火的最大距离，下限值即炸药100％不发火的最小距离。被测炸药的上限距离越大，表明其火焰感度越大；反之越小。上限距离用来对比起爆药的发火难易程度，下限距离作为判定炸药对火焰安全性能的依据。常用起爆药的火焰感度见表2-3。

表2-3 常用起爆药的火焰感度

起爆药	雷汞	二硝基重氮酚	氮化铅
100％发火的最大距离/cm	20	17	＜8

（2）炸药的机械感度

炸药在机械能作用下发生爆炸的难易程度称为炸药的机械感度。根据机械作用方式的不同，机械感度主要包括撞击感度和摩擦感度。

① 撞击感度。它是指炸药在机械撞击作用下发生爆炸的难易程度。猛炸药撞击感度通常使用卡斯特立式落锤仪来测定，如图2-2所示。试验时，将受试炸药0.05 g装在撞击器内，在某一固定锤重（标准10 kg）和固定高度（标准25 cm）的试验条件下，进行25次试验炸药所发生的爆炸频数。

对于起爆药来说，由于感度很高，试验装置与猛炸药有所不同，一般常用维列尔弧形落锤仪（摆锤重1.5 kg，摆角90°）来测定其撞击感度，如图2-3所示。

② 摩擦感度。它是指炸药在一定压力（表压50 kg/cm^2）作用的击柱之间，通过固定摆锤（1.5 kg）在固定摆角（96°）的试验条件下，击打击柱时的炸药爆炸频数，以百分数表示。通常用摩擦摆来测定炸药的摩擦感度，如图2-4所示。

（3）炸药的冲击波感度和殉爆距离

① 冲击波感度。它是指炸药在冲击波作用下发生爆炸的难易程度。炸药对冲击感度的试验方法常用隔板试验法。即利用不同的惰性材料（如空气、石蜡、有机玻璃、软钢、铝等）

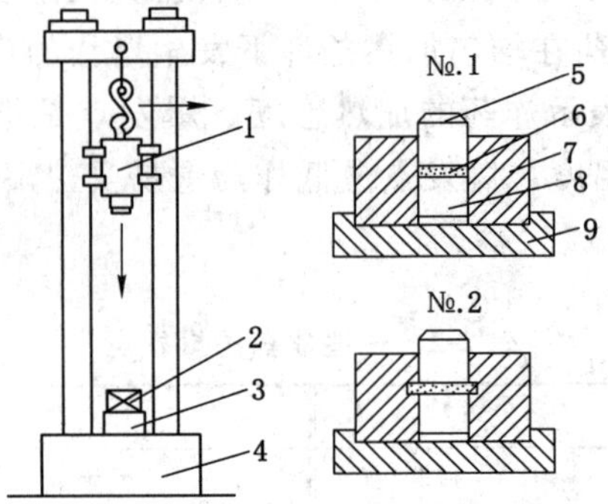

1—落锤；2—撞击器；3—钢砧；4—基础；5—上击柱；6—炸药；7—导向套；8—下击柱；9—底座。

图 2-2　卡斯特立式落锤仪

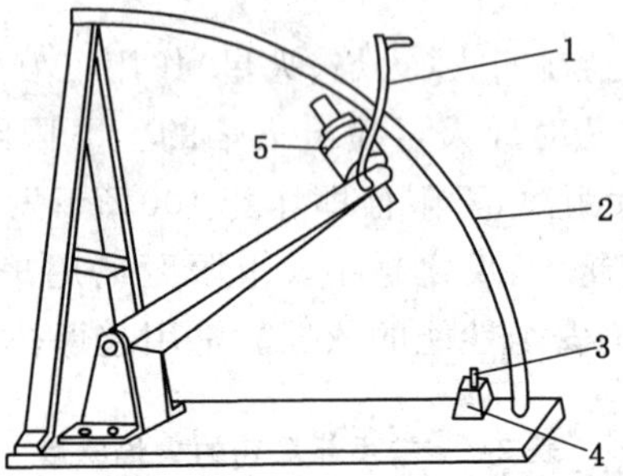

1—手柄；2—有刻度的弧架；3—击柱；4—击柱与火帽定位器；5—落锤。

图 2-3　维列尔弧形落锤仪

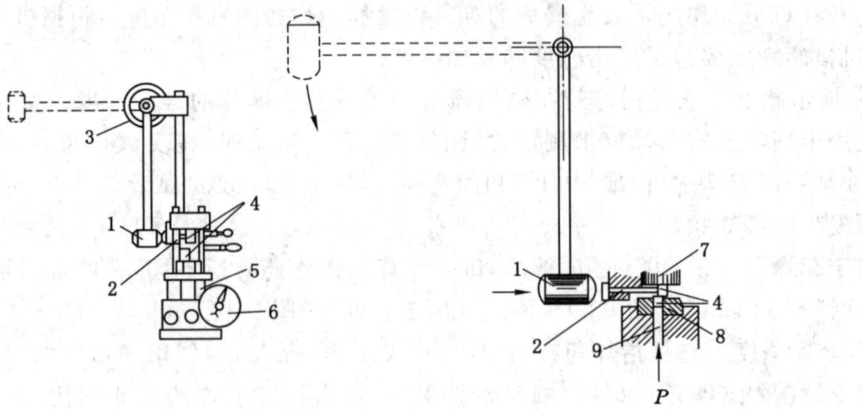

1—摆锤；2—击柱；3—角度标盘；4—上下击柱；5—油压机；6—压力表；7—顶板；8—导向套；9—柱塞。

图 2-4　摩擦摆

作为冲击波衰减器(称作隔板),改变其厚度来调节冲击波的强度。试验时,采用直径41 mm、高50.8 mm、质量100 g的特屈儿作为主爆药柱,利用主爆药柱爆炸时所激起的冲击波经惰性介质隔板传入被动药包,并使之发生爆炸。经过一系列试验求出使被动药包发生爆炸频数为50%的隔板厚度,即为该炸药对冲击波感度的指标,其单位为cm。

② 殉爆距离。某处炸药爆炸时,通过在某种惰性介质中产生的冲击波,引起另一处炸药爆炸的现象称为殉爆。在炸药生产、储存和运输过程中,必须防止炸药发生殉爆,以确保安全。但在工程爆破中,则必须保证炮眼内相邻药卷完全殉爆,以防止产生半爆,降低爆破效率。殉爆距离是指主爆药卷和从爆药卷被置于直径略大于药卷直径的半圆槽中,使两药卷的纵轴处于同一水平上且相距一段距离,当主爆药卷被8号雷管引爆后,所产生的空气冲击波足以使从爆药卷全爆的药卷间最大距离,单位为cm,其试验原理图如图2-5所示。

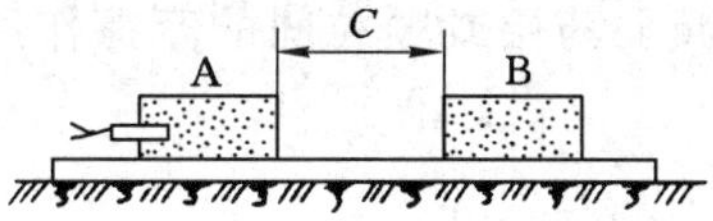

A—主爆药卷;B—从爆药卷;*C*—殉爆距离。

图2-5 炸药殉爆试验

(4) 静电火花感度

炸药的静电火花感度是指炸药在静电火花作用下发生爆炸的难易程度。在炸药生产以及在爆破地点利用装药器经管道输送进行装药时,炸药颗粒之间或炸药与其他绝缘体之间经常发生摩擦,同样也能产生静电,并形成很高的静电电压。例如,用压气把硝铵炸药通过软管吹入炮眼内时,由于炸药颗粒之间相互摩擦,可能产生电容相当于500 μF、电压达35 kV的静电。当静电电量或能量聚集到足够大时,就会放电产生电火花而引燃或引爆炸药。

高电压静电放电产生电火花时,形成高温、高压的离子流,并集中大量能量,这种现象类似于爆炸,同样能在炸药中产生激发冲击波。因此,炸药在静电火花作用下发生的爆炸,既与热作用有关,也与冲击波的作用有关。

炸药对静电火花作用的感度,可用使炸药发生爆炸所需最小放电电能来表示,或用在一定放电电能条件下所发生的爆炸频数来表示。

防止静电事故,主要是防止静电产生,一旦产生后要及时消除,使静电不至于产生过多积累。防止静电的主要措施有:设备接地;增加工房湿度;在工作台或地面铺设导电橡胶;在炸药颗粒和容器壁上加入导电物质;使用压气装药时,应采用敷有良好导电层的抗静电聚乙烯软管做输药管等。

2. 影响炸药感度的因素

(1) 炸药的化学结构

炸药分子中原子之间结合愈牢固,则破坏这种结构另行组成新的化学结构就需要更多的外界能量,因此这样的炸药的感度也愈低;反之,炸药分子结构牢固程度愈低,则其感度就愈高。混合炸药的感度取决于炸药中结构最脆弱的成分的感度。

(2) 炸药的物理性质

① 炸药的相态。熔融状态的炸药比同类炸药固体状态时的感度高,这是因为炸药从固

相转变为液相时要吸收热量，内能较高，所以很小的外能即可激发炸药的爆炸。

② 炸药的粒度。炸药为猛炸药时，颗粒愈细小，其感度愈高，这是因为颗粒总表面积愈大，接受的冲击波能量愈多，容易产生更多的热点而易于起爆。然而对于起爆药，则晶粒愈大，感度反而愈高，这是因为较大的晶粒之间空隙也较大，有利于热点的形成。

③ 装药密度。粉状炸药的装药密度超过一定值后，随密度的增大，炸药的感度下降，这是因为密度增大时，空隙率减小，不利于吸收能量。

④ 微气泡。炸药中含有的微细气泡在爆炸冲能作用下发生绝热压缩，是形成热点的重要原因之一。

⑤ 掺合物。炸药中加入一定掺合物可使炸药感度发生显著变化。高熔点、高硬度的掺合物，如石英砂、玻璃碎屑等能使炸药的撞击、摩擦感度提高。石蜡、石墨等软质掺合物能在炸药颗粒表面构成包覆薄层而减弱药层或颗粒间的摩擦作用，降低了炸药的感度。浆状炸药因含水而使感度降低。

2.5 炸药的爆轰理论

2.5.1 介质中的波与冲击波

在外界作用下，介质物理参数（如速度、压力、密度）的局部变化称为扰动。外界作用只引起介质状态参数发生微小变化的扰动称为弱扰动；外界作用引起介质状态参数发生显著变化的扰动称为强扰动。

在介质中，扰动自近而远地传播的现象称为波动现象。扰动在介质中的传播称为波。扰动区和非扰动区之间的界面，通常称为波阵面。波阵面的传播速度称为波速。按波阵面形状不同，波可分为平面波、柱面波和球面波等；按波内质点运动方向和传播方向之间的关系，波又可以分为横波和纵波，纵波即介质质点运动方向与波阵面平行，而横波介质质点运动方向与波阵面垂直；按波振幅的大小，波可分为声波、有限幅波和冲击波，其中有限幅波又可分为压缩波和稀疏波。

1. 声波

声波是介质中传播的弱扰动纵波，其传播速度称为声速。在这里不能把声波单纯理解为听觉范围内的波动，声波在研究波动现象中具有重要意义，它是介质的重要特性之一。

声波是介质的质点在其平衡位置上做往复式弹性振动所形成的，因此，声波是典型的弱扰动，并具有以下性质：

（1）声波是压缩波和膨胀波交替的波，在传播过程中，介质状态参数的变化是微小的、逐渐的和连续的。

（2）介质的质点只在其平衡位置上振动，不发生位移，声波经过后，介质便又回复到它原来的位置。

（3）声波是无限振幅波，其波阵面上介质的状态参数变化无限小，即声波对介质的压缩极小。

（4）声速取决于介质的初始状态（压力、密度、温度），而与波的强度无关，因此，波的轮廓形状在波的传播过程中不发生改变。

2. 有限幅波

(1) 压缩波

介质受扰动后波阵面的压力和密度等参数都增加的波称为压缩波。

压缩波总是使介质质点流动向着波传播方向，即质点运动方向与波传播方向相同，并使介质的密度、压力增高，声速增加。其波的传播可用 x-t 坐标系中的特征线表示，如图 2-6 所示，由此可见，后道压缩波的传播速度必然大于前道压缩波的传播速度。因此，由活塞运动迹线引出的特征线为一簇收拢的射线。

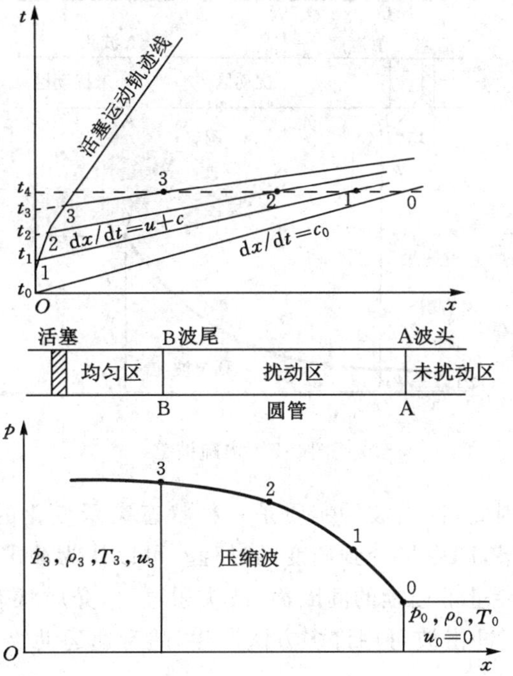

图 2-6　压缩波

介质中的压缩波就是由一系列微幅扰动的波叠加而成的，其波头沿第一道微幅波的特征线传播，波尾则沿最后一道微幅波的特征线传播，从波头至波尾的区域称为扰动区。由上述分析可知，压缩波的特征为：① 介质运动方向同波的传播方向一致；② 在压缩波的作用下，被扰动的介质体积减小、压力增大、密度增高；③ 波尾的速度大于波头的速度；④ 扰动区域内波速不同，故压缩波没有固定的波形；⑤ 压缩波的振幅是突跃、脉冲变化的。

(2) 稀疏波

介质受扰动后波阵面的压力和密度等参数都下降的波称为稀疏波。

稀疏波与压缩波正好相反，稀疏波通过后，介质的压力、密度降低，声速减小，故后一道波的波速必然小于前道波的波速，因此，其特征线是一簇散开的射线，如图 2-7 所示。

一般在压缩波后面都伴有稀疏波，因为压缩波后面要产生一定的空间，形成负压区，正压区的气体会反过来补充负压区，故而形成稀疏波。

3. 冲击波

冲击波是一种强烈的压缩波，其波阵面通过前后介质的状态参数变化不是微小量，而是

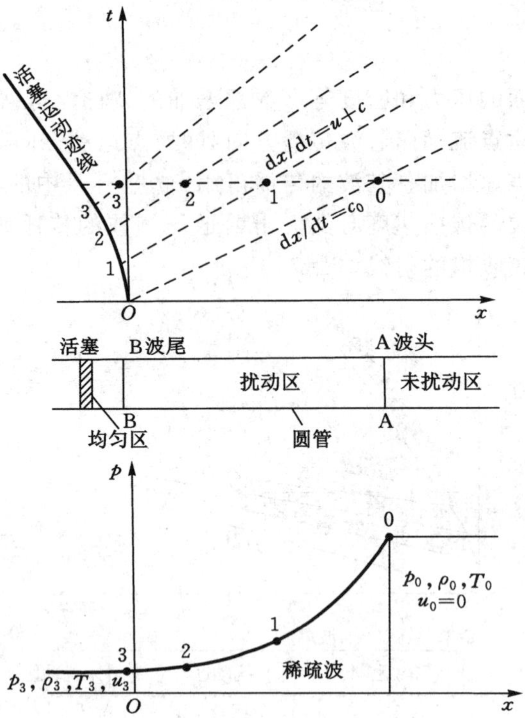

图 2-7　稀疏波

一种突跃有限变化量。因此，冲击波的实质是一种状态突跃变化的传播。它的产生乃是一系列弱压缩波叠加的结果，即由量变到质变的过程。可以认为冲击波的波头是无限陡峭的，即将冲击波看作是状态参量不连续的间断面，波头通过时，介质状态将发生突跃变化。它的形成过程如图 2-8 所示。冲击波可用许多方法产生，超音速运动物体的前方所产生的波；炸弹爆炸所产生的波等。

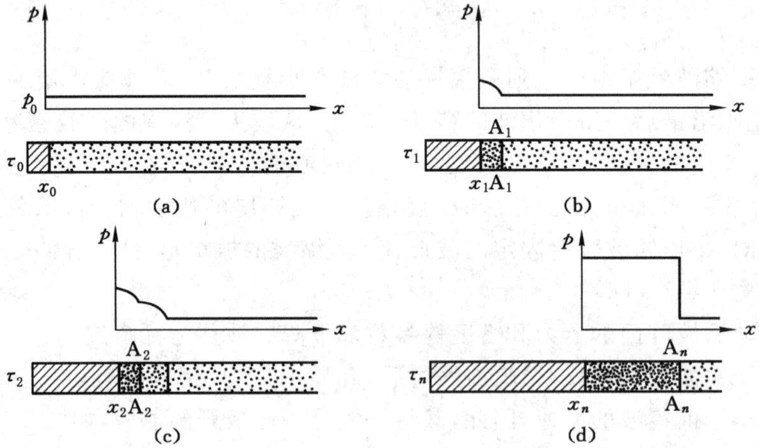

图 2-8　冲击波的形成过程示意图

从上述分析可以得出冲击波有如下特性：

(1) 冲击波传播速度对未扰动介质而言是超音速的，对已扰动介质而言则是亚音速的。

(2) 冲击波波速与波的强度有关,波的强度越大,波速也越大。

(3) 冲击波具有陡峭的波头,其波阵面上的介质状态参数产生突跃变化。

(4) 在冲击波传播过程中,波阵面上的介质将产生质点运动,运动方向与波的传播方向相同,但其速度小于波速,因此在冲击波后伴随有稀疏波。

(5) 介质受冲击波压缩时,熵值增大,即内能增大,动能减小,所以随着冲击波在介质中传播,波的强度随之衰减,最终衰减为声波。

(6) 冲击波是一种脉冲波,不具有周期性。

2.5.2　炸药的爆轰过程

1. 爆轰波及其结构

以流体力学为基础的爆轰理论认为:炸药爆炸的化学反应是由冲击波的压缩引起的,冲击波头后面紧跟有化学反应区,反应区释放出热量来支持冲击波的传播。也就是说,反应区放出的热量用来补充冲击波压缩中造成的能量损失,使冲击波不衰减地传播下去,这个过程就是爆轰过程。因此,爆轰波就是一种在炸药中传播、并伴随有高速化学反应且保持一个恒定传播速度的强冲击波,也称为反应性冲击波或自恃性冲击波。

爆轰波头结构的经典模型为 Z-N-D 模型,如图 2-9 所示。该模型中,将爆轰过程分成 3 个区段,即反应区与未扰动炸药的结合面右边为冲击波波头,左边大约一个分子自由程(10^{-7} m)为冲击波波尾,这个区域为冲击波阵面。高速化学反应是从冲击波波尾开始到 C—J 面结束,此区域为炸药爆炸反应区。C—J 面后面为爆炸反应产物的膨胀区,亦即稀疏波区。炸药爆炸反应释放出的能量不断维持波阵面上参数的稳定,其余部分在膨胀区消耗掉,因而达到能量平衡,冲击波才能以稳定速度向前传播。由此可见,爆轰波是在它后面跟着一个高速化学反应区的强冲击波,高速化学反应区结束的末端平面称为 C—J 面,冲击波阵面和紧附其后的化学反应区结合起来叫作爆轰波阵面。

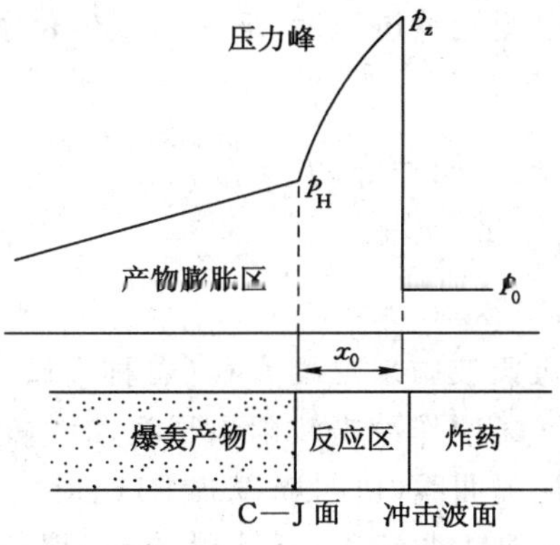

图 2-9　爆轰波的 Z-N-D 模型

爆轰波具有以下特点:

(1) 爆轰波只存在于炸药的爆轰过程中,并随着炸药爆轰的结束而终止。

(2) 爆轰波阵面中的高速化学反应区,是爆轰得以稳定传播的基本保证。爆轰波阵面的宽度 x_0 为 0.1～1.0 cm。爆轰波参数通常是指 C—J 面上的状态参数。

(3) 爆轰波具有稳定性,即波阵面上的参数及其宽度不随时间变化,直至爆轰终止。

2. 稳定爆轰条件

以流体动力学为基础,同样可以建立起爆轰波参数的关系式。假定爆轰波的传播过程是绝热过程,则爆轰波内的物质应符合质量守恒、动量守恒和能量守恒定律。

质量守恒方程为:

$$\rho_0 D=\rho_H(D-u_H) \tag{2-4}$$

式中 ρ_0——初始炸药密度;

ρ_H——反应区产物密度;

D——爆速;

u_H——爆炸生成气体流速度。

动量守恒方程为:

$$p_H-p_0=\rho_0 D u_H \tag{2-5}$$

式中 p_H——C-J 面上压力,即爆轰压力;

p_0——初始压力。

冲击波头的能量方程和 C-J 面上的能量方程是有所区别的,因为在 C-J 面上的炸药已反应完毕变为爆轰产物,其内能已减少,有一部分已变成化学反应方程的热量,即爆热 Q_v,其能量方程为:

$$E_H-E_0=\frac{1}{2}(p_H+p_0)(v_0-v_H)+Q_v \tag{2-6}$$

式中 E_H,E_0——炸药爆轰时和爆轰前的能量;

v_0——炸药初始比容;

v_H——爆轰波阵面上爆生气体的比容;

Q_v——炸药的爆热。

在冲击波头上,炸药尽管已受到冲击压缩,但尚未发生化学反应,没有热量的放出,故其能量方程为:

$$E_z-E_0=\frac{1}{2}(p_z+p_0)(v_0-v_z) \tag{2-7}$$

式中 E_z——冲击波头的能量;

v_z——冲击波头炸药的比容。

式(2-6)、式(2-7)均称为爆轰波雨果尼奥方程(也称 RH 方程)。该方程在 p-v 坐标系中能画出两条雨果尼奥曲线,一条叫作冲击波雨果尼奥曲线(也叫冲击波 RH 曲线)且通过 O 点,另一条叫作爆轰波雨果尼奥曲线(也叫爆轰波 RH 曲线)但不通过 O 点。冲击波头状态参数(p_z,v_z)必须落在冲击波 RH 曲线上;反应结束时,爆轰产物的状态参数(p_H,v_H)必须落在爆轰波 RH 曲线上,而冲击波头和爆轰波头是以相同速度 D 传播的,所以 p_z,v_z,p_H,v_H 还必须落在代表波速 D 的米海尔逊直线(也称波速线)上。因此,p_z,v_z,p_H,v_H 可由其对应的 RH 曲线和代表波速 D 的米海尔逊直线的交点确定,如图 2-10 所示。

通过 O 点可作无数条代表不同爆速的直线与两条 RH 曲线相交(图中只画出了两条直线 1、2)。1 线与爆轰波 RH 曲线交于 K,L 两点,与冲击波 RH 曲线交于 N 点。2 线与爆轰波 RH 曲线交于 M 点,与冲击波 RH 曲线交于 Q 点。则 D_{KL},D_M 分别代表 1、2 直线的爆速。

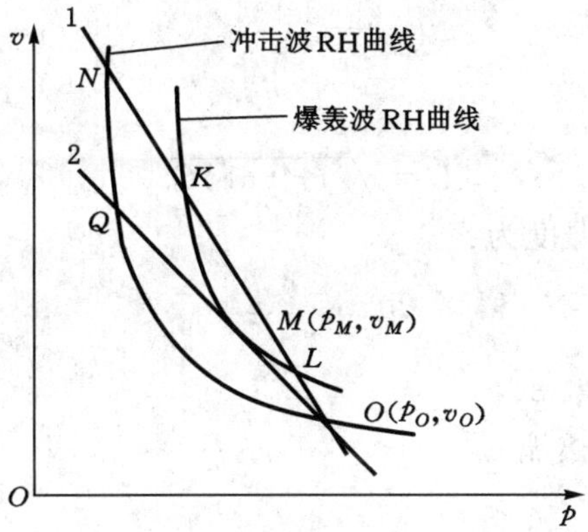

图 2-10　爆轰波雨果尼奥曲线

当爆速为 D_{KL} 时，说明炸药在冲击波的作用下，其状态参数由 O 点跃迁至 N 点后，开始发生化学反应，随着反应的进行，爆轰状态参数沿直线 1 变化，反应结束时，产物状态可以是 K 点，也可以是 L 点，这说明反应终了时有两个爆速相对应，此时的爆轰波是不稳定的。当爆速为 D_M 时，说明炸药在冲击波的作用下，其状态参数由 O 点跃迁至 Q 点后，开始发生化学反应，随着反应的进行，爆轰状态参数沿直线 2 变化，反应结束时，产物状态只可以是 M 点，这说明此时对应的爆速只有一个且是最小的，爆轰波才能稳定传播。

通过上述分析，在所有通过 O 点的米海尔逊直线中，能代表稳定爆轰的只有一条，即与爆轰波 RH 曲线相切的米海尔逊直线，它代表的爆速是所有爆速中最小的。因此，炸药能稳定爆炸的条件是反应终了时爆轰产物的流速 u_H 和声速 c_H 之和必须等于爆速。该条件即为爆轰波的稳定传播条件，又称为 C—J 条件，即：

$$u_H + c_H = D \tag{2-8}$$

如果 $u_H + c_H > D$，此时爆速小，但是稀疏波的速度大，这样稀疏波就会侵入反应区，从而削弱了冲击波头的能量补充，爆速不能稳定，必然还要降低，直至爆轰波不能传播而拒爆。如果 $u_H + c_H < D$，此时稀疏波虽然不会侵入反应区，但是反应区释放出的能量不能传递到波头上，故冲击波的能量得不到补充，爆速也必然会降低，直至 $u_H + c_H = D$ 为止。因此，稳定爆炸条件必须满足 C—J 条件。

3. 爆轰参数的计算

炸药的安全使用、设计与理论研究等方面都需要计算炸药的爆轰参数。根据上述 3 个守恒方程，并结合理想气体状态方程（气体炸药）$pV = nRT$ 或等熵条件（凝聚炸药）$pV^r =$ 常数，可得到炸药爆轰参数的计算公式如下：

（1）C—J 面处的质点速度为：

$$u_H = \frac{1}{r+1} D$$

（2）爆轰压力为：

$$p_H = \frac{1}{r+1} \rho_0 D^2$$

（3）爆轰结束瞬间产物密度为：

$$\rho_{H}=\frac{1+r}{r}\rho_{0}$$

（4）爆速为：

$$D=\sqrt{2(r^{2}-1)Q_{v}}$$

（5）爆轰结束瞬间产物温度为：

$$T_{H}=\frac{2r}{r+1}T_{c}$$

式中　r——多方指数，通常取3；

T_{c}——定容条件下的爆温；

其余符号含义同上。

多方指数 r 受炸药爆轰产物的组成、炸药密度、爆轰参数等因素影响，目前还没有一个精确的计算公式，实际计算中，通常将 r 视为常数，并取 $r=3$。因此，炸药爆轰参数的计算可简化为：

$$u_{H}=\frac{1}{4}D \tag{2-9}$$

$$p_{H}=\frac{1}{4}\rho_{0}D^{2} \tag{2-10}$$

$$\rho_{H}=\frac{4}{3}\rho_{0} \tag{2-11}$$

$$D=4\sqrt{Q_{v}} \tag{2-12}$$

$$T_{H}=\frac{3}{2}T_{c} \tag{2-13}$$

从上述公式可以得到如下规律：

（1）反应产物质点速度比爆速小，但随爆速的增大而增大。

（2）爆轰反应结束瞬间产物的压力取决于炸药的爆速和密度。

（3）爆轰刚结束时，产物的密度比原炸药的密度要大。

（4）爆轰结束瞬间的温度不是爆温，它比爆温高。爆温是假定爆轰产物在定容条件下加热升温，而 T_{H} 除此之外还包含爆轰产物体积被压缩时造成的温升，故较爆温高。

上述计算需要说明的几点是：

（1）必须指出，由于爆轰产物状态方程的精确确定目前尚很困难，因此，以上的计算只是一种近似。尤其是按式(2-12)计算出的爆速值与实际相比偏差较大，故爆速一般由实际测定或按经验式估算。

（2）按以上给出的公式计算出的爆轰参数，都是在一维轴向流动条件下的理想爆轰参数，反应区放出的热量全部用来支持爆轰波的传播；但在实际情况下，存在径向流动，使爆轰波的有效能量利用区小于反应区，支持爆轰波传播的能量减少，使爆速降低，也使爆轰参数相应降低。

（3）在这里要注意区分炸药的爆轰参数与炸药的热化学参数是不同的。爆轰参数如爆轰温、爆轰压等是指爆轰波头或C－J面上的温度和压力，而爆温是指炸药爆炸时放出的热量将爆炸产物加热到的最高温度，爆压是指炸药爆炸产物的压力，不能混淆。

2.6 炸药的热力学与性能参数

2.6.1 炸药的热力学参数

炸药之所以在国防和民用事业上获得广泛的应用，主要是因为其发生爆炸变化时能在极短时间内对周围介质做大量的机械功。而炸药能对外做功的主要原因，在于爆炸瞬间炸药极迅速地释放出其全部化学能，将反应气体产物立即加热到数千摄氏度的高温，并在气体产物中造成数十万个大气压的高压，导致爆炸气体产物向周围迅速膨胀而做功。炸药爆炸做功的能力称为炸药的威力，它主要取决于炸药爆炸时所释放出的热量及所形成气体产物的多少。炸药爆炸时对周围物体或目标的破坏粉碎程度，取决于炸药爆炸变化高速性及因此而形成的爆炸产物的压力。因此，为了综合评价一种炸药爆炸性能的优劣，提出了爆容、爆热、爆温和爆压 4 个标志量。

1. 爆容

爆容是指每千克炸药爆炸后生成的气体产物，在标准条件下的体积数，其单位为 L/kg。因为气体产物是炸药爆炸放出热量转化成机械功的中间媒介，因此爆容是反映炸药做功能力的一个重要参数，爆容越大说明该炸药的做功能力也越大。

若炸药通式 $C_aH_bN_cO_d$ 物质的量为 1 mol，则爆容的计算公式为：

$$V_0 = \frac{22.4\sum n}{M} \times 1\,000 \tag{2-14}$$

式中 $\sum n$——1 mol 炸药爆炸气体产物的总物质的量；

M——1 mol 炸药质量，g。

若为 1 kg 炸药，则有：

$$V_0 = 22.4\sum n' \tag{2-15}$$

式中 n'——1 kg 炸药爆炸生成气体产物的总物质的量。

【例 2-3】 计算硝酸铵的爆容。

解 由于硝酸铵属于第一类炸药，其爆炸反应方程为：

$$C_0H_4N_2O_3 = 2H_2O + 0.5O_2 + N_2$$

有：

$$\sum n = 3.5, M = 80$$

则：$V_0 = \frac{22.4 \times 3.5}{80} \times 1\,000$ L/kg$=980$ L/kg

【例 2-4】 计算梯恩梯 $C_6H_2(NO_2)_3CH_3$ 炸药的爆容。

解 由于梯恩梯属于第三类炸药，则爆炸反应方程为

$$C_7H_5N_3O_6 = 3.5CO + 2.5H_2O + 3.5C + 1.5N_2$$

有：

$$\sum n = 7.5, M = 227$$

则：$V_0 = \frac{22.4 \times 7.5}{227} \times 1\,000$ L/kg$=740$ L/kg

2. 爆热

爆热是指定量炸药(一般是 1 kg)在定容条件下爆炸时所释放出的热量,其单位为 kJ/kg。爆热是爆生气体膨胀做功的能源,也是决定炸药爆速与做功能力的重要因素,爆热越大说明该炸药做功能力越大。因此,提高炸药的爆热对提高炸药的爆炸性能具有十分重要的意义。

炸药爆热理论计算的基础是爆炸反应方程式的确立和盖斯定律的应用。盖斯定律认为,化学反应的热效应同反应进行的路径无关,当热力过程一定时,热效应只取决于反应的初态和终态。图 2-11 是盖斯定律的三角形图解。图中的 1、2、3 分别表示在标准状态下的元素、炸药和爆炸产物。根据盖斯定律,从状态 1 到状态 3,同状态 1 经由状态 2 再到状态 3 的热效应相等。即:

$$Q_{1-3}=Q_{1-2}+Q_{2-3} \tag{2-16}$$

式中 Q_{1-3}——爆轰产物的生成热;

Q_{1-2}——炸药的生成热;

Q_{2-3}——炸药的爆热。

由此可知爆热为:

$$Q_{2-3}=Q_{1-3}-Q_{1-2} \tag{2-17}$$

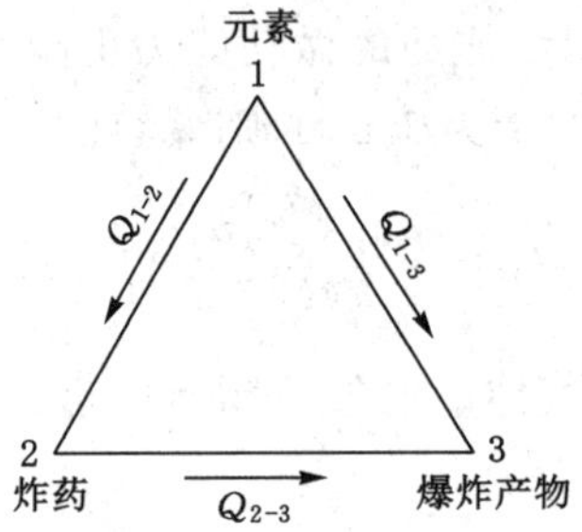

图 2-11 盖斯三角形图解

显然,只要知道爆轰产物的成分及其生成热和炸药的生成热,就能计算出炸药的爆热值。需要注意的是,应用盖斯定律时,不同路径的各个反应都应在同一条件(定容或定压)下进行。因此,使用相关手册的数据进行计算时,必须用同样条件的数据,并要注意其温度和物质状态。

影响爆热的主要因素有:① 炸药的氧平衡的影响,零氧平衡的炸药放热量最大;② 装药密度的影响,对于严重负氧平衡的炸药影响最大;③ 附加物的影响,在炸药配制的时候,一般在炸药成分中加入金属粉末,以增加其爆热;④ 装药外壳的影响,当装药外壳的强度大,炸药爆炸时就能较好地阻止爆生气体的膨胀,提高了炸药爆炸的压力或使压力降延缓,从而增加爆热。

3. 爆温

爆温是指炸药爆炸瞬间所放出的热量将爆生产物加热到的最高温度。爆温的大小取决于炸药的爆热值和爆轰产物的组成。炸药的爆温越高,爆生气体产物的压力就越高,对外界做功的能力也就越大,因此,爆温是炸药的重要参数之一,研究炸药的爆温具有重要的实际意义。由于炸药爆炸的本身特点,采用实验室方法直接测定爆温是极为困难的,通常都采用理论方法确定爆温。

4. 爆压

炸药在爆炸过程中，产物内的压力分布是不均匀的，并随时间而变化。当爆轰结束后，爆炸产物在炸药的原始体积内达到热平衡时流体的静压值称为爆压。它反映炸药爆炸瞬间的猛烈破坏程度。

2.6.2 炸药的性能参数

1. 爆速

爆速是指炸药爆炸后爆轰波在炸药药柱中的传播速度，单位为 m/s。炸药的爆速是衡量炸药爆炸性能的重要标志量，也是目前可以比较准确测定的一个爆轰波参数。

(1) 爆速测试

炸药爆速的测试技术与测试仪器的发展密切相关，随着测试仪器改进，爆速测试的精度也不断得到提高。测定爆速的方法从其原理上可分为导爆索法、电测法和高速摄影法三大类。由于高速摄影的仪器比较昂贵且操作复杂，只能在专门的实验室才能进行，因此，本书只向大家介绍导爆索法和电测法两种方法。

① 导爆索法。导爆索法是法国人道特里斯提出的，所以也叫道特里斯法。其具体装置如图 2-12 所示。

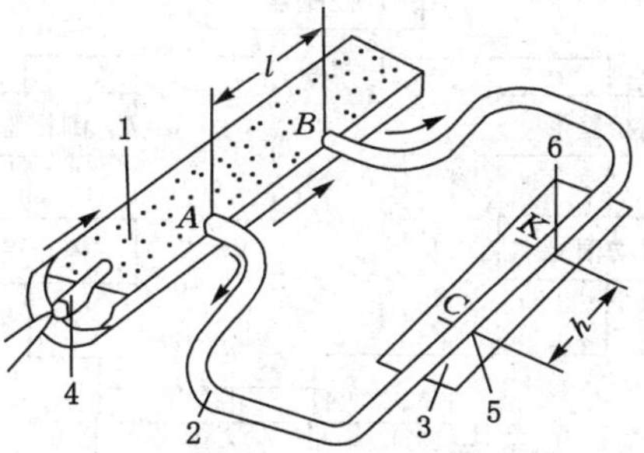

1—被测炸药；2—导爆索；3—铅（或铝）板；4—雷管；5—导爆索中点；6—爆轰波相遇点。

图 2-12 导爆索法测爆速示意图

被测炸药装在一定直径（有雷管感度的炸药直径为 25～40 mm，没有雷管感度的炸药直径一般为 60～110 mm）和一定长度（有雷管感度的炸药长度为 400～500 mm，没有雷管感度的炸药长度一般为 800～1 500 mm）的纸筒中，其两端封闭，只在一端留有一小孔便于雷管插入。在外壳上 A、B 两点各钻一个同样深的孔，第一个孔 A 与起爆端的距离不应小于药柱直径的 5 倍，以确保 A 点能达到稳定爆轰；两孔间的距离为 300～400 mm。准确测量 A、B 间的距离 l（精确至 1 mm）。实验时，把一根长约 2 m、已知爆速的导爆索的中段拉直，并固定在一块长约 500 mm、厚约 5 mm 的铅板上，在铅板上对应导爆索的中点 C 处刻一条线作为标记。

当装药起爆后，爆轰波沿着药柱向右传播。当爆轰波传至 A 点后，分两路传爆，一路由 A 处经导爆索 AC 段向前传爆；另一路由 A 处经炸药 AB 段而传入导爆索 BK 段，两个方向的爆轰波在 K 点处相遇，留下一个明显的爆炸痕迹。然后测出 C、K 间距离 h（精确至

1 mm)，再按式(2-18)计算出被测炸药的爆速：

$$D=\frac{D_0 l}{2h} \tag{2-18}$$

式中 D——被测炸药的爆速，m/s；

D_0——导爆索的爆速，m/s；

l——A、B 间距离，m；

h——C、K 间距离，m。

② 电测法。该方法是利用电子测时仪(爆速测定仪)直接记录爆轰波在药柱两点间的传播时间间隔，根据记录的时间和两点间的距离可求算出炸药两点间的平均爆速。我国目前比较常用的爆速测试仪的测量范围一般为 0.1～999.9 ms，测量精度为±0.1 ms。

电测法的基本工作原理如图 2-13 所示。在药卷 A、B 两点各插入一对电离探针，当爆轰先后经过探针时，由于爆轰产物的高温高压使其电离而导通，分别给计时器的计数门开启和关闭信号，从而记录了爆轰波通过 A、B 两点距离的时间。故 A、B 间的平均爆速为：

$$D=\frac{l}{t} \tag{2-19}$$

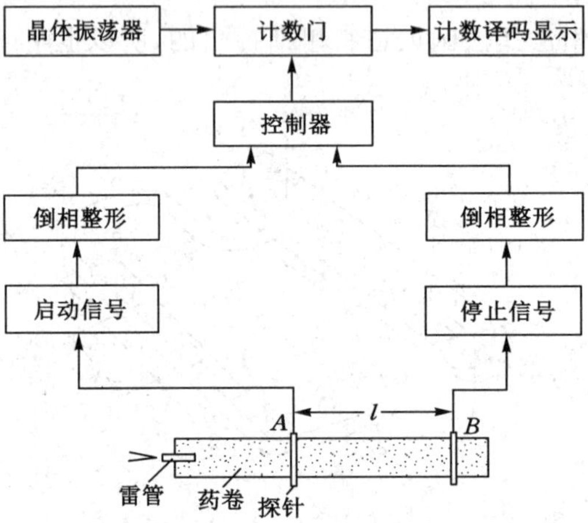

图 2-13 电测法工作原理示意图

(2) 影响爆速的主要因素

炸药理想爆速主要取决于炸药密度、爆轰产物组成和爆热。从理论上讲，仅当药柱为理想封闭、爆轰产物不发生径向流动、炸药在冲击波波阵面后反应区释放出的能量全部都用来支持冲击波传播时，才能达到理想爆速。实际上炸药是很难达到理想爆速的，一般比理想爆速都低。一般来说，炸药的爆速除与炸药组成成分的化学性质有关以外，还与装药直径、装药密度、炸药颗粒、装药外壳和起爆能等因素密切相关。

① 装药直径的影响。实际爆破工程中大量应用的是圆柱形装药，炸药爆轰时，冲击波沿装药轴向前传播，在冲击波波阵面的高压下，必然产生侧向膨胀，这种侧向膨胀以稀疏波的形式由装药边缘向轴心传播，稀疏波在介质中的传播速度为介质中的音速。如图 2-14 所示为无外壳约束药柱在空气中爆轰时，装药直径影响爆速机理的示意图。

从图 2-14 中可以看出，径向稀疏波的作用将厚度为 a 的反应区 $ABB'A'$ 分为稀疏波干

扰区 ABC 和未干扰的稳恒区 $ACC'A'$ 两部分，而且只有稳恒区内炸药反应释放出的能量对爆轰波传播有效，故该区又称为有效反应区。理论和实践表明，爆速与装药直径之间的关系为：

$$D=D_H\left(1-\frac{a}{d_c}\right) \tag{2-20}$$

式中　D_H——药柱的理想爆速；

a——反应区厚度；

d_c——药柱直径。

式(2-20)和图 2-15 表明：爆速随着药柱直径的增大而增大；当药柱直径趋于无限大时，爆速趋于理想爆速。实际上，由于反应区厚度很小，故药柱直径增大到一定值后，爆速将不再升高而接近理想爆速。接近理想爆速的药柱直径 d_L 称为极限直径。相反，减小药柱直径，爆速也相应降低，当药柱直径减小到一定程度后，爆轰波就不能稳定传播。能维持爆轰波稳定传播的最小药柱直径 d_K 称为临界直径。临界直径所对应的爆速 D_K 称为临界爆速。

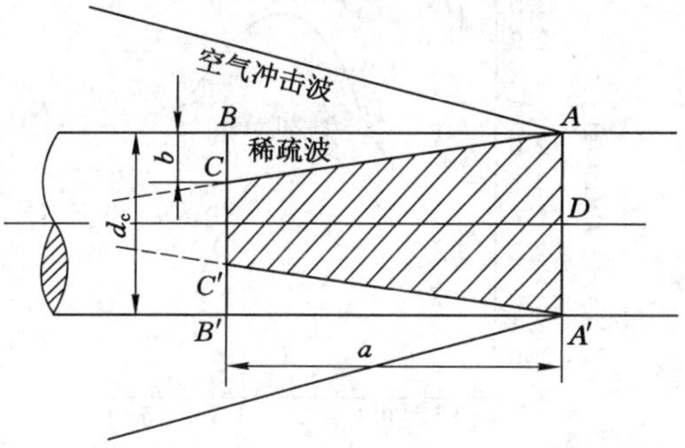

图 2-14　径向膨胀对反应区结构的影响

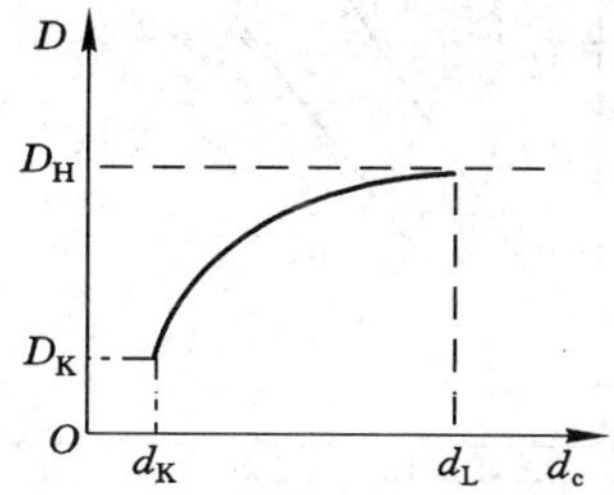

图 2-15　爆速与药柱直径的关系

因此，为保证炸药能稳定爆轰，实际应用中的装药直径必须大于炸药的临界直径。临界直径与炸药化学本质有很大关系：起爆药的临界直径最小，一般为 10^{-2} mm 量级；其次为高猛单质炸药，一般为几毫米；硝酸铵和硝铵类混合炸药的临界直径则较大，硝酸铵可达 100 mm，而铵梯炸药一般为 12～15 mm。

对于同一种炸药，当密度不同时，临界直径也不同。对于多数单质炸药，密度越大，临界直径越小，如图 2-16(a)所示；但对混合炸药，尤其是硝铵类炸药，密度超过一定限度后，临界直径随密度增大而明显增加，如图 2-16(b)所示。

② 装药密度的影响。增大装药密度，可使炸药的爆轰压力增大，化学反应速度加快，爆热增大，爆速提高，且反应区相对变窄，炸药的临界直径和极限直径都相应减小，理想爆速也相对提高，但其影响规律随炸药类型不同而变化。

对单质炸药来说，增大密度既提高了理想爆速，又减小了临界直径。在达到结晶密度之前，爆速也随密度的增加而增大，如图 2-17(a)所示。对于混合炸药来说，增大密度虽然提高了理想爆速，但相应地也增大了临界直径。当药柱直径一定时，存在有使爆速达最大的密度值，这个密度称为最佳密度，若超过最佳密度，爆速不但不会升高反而会下降，如图 2-17(b)所示。

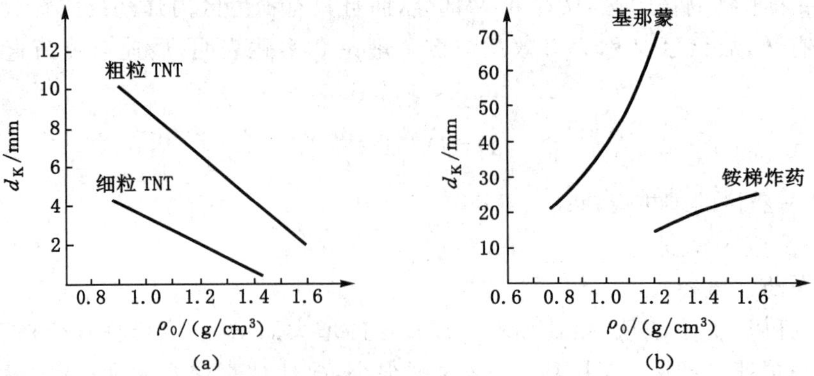

图 2-16　炸药的临界直径与装药密度的关系

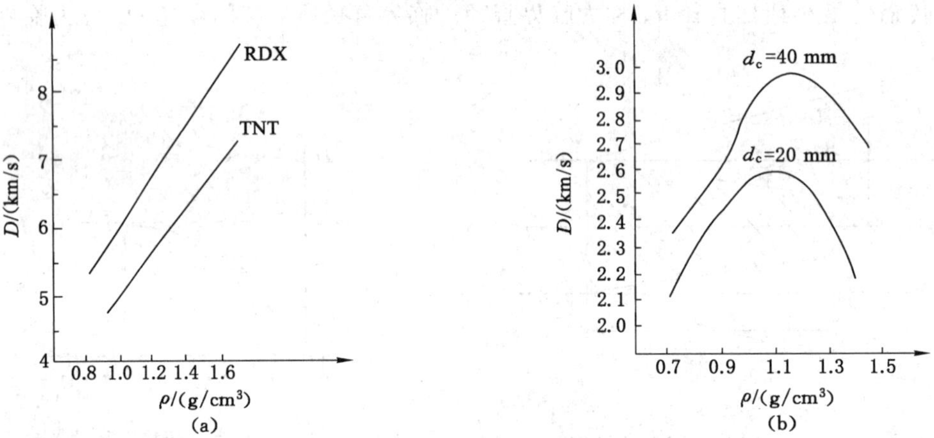

图 2-17　炸药爆速与密度的关系

③ 炸药粒度的影响。对于同一种炸药，当粒度不同时，化学反应的速度不同，其临界直径、极限直径和爆速也不同。但粒度的变化并不影响炸药的极限爆速。一般情况下，炸药粒度细，临界直径和极限直径减小，爆速增大。但混合炸药中不同成分的粒度对临界直径的影响完全不一样。其敏感成分的粒度越细，临界直径越小，爆速越高；而相对钝感成分的粒度越细，临界直径增大，爆速则相应减小；但粒度细到一定程度后，临界直径又随粒度减小而减小，爆速则相应增大。

④ 装药外壳的影响。由于装药外壳可以限制炸药爆轰时反应区爆轰产物的侧向飞散，从而减小炸药的临界直径。当装药直径较小时，增加外壳可以提高爆速，其效果与加大装药直径相同。例如，硝酸铵的临界直径在玻璃外壳时为 100 mm，而采用 7 mm 厚的钢管时仅为 20 mm。装药外壳不会影响炸药的理想爆速，所以当装药直径较大，爆速已接近理想爆速时，外壳作用不大。

⑤ 起爆冲能的影响。起爆冲能不会影响炸药的理想爆速，但要使炸药达到稳定爆轰，必须供给炸药足够的起爆能，使激发冲击波的速度大于炸药的临界爆速。

试验研究表明：起爆能量的强弱，能够使炸药的爆速有很大的差别。例如，当梯恩梯的颗粒直径为1.0～1.6 mm，密度为1.0 g/cm^3，装药直径为21 mm时，在强起爆能起爆时爆速为3 600 m/s，而在弱起爆能起爆条件下，爆速仅为1 100 m/s。当硝化甘油的装药直径为25.4 mm时，用6号雷管起爆时的爆速只有2 000 m/s，而用8号雷管起爆时的爆速可达8 000 m/s以上。低爆速现象形成的原因是炸药在起爆能较低时，不能产生爆轰反应，只有其中的空气隙和气泡受到绝热压缩形成热点，使部分炸药进行反应并支持冲击波的传播。

(3) 间隙效应

混合炸药(特别是硝铵类混合炸药)细长连续装药时，通常在空气中都能正常传爆，但在炮孔内，如果药柱与炮孔的孔壁间存在间隙，常常会发生爆轰中断或爆轰转变为爆燃的现象，这种现象称为间隙效应或称为管道效应。间隙效应不仅降低了爆破的效果，而且当在瓦斯矿井内进行爆破时，若炸药发生爆燃，将有引起瓦斯爆炸事故的危险。

① 试验研究与理论分析表明产生间隙效应的原因是：当采用不耦合装药时，炸药在一端起爆，爆轰波在药卷和孔壁间的间隙中产生了超前于爆轰波传播的空气冲击波。装药在该冲击波的压缩作用下，增大了装药密度，减小了装药直径，当装药的有效直径减小到临界直径以下时，爆轰就将中断。

② 目前实践中消除间隙效应的主要措施有：采用耦合装药消除径向间隙；采用临界直径小、爆轰性能好的炸药；沿炸药药柱敷设导爆索；在连续药柱上隔一定距离套上硬纸板或其他材料做成的隔环等。

2. 猛度

岩石在炸药爆炸产生的冲击波和爆生气体的冲击作用下造成的破坏效应称为炸药的动作用，其强度一般用猛度来表示。因而，猛度就是指炸药爆炸瞬间爆轰波和爆生气体产物直接对装药邻近的介质产生局部压缩、破碎和击穿的能力，实验室常用铅柱压缩法来测定，单位为mm。

铅柱压缩法的实验装置如图2-18(a)所示。其具体操作步骤如下：在钢板的中央放置已测量完毕的铅柱(ϕ40 mm×60 mm)，再在铅柱上放置一块ϕ41 mm×10 mm的圆钢片。将已称量好的待测试炸药50 g装入ϕ40 mm的纸筒内，控制其密度为1 g/cm^3，然后盖上一个带中心孔的硬纸板，插入起爆雷管(15 mm深)。将这个装配好的药柱放到圆钢片上，用线绷紧起爆。爆炸后，铅柱已被压缩成蘑菇状[图2-18(b)]，测量铅柱压缩前后差值，即为受试炸药的猛度。

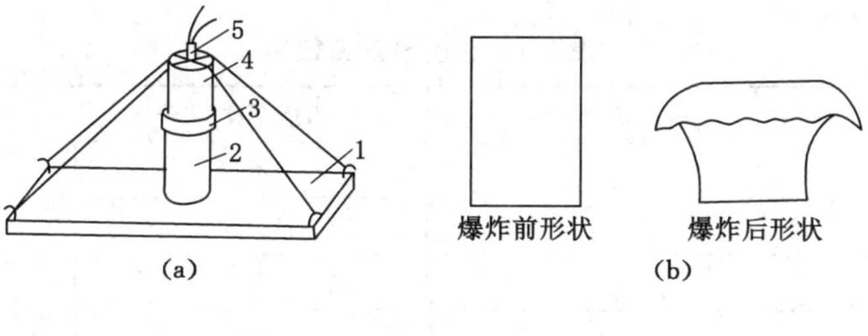

1—钢板；2—铅柱；3—圆钢片；4—试验药柱；5—起爆雷管。

图2-18 铅柱压缩法实验装置

爆破不同性质的岩石，应选用不同猛度的炸药。一般来说，岩石的波阻抗越大，选用炸药的猛度也要越大；爆破波阻抗较小的岩土时，炸药的猛度不宜过高。在爆破工程中，常采用空气柱间隔装药或不耦合装药等措施，减小作用在炮孔壁上的初始压力，从而降低猛度。

3. 爆力

岩石在爆轰产物准静态压力和膨胀作用下，造成的破坏效应称为炸药的静作用，静作用的大小用爆力来衡量。

爆力是指炸药爆炸后爆生气体产物膨胀做功的能力。它的大小主要取决于炸药的热化学参数(爆热、爆容和爆压)和爆轰产物的组成，也是衡量炸药爆炸性能的重要指标。实验室测定爆力的方法通常采用铅铸扩孔法，即以铅铸圆孔扩大的体积来衡量，单位为 mL。铅铸扩孔法又称特劳茨法，实验原理如图 2-19 所示。

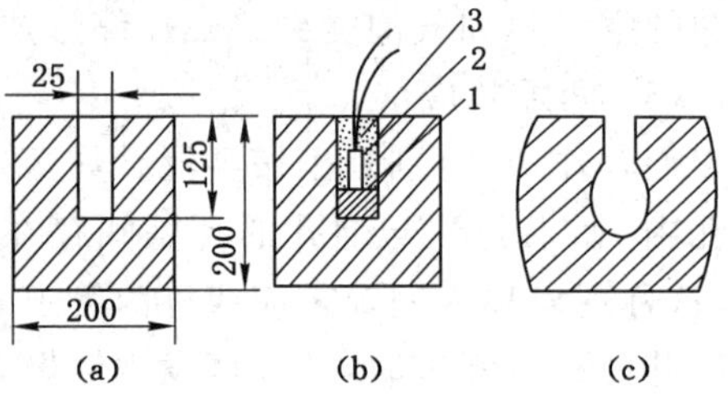

1—被测试炸药；2—雷管；3—石英砂。

图 2-19 铅铸扩孔法测定炸药爆力的原理图

(1) 实验铅铸的规格：铅铸体为 99.99%的纯铅铸成，直径 200 mm，高 200 mm，质量 70 kg，沿轴心有 ϕ25 mm、深 125 mm 的模拟炮孔，如图 2-19(a)所示。

(2) 待测炸药样本制作：称取炸药试样 10 g，装入 ϕ24 mm 的纸筒中再放上带孔圆纸板，然后将纸筒放在内径为 24.5 mm 的专用铜压模中，用专用铜冲子将炸药压成中心有孔、装药密度为 1 g/cm^3 的药柱，拔出冲子后，在中心孔内插入雷管壳，实验时再换上电雷管。

(3) 实验步骤：对铅铸的模拟炮孔的容积进行测量；测量铅铸模拟炮孔的温度；将制备好的药柱换上电雷管装配好，并放入模拟炮孔内，小心用木棒将其送至孔底部，炮孔剩余的空间用石英砂填满(自由倒入，不准振动或捣固)，刮平，起爆，如图 2-19(b)所示；爆炸后，用毛刷等清除孔内残留物，且测量已爆铅铸炮孔的容积。

炸药做功能力的计算公式为

$$X=(V_2-V_1)(1+K)-22 \tag{2-21}$$

式中 X——炸药做功能力，mL；

V_1——爆炸前铅铸模拟炮孔容积，mL；

V_2——爆炸后铅铸模拟炮孔容积，mL；

K——温度修正系数，见表 2-4；

22——铜壳电雷管 15 ℃时的做功能力，mL。

表 2-4 温度修正系数表

铅铸温度/℃	修正系数/%	铅铸温度/℃	修正系数/%
−30	18	5	3.5
−25	16	8	2.5
−20	14	10	2.0
−15	12	15	0.0
−10	10	20	−2.0
−5	7	25	−4.0
0	5	30	−6.0

复习思考题

1. 爆炸的三要素是什么？
2. 炸药的反应形式有哪几种？它们的区别是什么？
3. 炸药氧平衡的概念是什么？根据氧平衡，炸药如何分类？
4. 试计算特屈儿($C_7H_5N_5O_8$)和木粉($C_{50}H_{72}O_{33}$)的氧平衡率。
5. 冲击波具有哪些特点？
6. 炸药爆轰稳定传播的条件有哪些？如何理解？
7. 什么是炸药的感度？炸药的感度通常包括哪几种？
8. 如何理解炸药的热点起爆理论？
9. 什么是炸药的猛度和做功能力？两者有何区别？分别如何测定？
10. 浆状炸药、水胶炸药和乳化炸药之间有何异同？
11. 简要说明常用起爆药的种类和特点。
12. 解释下列名词：

(1) 殉爆。

(2) 爆炸。

(3) 爆压。

(4) 爆温。

(5) 管道效应。

3 爆破器材

3.1 工业炸药

3.1.1 工业炸药的分类

1. 按组成成分分类

按组成成分进行分类，炸药可分为单质炸药和混合炸药两大类。单质炸药是指成分为单一化合物的炸药；混合炸药是指由爆炸性成分和非爆炸性成分按照一定配比混合制成的炸药。

(1) 单质炸药。

单质炸药绝大多数是有机合成化合物，根据合成元素、分子结构及所含原子团的类别又可分为以下几种类型：

① 雷酸盐及叠氮化物。这类炸药主要用于雷管及其他火工品做起爆药使用，如雷汞、二硝基重氮酚等。

② 醇类硝酸酯。这类炸药含有硝酸根($-NO_3$)，而且硝基是通过氧原子与有机物中的碳原子连接的，因此极不稳定，它们的各种感度都较高，化学安定性差。如硝化甘油、太安、硝化棉等。

③ 硝基化合物。这类炸药含有硝基($-NO_2$)，它可直接与苯环或烃基中的碳原子连接，也可以通过氮原子与碳原子连接。这类炸药的爆炸性能主要取决于硝基数目、位置以及它与碳原子的连接方式。如梯恩梯、黑索今、苦味酸等。

④ 硝酸盐类。这类炸药是我们常用混合炸药的主要成分，它可以是无机物也可以是有机物。如硝酸铵、硝酸脲等。

(2) 混合炸药。

民用炸药绝大多数是混合炸药，均是根据使用要求由多种单质炸药混合而成的，因此其爆炸性能、敏感度、物化性能以及原材料的种类、生产工艺等都可以进行人为的调节和选择。按其主要组分和特性可分为以下两类：

① 硝酸铵类混合炸药。这类炸药的主要成分是硝酸铵，一般硝酸铵在炸药中占67%～92%。如果是以梯恩梯做敏化剂的称铵梯炸药，它是我国20世纪80～90年代矿山生产和爆破工程中的主要使用品种，由于梯恩梯的毒副作用，现在其使用比例正在逐年下降，有被低梯的铵梯油炸药、无梯硝铵炸药和硝铵含水炸药取代的趋势。如不含梯恩梯的炸药称为无梯硝铵炸药，这类炸药威力较低但价格便宜、制造简单，如铵油炸药、铵沥蜡炸药、铵松蜡炸药等。如果在硝酸铵中加入高威力猛炸药和金属发热剂以提高其敏感度和威力的叫硝铵高威力炸药，这类炸药的爆速一般大于4 000 m/s，猛度大于16 mm。如铵梯黑炸药、铵梯铝炸药等。

② 硝铵含水炸药。这类炸药是以硝酸铵的饱和水溶液为主要成分，再加入敏化剂和其他添加剂所组成的炸药，称为含水炸药。它最大的特点是抗水性强，近几年这类炸药发展很快，如浆状炸药、水胶炸药、乳化炸药等。

混合炸药中还有以硝化甘油为主要成分的胶质炸药以及黑火药等。

2. 按特性和用途分类

(1) 起爆药。它是雷管的主要起爆炸药，主要作用是引爆雷管内的主爆猛炸药，从而提高雷管的起爆能力。起爆药的特点是：感度较高，在热、摩擦或撞击等作用下，很容易发生爆炸。即起爆所需要的外界能量较小，且达到爆轰的时间很短。

(2) 猛炸药。这种炸药一般都比较钝感，只有在相当大的外界能量作用下才能发生爆炸，但是爆炸后猛炸药具有较大的爆速和威力，在爆破工程中主要是利用猛炸药来做功。猛炸药又可分为单质猛炸药和混合猛炸药两种。

(3) 发射药或火药。发射药或火药在一般情况下主要的化学变化形式是燃烧，几乎不发生爆炸（在密闭容器内或用大威力的传爆药柱进行起爆时，还是可以发生爆轰的）。依据其能够稳定燃烧的性质，发射药或火药的主要用途是：在军事上主要用来发射枪弹或炮弹，也可以用来发射火箭；在民用上主要用来制造导火索和延期雷管的延期药。常用的发射药或火药，除黑火药之外，用得比较多的还有硝化棉、硝化甘油为主要成分，外加部分添加剂胶化成的无烟火药等。

3. 按使用环境条件分类

(1) 露天炸药。对这类炸药没有作任何限制，只能用于露天爆破。目前露天炸药主要有铵油炸药、多孔粒状铵油炸药、浆状炸药、铵沥蜡炸药、铵松蜡炸药及露天乳化炸药等。

(2) 岩石炸药。对这类炸药爆破后生成的有毒气体量作了限制，它主要适用于没有瓦斯和煤尘爆炸危险的矿井和岩石工作面。现阶段主要岩石炸药有铵梯炸药、铵梯油炸药、水胶炸药、膏状乳化炸药、粉状乳化炸药及膨化硝铵炸药等。

(3) 煤矿许用炸药。这类炸药主要用于有瓦斯和煤尘爆炸危险的矿井和煤层工作面，对这类炸药的爆热、爆温、产生火焰的长度和持续时间等都作了严格的限制，同时也和岩石炸药一样对其爆炸后生成的有毒气体量作了规定，以保证井下安全使用。我国煤矿许用炸药分为 5 级，经常使用的只有 1～3 级，属一般安全型。

4. 按工业炸药的使用条件分类

(1) 第一类炸药。准许在一切地下和露天爆破工程中使用的炸药，包括有瓦斯和矿尘爆炸危险的矿山，又称安全炸药或煤矿许用炸药。

(2) 第二类炸药。一般可在地下或露天爆破工程中使用，但不能用于有瓦斯或煤尘爆炸危险的地方。

(3) 第三类炸药。专用于露天作业场所工程爆破的炸药。

用于地下作业场所工程爆破的炸药，对有害气体生成量有一定的限制，我国现行标准规定 1 kg 井下炸药爆炸所产生的有毒气体不超过 80 L。

3.1.2 常用工业炸药

1. 起爆药

起爆药的特点是对外界作用如火焰、摩擦、撞击等特别敏感，只要很小能量的激发就会引起爆炸。它主要用于制造起爆器材，如火雷管、电雷管、非电雷管等，最常用的起爆药有如下几种：

(1) 雷汞。$Hg(CNO)_2$，白色或灰白色微细晶体，50 ℃以上自行分解，160～165 ℃时发生爆炸。干燥的雷汞对撞击、摩擦和火花均极为敏感，潮湿的或压制的感度降低。湿雷汞易与铝起化学作用生成极易爆炸的雷酸盐，故不能用铝材做雷汞雷管的管壳，工业用雷汞雷管都用铜壳或纸壳。

(2) 氮化铅。$Pb(N_3)_2$，白色针状晶体，与雷汞或二硝基重氮酚相比，其热感度较低，但起爆威力较大，不怕潮湿，可用于水下起爆。由于氮化铅在有CO_2存在的潮湿环境中易与铜发生化学作用生成极敏感的氮化铜，因此，氮化铅雷管不可使用铜质管壳而必须使用铝壳或纸壳。

(3) 二硝基重氮酚。$C_6H_2(NO_2)_2N_2O$(简称 DDNP)，黄色或黄褐色晶体，安定性好，在常温下长期存储于水中其爆炸性能仍不降低，干燥时在 75 ℃时开始分解，170～175 ℃时爆炸。它对撞击、摩擦的感度均比雷汞和氮化铅低，热感度介于两者之间。

由于二硝基重氮酚的原料来源广、生产工艺简单、安全、成本较低，而且具有较高的起爆性能，因此目前国产工业雷前主要采用二硝基重氮酚作为起爆药。

2. 猛炸药

猛炸药同起爆药相比其感度较低，在使用时必须用起爆药来引爆，可用来做起爆器材的加强药或爆破的主爆药包。猛炸药的爆炸威力大，破碎岩石时的效果好。常用的猛炸药通常分为单质猛炸药和混合猛炸药。

(1) 单质猛炸药

① 梯恩梯。梯恩梯学名为三硝基甲苯(简称 TNT)，分子式 $C_6H_2(NO_2)_3CH_3$，纯净的 TNT 为无色针状结晶体，熔点为 80.75 ℃，工业生产的粉状 TNT 为浅黄色磷片状晶体，其液态密度为 1.465 g/cm^3、铸装密度为 1.55～1.56 g/cm^3，即熔融时，体积膨胀 12%；吸湿性弱，几乎不溶于水；热安定性好，常温下不分解，遇火能燃烧，密闭条件下燃烧或大量燃烧时，很快转为爆炸。梯恩梯的机械感度较低，若混入细砂类硬质掺合物，则容易引爆。许多炸药厂采用精制梯恩梯做雷管中的加强药或硝酸铵类炸药的敏化剂。

梯恩梯的爆力为 255～300 mL，猛度为 16～19.9 mm，爆速为 5 100～6 856 m/s，爆热为 4 222 kJ/kg。它是一种有毒的物质，在生产和使用中接触 TNT 和铵梯炸药均有可能中毒，其粉尘、蒸气主要通过皮肤侵入人体内，其次通过呼吸道，主要是引起中毒性肝炎和再生障碍性贫血，结果导致黄疸病、青紫病、消化功能障碍及红、白细胞减少等症，严重时导致死亡。

② 黑索今。黑索今即环三次甲基三硝胺(简称 RDX)，分子式 $C_3H_6N_3(NO_2)_3$，白色晶体，熔点 204.5 ℃，爆发点 230 ℃，不吸湿，不溶于水。黑索今热安定性好，其机械感度比梯恩梯高。黑索今的爆力为 480 mL，猛度为 24.9 mm，爆速为 5 980～8 740 m/s，爆热为 5 350 kJ/kg。由于它的威力和爆速都很高，因此，它除用作雷管中的加强药外，还可以用作导爆索的药芯或同梯恩梯混合制造起爆药包。

③ 特屈儿。特屈儿即三硝基苯甲硝胺，分子式 $C_7H_5N_5O_8$，淡黄色晶体，难溶于水，热感度及机械感度都很高，爆炸性能好，爆力为 475 mL，猛度为 22 mm。特屈儿容易与硝酸铵强烈作用而释放热量导致自燃。它主要用于军事，也可以作为工业雷管的加强药。

④ 太安。太安即季戊四醇四硝酸铵酯(简称 PETN),分子式 $C_5H_8N_4O_{12}$,白色晶体,几乎不溶于水,熔点 140.5 ℃,爆发点 225 ℃。其爆炸威力大,爆力为 550 mL,猛度为 24 mm,爆速为 8 000～8 600 m/s。它的爆炸特性与黑索今相似,用途相同。

⑤ 硝化甘油。硝化甘油即三硝酸酯丙三醇(简称 NG),分子式 $C_3H_5(ONO_2)_3$,无色或微带黄色的油状液体,20 ℃时的密度为 1.59 g/cm³,不溶于水,在水中可以爆炸。硝化甘油有毒,应避免与皮肤接触,在 50 ℃时开始挥发,爆发点 200 ℃,机械感度很高,受撞击和震动易发生爆炸,因此不能单独使用,常用多孔物质如硅藻土或硝化棉吸收以降低其感度。爆炸威力很高,爆力为 500 mL,猛度为 23 mm。纯硝化甘油在 13.2 ℃时冻结,此时极为敏感,为提高使用时的安全性,常将硝化甘油与二硝酸酯乙二醇混合使用,以降低此类炸药的冻结点。

工业使用的硝化甘油炸药是以硝化甘油为主要成分,以硝化棉为吸收剂,以硝酸钾、硝酸钠或硝酸铵为氧化剂,加上少量木粉组成的混合炸药,通常此类炸药的爆炸威力与硝化甘油含量成正比。国产硝化甘油炸药为含硝化甘油 40％的粉状硝化甘油炸药和含硝化甘油 60％的胶质硝化甘油炸药两种。硝化甘油炸药的突出优点是抗水性强、威力高,但由于它的撞击感度和摩擦感度高而不安全以及价格昂贵等缺点,逐步让位于其他新型抗水炸药。40％硝化甘油炸药的爆力为 360 mL,猛度为 15 mm,殉爆距离为 5 cm;60％硝化甘油炸药的爆力为 380 mL,猛度为 16 mm,殉爆距离为 8 cm。

(2) 混合猛炸药

混合猛炸药是含有两种及以上成分的混合物,又称为爆炸性混合物。这类炸药有气态、液态和固态,其中以固态最多。大多数工业炸药都属于混合猛炸药。

硝铵类混合炸药是以硝酸铵为主要成分的混合炸药,它具有反应完全,爆炸后生成气体量大,原材料来源广泛,制作工艺简单、可靠,成本低,爆炸性能好等特点。下面介绍几种常用的工业炸药。

① 铵梯炸药。铵梯炸药的主要成分是硝酸铵、梯恩梯和木粉。硝酸铵是构成铵梯炸药的主要成分,一般占炸药总量的 65％～95％。

硝酸铵加热时分解,其熔点为 169.6 ℃,加热到 230 ℃以上时开始迅速分解,当温度高于 400 ℃时可爆炸。它的感度较低,不能用工业雷管直接起爆;但当起爆能足够大时,硝酸铵也可发生爆炸,其爆力为 165～230 mL,临界直径大于 100 mm。硝酸铵易吸湿、结块,吸湿结块后,其爆炸性能和感度下降,甚至完全不能爆炸。硝酸铵在炸药中是氧化剂。

梯恩梯在炸药中一般占 8％～15％,主要起还原剂和敏化剂的作用。

木粉在炸药中主要起疏松作用,依靠自身的弹性,调节炸药的密度,阻止硝酸铵颗粒之间的黏结、结块,同时它也是可燃剂。

铵梯炸药是比较安全的,它对撞击、摩擦的感度较低,用火焰和火星不太容易点燃它,但当它受到强烈的撞击、摩擦和铁制工具敲打时,也能发生爆炸。在大气中裸露的少量铵梯炸药,一般不会由燃烧转化为爆炸,但如放在封闭的容器里,遇到火源就很容易由燃烧转化为爆炸。铵梯炸药很容易从空气中吸潮,含有食盐时其吸湿性更强。

② 铵油炸药。以硝酸铵和燃料油为主要成分的粒状或粉状(添加适量木粉)爆炸性混合物称为铵油炸药(简称 ANFO)。其特点是:成分简单,原料来源充足,成本低,制造使用安全,在爆炸威力方面低于铵梯炸药。感度低、起爆比较困难,采用轮辗机热加工,且加工细

致、颗粒较细、拌合均匀的细粉状铵油炸药可由普通雷管直接起爆;采用冷加工,且加工颗粒较粗、拌合较差的粗粉状铵油炸药,需借助大约10%的普通炸药制成炸药包辅助起爆。吸潮及固结的趋势强烈,吸潮、固结后爆炸性能严重恶化,故最好不要储存,现做现用,容许的储存期一般为15 d。

铵油炸药目前是我国金属矿山井下和露天爆破使用最多的炸药之一。细粉状铵油炸药的爆速为3 600 m/s,爆力为280～310 mL,猛度为9～13 mm,殉爆距离为4～7 cm。

③ 铵松蜡炸药。铵松蜡炸药由硝酸铵、松香、石蜡和木粉组成,也可添加适量柴油。硝酸铵和木粉的性质与作用如前所述,松香和石蜡则为还原剂和防水剂。铵松蜡炸药的爆炸性能良好,能接近2号岩石硝铵炸药,适用于无瓦斯和粉尘爆炸危险的中硬以上岩石爆破。铵松蜡炸药的突出优点是防潮抗水能力强,在雨季或潮湿环境下,敞露在空气中一段时间后,铵松蜡炸药不会因吸湿潮解而失效。该炸药不含梯恩梯,同时也减少了制造过程中梯恩梯对工人的毒害作用;但是其有毒气体生成量偏高,在井下使用时要注意该指标的影响。2号铵松蜡炸药的猛度为12～14 mm,殉爆距离为4～7 cm。

④ 浆状炸药。浆状炸药是以氧化剂水溶液、敏化剂和胶凝剂为基本成分的抗水硝铵类炸药。1956年,浆状炸药首次出现于加拿大铁矿公司的某个露天矿中。该炸药的主要优点是抗水性强、密度高、较好的可塑性和一定的流动性、爆炸威力较大、原料来源广、成本低和安全性好等,在露天有水深孔爆破中得到了广泛应用。其缺点是由于没有雷管感度,需要用猛炸药制作起爆药包来起爆。

⑤ 水胶炸药。水胶炸药是在浆状炸药的基础上发展起来的含水炸药,也是由氧化剂(硝酸铵为主)的水溶液、敏化剂(硝酸甲胺等)和胶凝剂等基本成分组成。通常,水胶炸药与浆状炸药没有严格的界限,两者的主要区别在于使用不同的敏化剂,浆状炸药的敏化剂主要是非水溶性的火炸药(梯恩梯、硝化甘油)成分、金属粉(铝粉、镁粉)和可燃物(柴油),而水胶炸药则采用水溶性的甲胺硝酸盐做敏化剂,因而爆轰感度大为增加,并且有威力高、安全性好(机械感度、热感度低)、抗水性强、价格低廉、爆炸后产生的有毒气体少等优点。水胶炸药可用于井下小直径(35 mm)炮眼爆破,尤其适于井下有水且坚硬岩石中的深孔爆破。非安全型水胶炸药只适用于无瓦斯和煤尘爆炸危险的工作面,安全型水胶炸药可用于有瓦斯和煤尘爆炸危险的爆破工作面。SHJ-K型水胶炸药的爆速不小于3 500 m/s,爆力为350 mL,猛度不小于15 mm,殉爆距离不小于8 cm,有毒气体生成量为29.6 L/kg。

⑥ 乳化炸药。乳化炸药也称乳胶炸药,是在水胶炸药的基础上发展起来的一种新型抗水炸药。它由氧化剂(硝酸铵水溶液)、可燃剂(燃料油)、乳化剂(失水山梨醇)、敏化发泡剂(敏化气泡和珍珠岩)、高热剂等成分组成。它与浆状炸药和水胶炸药不同,属于油包水型结构。乳化炸药包括传统的膏状乳化炸药和粉状乳化炸药。

传统的乳化炸药是以无机含氧酸盐水溶液作为分散相,悬浮在含有分散气泡或空心玻璃微球或其他多孔性材料的似油类物质构成的连续介质中,形成一种油包水型的特殊乳化体系。

粉状乳化炸药突破了传统的乳化炸药的药体概念,其最终产品的外观状态不再是乳胶体,而是以极薄油膜包敷的硝酸铵等无机氧化剂盐结晶粉末。由于它保持了乳化炸药体系中氧化剂与燃烧剂接触紧密、充分的特点,且呈粉末状态,无须有意识地引入敏化气泡,就具有较高的爆轰感度和良好的爆炸性能,但其装药密度较低,一般只有0.80～0.85 g/cm^3。

粉状乳化炸药的爆速为 3 700～4 300 m/s，猛度为 15～18 mm，殉爆距离为 5～8 cm，爆力为 340～380 mL。

膏状乳化炸药具有密度可调范围较宽（一般在 0.80～1.45 g/cm^3）、抗水性能强、起爆感度高、爆炸性能好、机械感度低、炸药中不含有毒成分、爆炸产生的有毒气体少等优点，因而无论生产、存储、运输、使用都比较安全。EL 型乳化炸药的爆速为 4 000～5 000 m/s，猛度为 16～19 mm，殉爆距离为 8～12 cm，爆力为 260～280 mL。

(3) 发射药

发射药是一种混合炸药，其特点是对火焰的感度较高，遇到火能迅速燃烧，在密封条件下可转为爆炸。此类炸药用于军事上发射炮弹和火箭等，民用发射药主要是黑火药。

黑火药由硝酸钾、木炭和硫黄组成。硝酸钾是氧化剂，木炭是可燃剂，硫黄既是可燃剂，又是木炭和硝酸钾的黏合剂，有利于火药的造粒。黑火药的摩擦感度很高，对火花也很敏感，其爆发点为 290～310 ℃。由于黑火药的爆炸威力较低，因此一般用于石材和石膏的开采爆破。大部分黑火药用以制作导火索。

3.2 安全炸药理论与煤矿许用炸药

3.2.1 概述

煤矿井下的瓦斯（包括 CH_4 及其同系物）以自由态（积聚于煤层以及煤系岩层的空隙和裂隙内）或吸附态存在于岩石和煤层里，呈相对平衡状态。当爆破或以其他方式破坏岩石和开采煤层时，上述的平衡状态受到破坏，瓦斯就会从煤岩体内逸出，给生产带来安全隐患。

我国瓦斯矿井的等级是以瓦斯相对涌出量和绝对涌出量来分级的，共分为三级。

(1) 低瓦斯矿井（同时满足以下条件）：矿井相对瓦斯涌出量不大于 10 m^3/t；矿井绝对瓦斯涌出量不大于 40 m^3/min；矿井任一掘进工作面绝对瓦斯涌出量不大于 3 m^3/min；矿井任一采煤工作面绝对瓦斯涌出量不大于 5 m^3/min。

(2) 高瓦斯矿井（具备下列条件之一即可）：矿井相对瓦斯涌出量大于 10 m^3/t；矿井绝对瓦斯涌出量大于 40 m^3/min；矿井任一掘进工作面绝对瓦斯涌出量大于 3 m^3/min；矿井任一采煤工作面绝对瓦斯涌出量大于 5 m^3/min。

(3) 突出矿井。

我国的低瓦斯矿井约占矿井总数的 60%，其余的都是高瓦斯矿井和有突出危险的矿井。

煤矿生产过程中逸出的瓦斯在空气中的浓度达到一定范围以后，遇到明火就会发生爆炸。爆炸时产生的冲击波和高温气体会给矿井带来毁灭性的灾难，这就是瓦斯爆炸事故。多年来瓦斯一直是煤矿生产的主要灾害之一，一旦发生事故就会造成极为严重的后果。

3.2.2 瓦斯和煤尘爆炸机理

瓦斯和煤尘与空气混合到一定浓度后可以单独爆炸也可以同时爆炸，而且混合爆炸更危险，破坏作用更大。

瓦斯爆炸本质上是甲烷的氧化反应：

$$CH_4 + 2O_2 \longrightarrow CO_2 + 2H_2O + 890\ kJ/mol$$

上述反应是放热的，在无机化学中甲烷的氧化反应属于链式热加速反应，这类形式的反应特点是：较小的外界能量就能激发，反应一旦开始就自动延续下去，直到反应终止。

甲烷是稳定的饱和烃，很难直接和氧气发生作用，然而甲烷在爆炸前，一般先发生燃烧，而且中间产物中存在有 CH_3^+、OH^- 等游离基和自由原子氧，在链式反应中它们起着活化中心的作用。此外，在中间反应产物中，还有起催化作用的甲醛（CH_2O）和过氧化氢（H_2O_2），可促使反应加速，最终引起爆炸。并且反应伴随有大量的热量放出，使反应系统的温度不断升高，在这种情况下，除链式反应加速外，还叠加有热加速，因此它的爆炸属于链式热加速类型。

煤尘的爆炸机理和瓦斯不同，煤尘的颗粒在热源作用下，首先发生汽化，放出可燃性挥发气体，这些可燃性气体再与空气混合成可燃性和爆炸性混合物，进而引起爆炸。根据这样的原理，煤尘的爆炸取决于汽化速度、挥发分的化学组成和含量，而汽化速度又取决于煤尘的粒度。一般挥发分在10%以上的煤尘都具有爆炸性。但粒度范围各国没有统一规定。我国把粒度小于1 mm的煤粉称为煤尘。实验已证明，粒度为74 μm的煤尘爆炸威力最大。能参与爆炸的最大粒度为360 μm。

3.2.3 瓦斯和煤尘爆炸的条件

瓦斯和煤尘与空气混合物，必须在以下条件下才有可能发生爆炸。

1. 瓦斯和煤尘在混合物内的浓度必须处在爆炸界限以内

在一般条件下（空气中含氧量为21%，在一个大气压和常温条件下）瓦斯的爆炸界限浓度约为5%～16%，浓度为9.5%时爆炸威力最大。

空气中的含氧量对爆炸界限影响很大，当空气中含氧量小于13%时，无论瓦斯浓度多大，都不可能形成爆炸性混合气体。

2. 加热温度不能低于瓦斯的爆发点

爆发点是在规定的时间内，能使瓦斯发火的最低温度。爆发点主要取决于压力、瓦斯浓度和散热条件。在标准条件下，瓦斯的爆发点为650 ℃，煤尘发火温度的变动范围约为750～1 105 ℃。

3. 加热时间不能低于感应时间

从反应开始到发火的时间称为感应时间。它取决于压力、加热温度和瓦斯浓度。若压力不变，感应时间随温度的升高而减小，若温度保持不变，感应时间则随压力的增大而减小，随瓦斯浓度增大而增大。在标准条件下，瓦斯的感应时间约为 0.55×10^{-6} s。

4. 应具备燃烧自动加速的条件

瓦斯在燃烧过程中必须生成可以使其自动加速的中间产物 OH^-、CH_3^+ 等游离基。

3.2.4 炸药爆炸引燃瓦斯的机理

1. 高温爆生气体产物的直接作用

炸药爆炸后产生的高温一般情况下可达几千摄氏度，爆生气体在高温条件下膨胀做功的同时，会由于扩散和渗透作用，逐渐和瓦斯与空气的混合气体融合，如果存在的时间超过了瓦斯的感应时间，高温爆生气体就有可能直接把瓦斯点燃使其发火。

2. 灼热固体颗粒的直接作用

如果因某种原因(如炸药结块、变质)炸药爆炸不完全，在反应过程中产生固体残渣，即所谓的灼热固体颗粒炭，其从几千摄氏度高温的炮眼中喷出向四周飞散，落入瓦斯和空气混合气体中，如果接触时间超过感应时间，那么灼热的固体炭颗粒就有可能使瓦斯发火。

3. 爆炸高压气体的绝热压缩作用

炸药爆炸时产生的高压空气冲击波可以对瓦斯和空气的混合气体进行绝热压缩，使其温度上升，若达到瓦斯的爆发点，即可引燃瓦斯。

瓦斯和空气的混合气体被空气冲击波压缩时产生的温度可用下式计算：

$$T = T_0 \cdot \frac{k-1}{k+1} \cdot \frac{p}{p_0} \tag{3-1}$$

式中 T_0——混合气体的初始温度；

k——混合气体绝热指数，$k=\frac{c_p}{c_V}$；

c_p, c_V——气体的定压比热容和定容比热容。

p——冲击波压力；

p_0——初始压力。

这里需特别强调的是，空气冲击波遇到障碍物时会引起波的反射，造成强烈的叠加作用，使反射后的波前压力增高，从而使被压缩气体的温度急剧上升，这样就更加容易引燃瓦斯。因此，爆破前要清理工作面，把矿车、设备等撤离爆破地点，以免爆炸空气冲击波反射叠加后使强度增大，提高点燃瓦斯的能力。

3.2.5 煤矿许用炸药

1. 煤矿许用炸药的要求

根据瓦斯和煤尘爆炸原理与条件，结合爆破引燃瓦斯和煤尘的机理，对有瓦斯和煤尘爆炸危险的采掘工作面使用的煤矿许用炸药的基本要求如下：

(1) 炸药的氧平衡要接近于零氧平衡。

(2) 炸药的爆炸反应要完全。

(3) 对炸药的爆热、爆温等热化学参数要加以限制，以减小高温爆生气体对瓦斯的直接点燃能力。

(4) 炸药的爆炸产物中应有抑制瓦斯连锁反应的成分。

2. 消焰剂的作用

在普通工业炸药中加入一定量的消焰剂可以降低瓦斯爆炸的危险，能在有瓦斯和煤尘爆炸危险的采掘工作面使用，使普通工业炸药成为煤矿许用型炸药。

消焰剂的作用如下：

(1) 抑制瓦斯的链式反应，增大感应时间。通常的消焰剂是氯化钠($NaCl$)，炸药在爆炸过程中产生的高温使氯化钠电离，形成钠离子(Na^+)和氯离子(Cl^-)，而瓦斯在反应过程中会产生起到活化作用的自由基 OH^-、CH_3^+，由于非常活跃的金属钠离子会很快与自由基的负离子结合，无法形成自动加速的条件，最终使瓦斯反应的链中断，使反应无法自动进行下去，从而中止了瓦斯的链式热加速反应。

（2）可以降低炸药的爆热和爆温。由于盐热容量很大，在炸药的反应过程中能很快冷却爆轰产物，消焰剂还可以缩短爆炸时产生的火焰长度和火焰的持续时间。

实验证明，炸药的安全性与掺入的盐量成正比，这就是说，要使炸药的安全性越高，需要加入的盐量就越多。盐的消焰阻化作用，除了取决于盐量以外，还与盐的粒度有关，当盐量固定时，粒度越细，其消焰阻化作用越好。但是盐在爆炸反应过程中是惰性物质，在炸药中起到钝化作用，使炸药的感度降低，如果掺入量达到一定值以后，就会影响到炸药的爆轰性能，一般当含盐量达到20%时，就会使爆轰性能恶化。

消焰剂作为炸药的组分一般直接掺混在炸药中，也可以不与炸药的其他组分掺混应用。目前，国内外用作消焰剂的主要原料是氯化钠，虽然它不如氟化钠、氯化钾效果好，但是其来源丰富、成本低廉，几乎不用加工，所以至今仍在普遍采用。

3. *煤矿许用炸药的种类*

随着煤炭工业的发展，煤矿许用炸药的品种日益增多，但大体上可分为以下几类：

（1）铵梯类煤矿许用炸药

这类炸药是把消焰剂直接掺混在普通铵梯炸药中，组成粉状煤矿许用炸药，属一般安全型，我国20世纪80年代以前的煤矿许用炸药大多属于此类。由于消焰剂的掺加量影响到炸药的感度，这类炸药的安全性能较低，不能适应安全生产的需要。加之消焰剂的加入，使铵梯炸药原有的吸湿结块等缺点更加严重，因此，它的应用范围受到一定的限制，只能应用在安全性要求较低的采掘工作面。

（2）被筒炸药

以含盐量较少、爆炸性能稳定、安全性较低的炸药做药芯，外面附以消焰剂的被筒所组成的炸药称为被筒炸药。这种炸药爆炸时由于药中消焰剂很少，不会影响炸药的爆轰，其爆炸性能稳定。这种炸药在爆炸时，爆炸的高温使外面的消焰剂形成薄雾，把爆炸点笼罩起来，从而达到消焰的目的。这种炸药可以用在对安全要求较高的爆破地点。

我国从20世纪50年代开始制造和使用被筒炸药，积累了丰富的经验，它通常是以2号煤矿炸药做药芯，外面套以粉状惰性盐组成的被筒，用在有煤与瓦斯突出危险的工作面爆破，在遵守相应安全规程的条件下，能保证爆破工作的安全，到目前为止还没有发生因爆破而导致事故的报道。这种炸药的规格为：药(150±3)g，盐(70±3)g，含盐量达到47%，这么多的盐如果直接掺混在炸药里，炸药是一定不能稳定爆轰的，而制成被筒炸药，既保证了炸药的稳定爆轰，又达到消焰阻化作用。

被筒炸药分为活性被筒炸药和惰性被筒炸药两大类。活性被筒炸药的被筒是用消焰剂和具有爆炸性质的材料（如掺混了7%～15%硝化甘油和硝化乙二醇的混合物）制成的，被筒本身具有一定的爆炸性，这类被筒在国外应用较多；惰性被筒炸药的被筒是用非爆炸性材料制成的，又分为刚性被筒炸药、半刚性被筒炸药、粉状被筒炸药和液体被筒炸药等几种。

通常说的被筒炸药一般指的是粉状被筒炸药。

《煤矿安全规程》规定，处理卡在溜煤（矸）眼中的煤、矸时，应使用用于溜煤（矸）眼的煤矿许用刚性被筒炸药，或者不低于该安全等级的煤矿许用炸药。这里说的刚性被筒炸药指的是：以石膏、黏土、水泥等黏合物掺加一定量的消焰剂成型后制成的被筒，里面装入2号煤矿许用炸药所组成的被筒炸药。以抚顺矿业集团十一厂生产的刚性被筒炸药为例，被筒组成为62%NaCl、17%$NaHCO_3$、21%叶绿岩，被筒里装入3号煤矿许用炸药。

被筒炸药的安全性很高，但是其制作复杂、工序较多、药卷粗且软，一旦外皮划破则安全性明显降低，药卷两端积存盐时又难以传爆使爆轰中断。当量炸药克服了上述缺点。当量炸药的特点是消焰剂的量与被筒炸药相当，因此其安全性也与被筒炸药相当，故名当量炸药或称等效炸药。当量炸药中的含盐量一般都超过40%，显然要影响到炸药爆炸性能的稳定。为了克服上述问题，在组分中加入了液态硝酸酯做敏化剂，用以提高炸药的感度和威力。但总的来说，当量炸药的威力不大、安全性较高。

(3) 煤矿许用水胶炸药

水胶炸药是一种新型的含水炸药。它是利用硝酸铵的饱和水溶液吸足水以后不再吸水的特性，达到以水抗水的目的。这种炸药呈凝胶状，有极好的抗水性能。敏化剂一般采用硝酸甲胺，根据掺入消焰剂的多少，水胶炸药分成不同等级，使用在与其相适应的瓦斯矿井里。

(4) 煤矿许用乳化炸药

它是近年来我国新发展起来的煤矿许用炸药。这种炸药是利用乳化剂形成的一种油包水型的乳胶体系，因此具有优异的爆轰性能和抗水性。同时它也很少产生沟槽效应，又便于机械化连续生产，所以乳化炸药是一种很有发展前途的煤矿许用炸药。

(5) 等离子交换炸药

等离子交换炸药，是目前我国安全等级最高的一种炸药。在煤矿许用炸药分级中属于第五级，悬吊试验可达450 g以上，特别适用于在煤仓和一些有特殊安全要求的地点爆破。

其原理是炸药成分中含有离子交换盐，在一定条件下才能发生离子交换。

$$NH_4Cl + NaNO_3 \longrightarrow NH_4NO_3 + NaCl$$

炸药中的组分为氯化铵和硝酸钠，这两种成分都不具有爆炸性，但是在高温下可以发生上述化学反应方程所示的离子交换，生成硝酸铵和氯化钠，而且温度愈高，交换量愈大。若此药卷在井下出现裸露，由于雷管或起爆药包爆破所产生的温度保留不住，很快散失，达不到离子交换的条件，因此就不会出现爆炸，达到安全保护的目的。若此药卷在密闭的条件下爆炸时，由于起爆机构产生的热量能使药卷不断升温，使其发生离子交换反应，生成大量的硝酸铵，导致药卷发生爆炸，而且其威力与硝酸铵的生成量成正比。但是在炸药威力增大的同时，也生成等克分子数的消焰剂氯化钠，使之消焰阻化作用也随之增加，达到安全爆破的目的。如果井下爆破时炮眼封堵质量不好，处于半封闭状态，使起爆机构产生的热量不能全部保存，只能使药卷温度稍有提高，产生部分离子交换，此时生成的硝酸铵量少，药卷的爆炸威力也就较小，同样生成等克分子数的氯化钠起到消焰阻化作用，也达到安全的目的。综上所述，等离子交换炸药，无论在什么条件下爆破，都能自动调整自己的组分，使其适应外界爆破条件的需要。外界爆破条件好，它交换产生的药量多，炸药的威力也大，同时消焰阻化作用也好；外界爆破条件不好，它产生的药量少，炸药的威力小，甚至不爆炸。

3.2.6 煤矿许用炸药安全度

炸药的安全度是炸药安全程度的定量指标。一般用它来表示炸药爆炸时对瓦斯和煤尘的引爆能力。安全度低则表示容易引爆瓦斯和煤尘，反之安全度高则表示引爆瓦斯和煤尘困难。安全度的具体数值通常用巷道试验结果表示。

1. 安全度的表示方法

安全度的表示方法有以下3种：

(1) 半数引火药量(w_{50})。在爆炸性混合气体中引火概率为50%的装药量,以 w_{50} 表示,其数值越大安全性越高。

(2) 引火频数。在爆炸性混合气体中进行爆炸试验,当试验装药量固定,计算引火次数的百分数[(引火次数/试验次数)×100%],一般试验5次或10次。

(3) 最大不引爆药量。在爆炸性混合气体中,若干次爆炸试验不引火的最大药量,以克表示。

2. 炸药安全度的巷道试验方法

目前,国内外各主要采煤国家通常采用巷道试验的方法来检验测定炸药的安全度。这一方法是模拟井下爆破作业时可能出现的各种危险情况而设计的。它的缺点是与实际爆破作业条件不完全一致,因此得出的结果只是相对的。但是,巷道试验方法比实际条件更为严格,在人为控制下,可使试验有较好的重现性,而且完全可以把不同种类的炸药对瓦斯的点燃难易程度区别开来,所以直到目前还没有其他方法比这种方法更合理。

世界各国的试验巷道和标准不完全一样,试验条件也有差异。我国当前使用的瓦斯试验巷道由发射臼炮和巷道两部分组成。巷道是用钢板制成的圆筒,直径1.8 m,长20 m,爆炸室在巷道一端,长5 m,容积12.7 m^3。巷道内充满浓度为9%±0.3%的瓦斯,用牛皮纸把巷道与其余部分隔开,巷道的另一端是敞开的。臼炮为一厚壁钢管,长1.2 m,外径0.55 m,中心炮孔直径55 mm、深900 mm,实为模拟炮眼,起爆时规定为反向起爆、不堵塞炮泥且臼炮炮口对着试验巷道,这样的试验称为发射臼炮试验。还有一种试验是把炸药直接悬吊在爆炸室内爆炸,称为悬吊试验。对同一种炸药来说,悬吊试验比发射臼炮试验结果偏低,也就是说悬吊试验比发射臼炮试验的瓦斯引燃频数要高,所以悬吊试验更严格。

我国煤矿许用炸药的分级、种类和使用范围如表3-1所示。

表3-1 我国煤矿许用炸药的分级、种类和使用范围

炸药级别	品种名称	使用范围	合格标准
一级煤矿许用	2号煤矿炸药 2号抗水煤矿炸药 一级煤矿乳化炸药	低瓦斯矿井	装药量100 g,不填塞炮泥试验5次,反向起爆,不引燃瓦斯
二级煤矿许用	3号煤矿炸药 3号抗水煤矿炸药 二级煤矿乳化炸药	低、高瓦斯矿井	装药量150 g,不填塞炮泥试验5次,反向起爆,不引燃瓦斯
三级煤矿许用	三级煤矿乳化炸药	低、高瓦斯矿井及有煤与瓦斯突出的矿井	装药量150 g,悬吊试验,不引燃瓦斯
四级煤矿许用	被筒炸药	各级瓦斯矿井的特殊危险条件下使用	装药量250 g,悬吊试验,不引燃瓦斯
五级煤矿许用	离子交换炸药 被筒炸药	各级瓦斯矿井的特殊危险条件下使用	装药量450 g,悬吊试验,不引燃瓦斯

我国煤矿许用炸药按规定出厂前都要经过安全检测。试验时要求按上述的巷道试验条件,连续试验5次,不得有1次引燃瓦斯。如果发生1次引燃瓦斯,则需加倍复试,即再试验10次,不得有1次引燃瓦斯。如果初试时发生2次引燃瓦斯,或初试时发生1次、复试时又发生1次引燃瓦斯,则这批炸药即为不合格品。

3. 煤矿许用炸药的合理使用

目前我国煤矿许用炸药共分为5级。《煤矿安全规程》规定：低瓦斯矿井的岩石掘进工作面，使用安全等级不低于一级的煤矿许用炸药；低瓦斯矿井的煤层采掘工作面、半煤岩掘进工作面，使用安全等级不低于二级的煤矿许用炸药；高瓦斯矿井，使用安全等级不低于三级的煤矿许用炸药；突出矿井，使用安全等级不低于三级的煤矿许用含水炸药。

瓦斯等级高的工作面禁止使用安全等级低的煤矿许用炸药，但是为了节省炸药消耗和保证爆破效果以及从经济合理的角度考虑，也不应将安全等级高的煤矿许用炸药用于瓦斯等级低的采掘工作面。

煤矿许用炸药的分级和使用范围是吸取了正反两个方面的经验和教训，在长期的生产实践中总结出来的，并对炸药进行严格检验后确定的。因使用未经安全确定的炸药或不按指定范围使用而导致瓦斯和煤尘爆炸事故的案例时有发生，因此，在爆破中应严格按规定范围使用煤矿许用炸药，以防因用错炸药等级而引起瓦斯爆炸事故。

3.3 起爆器材

3.3.1 起爆器材分类

为了有效利用炸药的爆炸能量，必须采用一定的器材和方法，使炸药按照需要的先后顺序，准确而可靠地发生爆轰反应。起爆即炸药在热、电、冲击波、机械摩擦与撞击等外界作用下，使炸药发生爆轰反应的过程。不同的炸药根据其感度不同，所采用的起爆方法也不一样。起爆器材是用于使炸药获得必要引爆能量的器材总称。起爆器材包括爆破作业引爆工业炸药的一切点火和起爆工具，按其作用可分为起爆材料和传爆材料。各种雷管属于起爆材料；导爆管和继爆管属于传爆材料；导爆索既可以是起爆材料也可以是传爆材料。起爆器材的基本要求为：① 安全可靠，使用简单、方便；② 具有足够的起爆能力和传爆能力；③ 能适应多种作业环境；④ 延时精确；⑤ 便于存储和运输。

近几十年科技工作者根据不同场合、不同要求研制了各种各样的起爆器材，发展速度很快，种类繁多，现根据起爆器材的作用进行分类，如图 3-1 所示。

雷管是管壳内装有炸药的一种火工品，它可以引爆炸药、导爆索和导爆管。工业雷管按其起爆药量的多少，分为10个等级，号数愈大，其起爆药量愈多，工程爆破中常用的是8号雷管。雷管作为一种起爆器材应具备以下两方面的要求。

(1) 技术条件的要求：① 应有足够的灵敏度和起爆能力，以保证雷管使用时能按设计要求准确起爆，并使被起爆的炸药能达到正常的爆轰速度；② 在保证雷管的起爆感度和起爆能力的前提下，要确保装配、运输和使用的安全；③ 每个雷管的技术参数要求具有均一性，以保证使用时的一致性；④ 要有相对的稳定性，工业雷管要求在两年的储存期内，不应有变质失效现象。

(2) 生产经济条件的要求：① 结构简单，易于大批量生产；② 制造和使用方便；③ 原材料来源丰富，价格低廉。

- 起爆器材
  - 雷管
    - 有起爆药雷管
    - 无起爆药雷管
    - ⇒
      - 火雷管
      - 电雷管
        - 瞬发管
          - 药头式
          - 直插式
        - 延期管
          - 秒级延期雷管
            - 秒延期雷管
            - 半秒延期雷管
          - 毫秒延期雷管
            - 普通型
            - 煤矿许用型
        - 抗杂散电流雷管
          - 无桥丝电雷管
          - 低阻率桥丝电雷管
          - 电磁电雷管
      - 毫秒导爆管雷管
  - 传爆材料
    - 继爆管
      - 单向继爆管
      - 双向继爆管
    - 索类传爆材料
      - 导火索
      - 导爆索
      - 导爆管

图 3-1　起爆器材分类

3.3.2　雷管的基本结构

1. 结构

火雷管基本结构示意图如图 3-2 所示。

(a) 金属壳有起爆药火雷管　　(b) 纸壳有起爆药火雷管

1—管壳；2—加强药；3—起爆药；4—加强帽。

图 3-2　火雷管结构示意图

2. 组成及其作用

(1) 管壳。管壳通常用金属、纸或塑料制成圆管状，把雷管各部分连成一个整体。管壳具有一定的机械强度，可以保护起爆药和加强药不直接受到外部能量的作用，同时又可为起爆药提供良好的封闭条件。金属管壳一端开口供插入导火索，另一端封闭，不冲压聚能穴保持平底[见图 3-2(a)]。纸管壳则为两端开口，先将加强药一端压制成圆锥形或半球形聚能穴，再在其表面涂上防潮剂[见图 3-2(b)]。

(2) 起爆药和加强药。起爆药是火雷管组成的关键部分，它在火焰作用下发生爆轰。我国目前多采用二硝基重氮酚做起爆药。通常的起爆药虽敏感，但爆炸威力低，为使雷管爆炸后具有足够的爆炸能起爆炸药，雷管中除装起爆药外，还要装有加强药，以加强雷管的起爆能力。加强药一般使用猛炸药，我国火雷管中加强药分二次装填：头次是压装钝化的黑索今，钝化的目的是降低其机械感度和便于成型；二次装填药是未经钝化处理的黑索今，目的是提高其感度，容易被起爆药引爆。

(3) 加强帽。它是中心带有直径为 1.9～2.1 mm 小孔的金属罩。其中间的小孔为传火孔,导火索产生的火花通过小孔点燃起爆药。加强帽可以起到防止起爆药飞散掉落及阻止爆炸产物飞散,维持爆轰产物压力,起到加强起爆能力的作用。

3.3.3 电雷管

电雷管是用电能引爆的一种起爆器材。常用的电雷管有瞬发电雷管和延期电雷管等。延期电雷管根据所延时的单位不同,又分为以秒为单位的秒延期电雷管和以毫秒为单位的毫秒延期电雷管;按其桥丝材料不同又分为镍铬丝电雷管和康铜丝电雷管。

1. 瞬发电雷管

瞬发电雷管是在起爆电流足够大的情况下通电即可爆炸的一种电雷管。它是由雷管的基本结构、电点火装置(引火药、桥丝、脚线)及密封塞组合而成。瞬发电雷管可分为直插式和药头式两种。瞬发电雷管结构示意图,如图 3-3 所示。

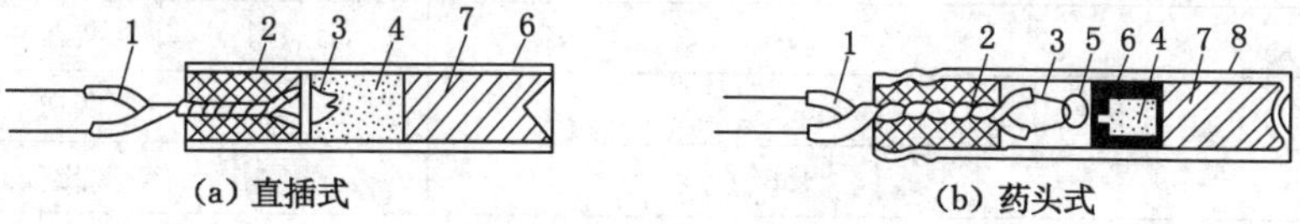

1—脚线;2—密封塞;3—桥丝;4—起爆药(正起爆药);5—引火头;6—加强帽;7—副起爆药;8—管壳。

图 3-3 瞬发电雷管结构示意图

(1) 脚线。它是用来给电雷管内的桥丝输送电流的导线,常采用铜或铁两种导线,外用绝缘塑料皮包裹,标准长度为 2 m,但也可根据用户要求加工成任意长度的脚线。

(2) 桥丝。它在通电时将电能转化成热能,以点燃引火药或引火头。桥丝一般采用镍铬或康铜电阻丝,焊接在两脚线的端线芯上,其直径为 0.03~0.05 mm,长度为 4~6 mm。

(3) 引火药。电雷管的引火药一般都是可燃剂和氧化剂的混合物。目前,国内使用的引火药成分有氯酸钾-硫氰酸铅类,氯酸钾-木炭类,在氯酸钾-木炭类的基础上再加某些氧化剂和可燃剂 3 种类型。

(4) 密封塞。为了固定脚线和封住管口,在管口灌以硫黄或装上塑料塞。

注意:直插式和药头式两者的区别为药头式的电点火装置包括脚线、桥丝(康铜丝或镍铬丝)和引火头;直插式的电点火装置没有引火头,是桥丝直接插入起爆药内,并取消加强帽。

2. 秒和半秒延期电雷管

秒和半秒延期电雷管的电引火元件与起爆药之间的延期装置是用精制导火索段或在延期体壳内压入延期药构成的,延期时间由延期药的装药长度、药量和配比来调节。

秒和半秒延期电雷管分整体管壳式和两段管壳式。整体管壳式是用金属管壳将点火装置、延期药和雷管的基本结构装成一体;两段管壳式则把电点火装置和雷管基本结构用金属壳包裹,中间的精制导火索露在外面,三者连成一体,包在点火装置外面的金属壳在药头旁开有对称的排气孔,其作用是及时排泄药头燃烧所产生的气体。秒延期电雷管结构示意图如图 3-4 所示。

国产秒延期电雷管的段别、延期时间及脚线颜色见表 3-2;半秒延期电雷管的段别、延期时间及标志见表 3-3。秒和半秒延期电雷管主要用于巷道掘进、采石场、土石方等爆破作业中,有瓦斯和煤尘爆炸危险的工作面不准使用。

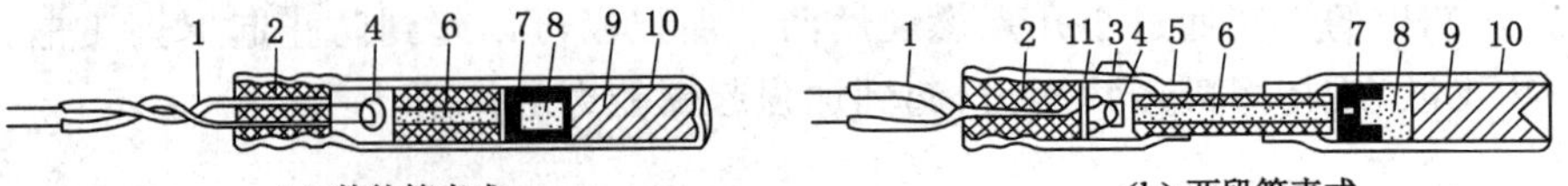

(a) 整体管壳式　　(b) 两段管壳式

1—脚线；2—密封塞；3—排气孔；4—引火头；5—点火部分管壳；6—导火索（延期药）；
7—加强帽；8—起爆药；9—加强药；10—爆炸部分管壳；11—纸垫。

图 3-4　秒延期电雷管结构示意图

表 3-2　秒延期电雷管的段别、延期时间及脚线颜色

段别	延期时间/s	脚线标志颜色
1	0	灰红
2	1.2	灰黄
3	2.3	灰蓝
4	3.5	灰白
5	4.8	绿红
6	6.2	绿黄
7	7.7	绿蓝

表 3-3　半秒延期电雷管的段别、延期时间及标志

段别	延期时间/s	标志
1	0	雷管壳上印有段别标志，每发雷管还有段别标签
2	0.5	
3	1.0	
4	1.5	
5	2.0	
6	2.5	
7	3.0	
8	3.5	
9	4.0	
10	4.5	

3. 毫秒延期电雷管

毫秒延期电雷管通电后是以毫秒量级的间隔时间延迟爆炸的，具有延期时间短、精度较高的特点。毫秒延期电雷管的延期装置是用氧化剂、可燃剂和缓燃剂的混合物做延时药，并通过调整其配比达到不同的时间间隔。国产毫秒延期电雷管的结构有装配式和直填式两种。毫秒延期电雷管的结构示意图如图 3-5 所示。

国产毫秒延期电雷管的延期药多用硅铁 FeSi（还原剂）和铅丹 Pb_2O_4（氧化剂）的机械混合物，两者比例为 3∶1，并掺入适量 0.5%～4%的硫化锑 Sb_2S_3（缓燃剂）用以调整药剂的燃烧速度。为便于装药，常用酒精、虫胶等做黏合剂造粒。

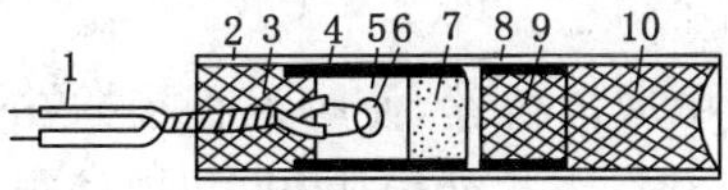

(a) 装配式

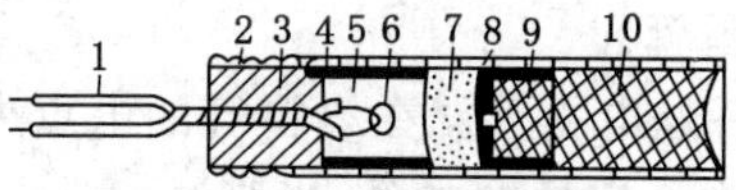

(b) 直填式

1—脚线；2—管壳；3—塑料塞；4—长内管；5—气室；6—引火头；
7—压装延期药；8—加强帽；9—起爆药；10—加强药。

图 3-5 毫秒延期电雷管结构示意图

国产毫秒延期电雷管共分 5 个系列，部分国产毫秒延期电雷管的延期时间见表 3-4。第一系列精度较高，时差间隔为(25±5)ms；第二系列是目前最常用的系列，共有 20 个段别，1～5 段时差间隔 25 ms，6～8 段为 50 ms；第三、四系列的段别时差为 100 ms 和 300 ms；第五系列是高精短间隔系列。

表 3-4 部分国产毫秒延期电雷管的延期时间 单位：ms

段别	第一系列	第二系列	第三系列	第四系列	第五系列
1	<5	<13	<13	<13	<14
2	25±5	25±10	100±10	300±30	10±2
3	50±5	50±10	200±20	600±40	20±3
4	75±5	75±15	300±20	900±50	30±4
5	100±5	100±15	400±30	1 200±60	45±6
6	125±5	150±20	500±30	1 500±70	60±7
7	150±5	200±20	600±40	1 800±80	80±10
8	175±5	250±25	700±40	2 100±90	110±15
9	200±5	310±30	800±40	2 400±100	150±20
10	225±5	380±35	900±40	2 700±100	200±25
11		460±40	1 000±40	3 000±100	
12		550±45	1 100±40	3 300±100	
13		655±50			
14		760±55			
15		880±60			
16		1 020±70			
17		1 200±90			
18		1 400±100			
19		1 700±130			
20		2 000±150			

4. 抗杂散电流电雷管

电气设备或导线漏电或大容量设备产生的感应电流，使地层或金属设备、管道带电，常称为杂散电流。当爆破施工地点存在杂散电流时，就可能使普通电雷管出现早爆现象而出现事故。为了解决杂散电流对爆破的影响问题，科研人员经过攻关，研制出了多种型号的抗杂散电流电雷管。

(1) 无桥丝电雷管。在电雷管的电点火元件中取消桥丝，使脚线直接插在点火药头上，点火药中加入一定导电成分，当脚线两端电压较小时，点火药电阻很大，电流很小，点火药升温小，不足以引起点火药燃烧；当电压很大时，电流很小，点火药电阻减小，电流大，点火药升温高，被点燃，雷管被引爆。这种雷管在杂散电流影响下不会被引爆。此外还有利用电极的高压放电来点燃点火药的无桥丝电雷管。

(2) 低阻率桥丝电雷管。这种雷管桥丝电阻较低，增大桥丝直径，只有大电流时才能引爆雷管。

(3) 电磁雷管。雷管的脚线绕在一个环状磁芯上呈闭合回路，爆破时将单根导线穿过环状磁芯，用其两端接至高频发爆器，高频电流由环状磁芯产生感应电流引爆雷管。这种雷管不会受到杂散电流的影响。

5. 安全电雷管

在有瓦斯的工作面爆破时，为避免因雷管爆炸引燃瓦斯的可能性，应采用安全电雷管(煤矿许用电雷管)。煤矿许用电雷管在安全方面，通常对普通电雷管作如下考虑：

(1) 不允许使用铁壳或铝壳。

(2) 不允许使用聚乙烯绝缘爆破线，只能采用聚氯乙烯绝缘爆破线。

(3) 在加强药中加入消焰剂，控制其爆温、火焰长度和火焰延续时间。

(4) 雷管底部不做窝槽，改为平底，防止聚能穴产生的聚能流引燃瓦斯。

(5) 采用燃烧温度低、生成气体量少的延期药，并加强延期药燃烧室的密封，防止延期药燃烧时喷出火焰引燃瓦斯的可能性。

(6) 加强雷管管壁的密封。

《爆破安全规程》(GB 6722)规定，在有瓦斯和煤尘爆炸危险的工作面爆破时，不准采用秒延期电雷管，而且爆破时电雷管爆破的总延迟时间最大不得超过 130 ms。

6. 无起爆药电雷管

普通的工业雷管均装有对冲击、摩擦和火焰感度都很高的起爆炸药，常常导致雷管在制造、储存、装运和使用过程中发生爆炸事故。国内近年研制成功的无起爆药雷管，它的结构和原理与普通工业雷管一样，只是用一种对冲击和摩擦感度比常用的起爆药低的猛炸药来代替起爆药，大大提高了雷管在制造、储存、装运和使用过程中的安全性，而起爆性能并不低于普通工业雷管。国内目前已生产有电的和非电的无起爆药毫秒延期雷管。无起爆药雷管结构示意图如图 3-6 所示。

7. 电雷管主要参数

(1) 雷管电阻

电雷管全电阻是指每发电雷管的桥丝电阻与脚线电阻之和，它是进行电爆网路计算的基本参数。在设计网路的准备工作中，必须对整批电雷管逐个进行电阻测定，选择电阻值相等或近似的使用于同一网路中，以保证起爆的可靠性和良好的爆破效果。

目前，我国不同厂家生产的电雷管，即使电阻值相等或近似，其电引火特性也各有差异；即使同厂不同批的产品，也会出现电引火特性的差异。因此，在同一电爆网路中，最好选用同厂同批生产的电雷管。

(2) 最大安全电流

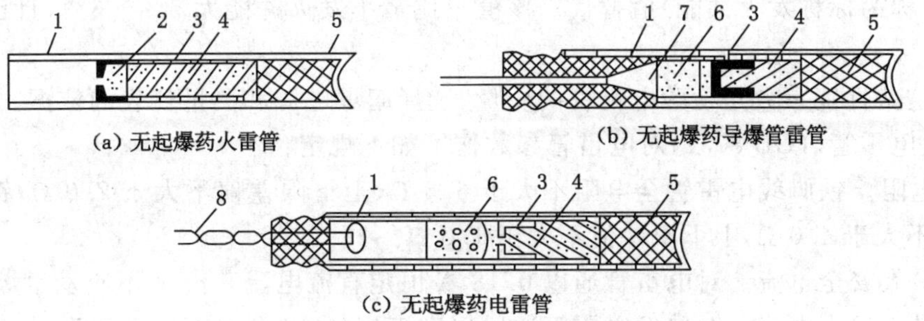

1—雷管壳；2—点火药；3—起爆元件；4—低密度猛炸药；5—加强药；6—延期药；7—气室；8—脚线。

图 3-6 无起爆药雷管结构示意图

给电雷管通以恒定直流电，5 min 内不致引爆雷管的电流最大值，叫作最大安全电流（工作电流）。此电流值的实际意义在于选择测量电雷管的仪表，仪表的工作电流不能超过此值。

国产电雷管的最大安全电流，康铜桥丝为 0.3～0.55 A，镍铬合金桥丝为 0.125 A。按《爆破安全规程》规定取 0.03 A 作为设计采用的最大安全电流值，故一切测量电雷管的仪表，其工作电流不得大于此值。

(3) 最小发火电流

给电雷管通以恒定的直流电，能准确地引爆雷管的最小电流值，称为电雷管的最小发火电流，一般不大于 0.7 A。若通入的电流小于最小发火电流，即使通电时间较长，也难以保证可靠地引爆电雷管。六毫秒发火电流为通电 6 ms 能引爆电雷管的最小电流强度；百毫秒发火电流为通电 100 ms 能引爆电雷管的最小电流强度。

(4) 雷管反应时间

点燃时间是指电雷管从通电开始到引火头点燃的时间 t_b；传导时间是指从引火头点燃开始到雷管爆炸的时间 t_θ；反应时间是指从通电到雷管爆炸的时间。

(5) 发火冲能

电雷管通电产生的热量为：

$$E=I^2Rt \tag{3-2}$$

发火冲能为：

$$K_d=I^2t_d \tag{3-3}$$

式中 K_d——发火冲能，$A^2\cdot ms$；

I——通入雷管的试验电流，A；

t_d——发火概率 0.999 9 的通电时间，ms；

R——雷管电阻，Ω。

电雷管在点燃时间内，每欧姆桥丝所提供的热能，称为发火冲能。发火冲能与通入电流值的大小有关，电流愈小，散热损失愈大。当电流值趋于最大安全电流时，发火冲能趋于无穷大；反之，热能损失小，电流增至无穷大时的发火冲能，称为最小发火冲能。发火冲能是电流起始能的最低值，又称点燃起始能。

最小发火冲能值实验测定很困难，实际中常采用当电流等于 2 倍百毫秒发火电流时的发火冲能(称为标称发火冲能)值替代。该值只比最小发火冲能大5%～6%,且已基本趋于稳定。

以上这些性能参数是检验电雷管的质量、选择起爆电源和测量仪表的依据。

《工业电雷管》(GB 8031)对电雷管参数作了如下规定:

(1) 电阻。铁脚线电雷管全电阻不大于6.3 Ω,上下限差值不大于2.0 Ω;铜脚线电雷管全电阻不大于4.0 Ω,上下限差值不大于1.0 Ω。

(2) 最大安全电流。对电雷管通以0.18 A恒定直流电流5 min,不应发生爆炸。

(3) 最小发火电流。对单发电雷管通以恒定直流电流,采用升降法试验,其发火电流上限不应大于0.45 A。

(4) 发火冲能。采用两次升降法试验,发火冲能应不大于8.7 $A^2 \cdot ms$。

3.3.4 电子雷管

工业电子雷管,俗称电子雷管或数码雷管,是应用微电子技术、数码技术、加密技术,实现延时、通信、加密、控制等功能的工业雷管。在电子雷管内部有专用电子控制模块,其中内置有雷管身份信息,具备雷管起爆延期时间控制和起爆控制功能,能对点火元件的通断状态进行测试,并能和起爆控制器及其他外部控制设备进行通信,如图3-7所示。

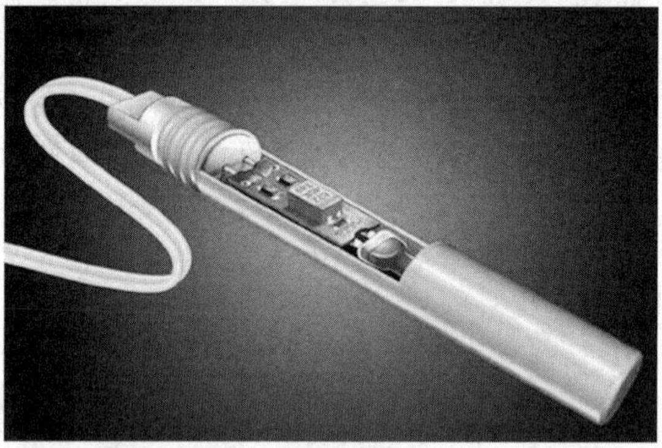

图3-7 工业电子雷管示意图

作为一种新型爆破器材,电子雷管从设计上完全颠覆了传统工业雷管的组成结构。与传统的电雷管和导爆管雷管等起爆器材不同,电子雷管用电子控制模块取代了化学延期体,延期时间完全由模块控制,具有延期精度高、可靠性高、安全性好、网路可检测等多项优点。同时,电子雷管内置了身份码和密码,符合国家发展规划和爆破器材产品流量流向智能化监管的要求。

1. 电子雷管的发展历程

电子雷管技术的研究开发工作始于20世纪80～90年代,在此期间电子雷管及其起爆系统取得了快速发展。随着研究和应用的深入,电子雷管逐步趋于成熟并进入爆破工程应用阶段。

1993年前后,瑞典Dynamit Nobel公司、南非AECL公司分别公布了各自的第一代电子雷管技术和相应的电子延期起爆系统,1996年、1998年又分别公布了第二代电子雷管技术。1998年之后,Dynamit Nobel公司在法国注册了Davey Bickford公司,开发生产

Daveytronic 电子雷管系统，与 Orica 公司合资在德国开发生产 PBS 电子雷管系统。与此同时，全球范围内陆续出现了多家开发、生产电子雷管的新公司，涌现了多种品牌的电子雷管系统。目前，国外发展最为成熟的是澳大利亚 Orica 公司生产的 i-Kon 电子雷管起爆系统，2006 年我国三峡围堰爆破使用的就是 Orica 公司的数码雷管。

我国电子雷管的起步也较早。1985 年，原冶金部安全环保研究院开始与多家单位合作研制电子延期超高精度雷管，于 1988 年研发出我国第一代电子雷管。自 2008 年起，国内有关电子雷管的专利申请数量持续增长，专利数量居世界前列。

电子雷管因其出色的稳定性、安全性，十余年来在围堰拆除、城镇拆除爆破、水下爆破、隧道工程、矿山等领域都得到了成功的应用。目前，国内生产电子雷管的企业已达十余家，主要有中国兵器工业系统总体部(北方邦杰)、贵州久联民爆器材发展股份有限公司、西安兵器工业 213 所以及国内几家知名的民爆器材生产企业，产品包括传统的电起爆电子雷管系统、可用导爆管起爆的电子雷管、无线自组网新型电子雷管等。电子雷管产品已全面实现国产化，性能也得到了全面提升，延期芯片产业日趋发展成熟，电子雷管价格也大幅下降。与传统工业雷管相比，电子雷管的性价比进一步提升，为其普及提供了市场竞争力，取得了较大的突破。

2. 电子雷管的结构及其特性

与传统工业雷管起爆系统不同，电子雷管起爆系统由电子雷管网路、电子雷管专用编码器和专用起爆器组成。编码器可单独使用也可与起爆器配套使用。有些电子雷管起爆系统一台编码器可连接 200 发电子雷管，形成单机爆破网路。一台起爆器可连接 20 台编码器，形成具有多条支线的起爆网路，其最大组网爆破规模为 4 000 发电子雷管。

电子雷管的类别包括：① 根据延期时间设置方式有现场设置型电子雷管和预设置型电子雷管；② 按爆破网路的连接方式有并联型电子雷管和串联型电子雷管；③ 按应用环境有煤矿许用型电子雷管和普通型电子雷管。

电子雷管的构成主要包括控制模块、内储能电容、点火头、火管等部件，而传统雷管主要包含点火头、延期元件和火管等部件，如图 3-8 所示。

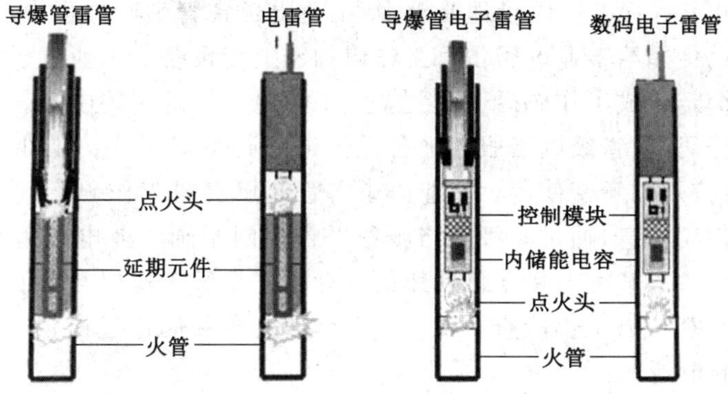

(a) 传统雷管　　(b) 电子雷管

图 3-8　电子雷管与传统雷管结构的比较

电子雷管的安全性主要取决于它的发火延时电路。传统延期雷管靠简单的电阻丝通电点燃引火头，而电子雷管的主发火电路由充电晶体管和放电晶体管组成。与传统电雷管相比，电子雷管除受电控制外，还受到微型控制器的控制，且在起爆网路中该微型控制器只接收起爆器发送的数字信号。通常情况下，电子雷管的内储能电容在微控制器控制下，通过点火晶体管放电并引燃引火头。

相对于传统雷管，电子雷管具有 8 个方面的优势：① 可以精准控制爆破延期时间，大部分电子雷管延期步长可精确到 1 ms；② 爆破振动可以得到有效控制；③ 可以减少爆破次数 50%～80%；④ 炸药能量利用率可有效提高，节约炸药 20%；⑤ 可以改善破碎效果，均匀度提高 13%，铲装施工效率提高 5%～30%；⑥ 爆破综合效益可提高 6%～10%；⑦ 安全可靠性可提高 10%；⑧ 可全程追溯监管，授权控制使用，从本质上解决行业监管环境及社会安全问题。

这些优势体现在爆破工程中，可以实现雷管在线检测，确保起爆网路稳定可靠，多重起爆密码保证安全。此外，因为雷管段别无限制，网路设计较为简单，最终可获得使用传统延期雷管无法实现的最优爆破方案和爆破效果。

3. 电子雷管的编码管理

电子雷管具有很强的抗静电、抗射频、抗杂散电流、抗振动等性能，起爆系统现场编程、设置延期时间和起爆密码，实现了雷管在线检测和故障网络诊断。电子雷管使用专用起爆器进行起爆，使用多重密码对应才能起爆，一旦发生丢失、被盗的情况，没有密码不能起爆。传统的起爆器无法使其起爆，可最大限度减少民爆物品被不法分子利用危害社会的可能性，能进一步加强危险品管理，提高危险品流通、使用环节的安全水平。

(1) 电子雷管工作码管理

电子雷管使用 UID 码、起爆密码、工作码和雷管壳体码进行多重编码管理。其中，UID 码是在工业电子雷管中写入的用于通信、控制的一组数字、字符或其混合信息体；起爆密码是在工业电子雷管中写入的用于同起爆器数据进行核对的一组数字、字符或其混合信息体；工作码是将工业电子雷管 UID 码、起爆密码和雷管壳体码组合，经加密编码后形成的一组数字、字母或其混合信息体。《工业电子雷管信息管理通则》(GA 1531)详细规定了工业电子雷管的信息管理要求。

图 3-9 所示电子雷管工作码管理要求为：工业电子雷管生产过程中，应将 UID 码、起爆密码和雷管壳体码传递给工业电子雷管工作码加密上传设备。工业电子雷管工作码加密上传设备进行三码绑定生成工作码后上传到全国工业电子雷管密码中心。全国工业电子雷管密码中心存储工作码，向省级网络服务平台提供工作码申请服务。工业电子雷管起爆器应能读取工作码，且按规则解密使用。工业电子雷管起爆器或工作码下载适配器应将起爆后的工业电子雷管使用信息，通过省级网络服务平台传回全国工业电子雷管密码中心。全国工业电子雷管密码中心解密并标记已使用的工业电子雷管工作码。未使用的工业电子雷管工作码应能重复下载。人工不能查看或修改工作码管理和储存过程。

(2) 工作码的申请

① 在线申请方式。

电子雷管起爆器应以起爆器编码、单位代码、工业电子雷管 UID 码、当前经纬度信息、爆破合同(可选)、项目编号(可选)，直接或者通过工业电子雷管工作码下载适配器从使用所在地省级网络服务平台申请工作码。

工作码申请成功后，应将包含工作码、准爆要求、禁爆要求的加密信息传到电子雷管起

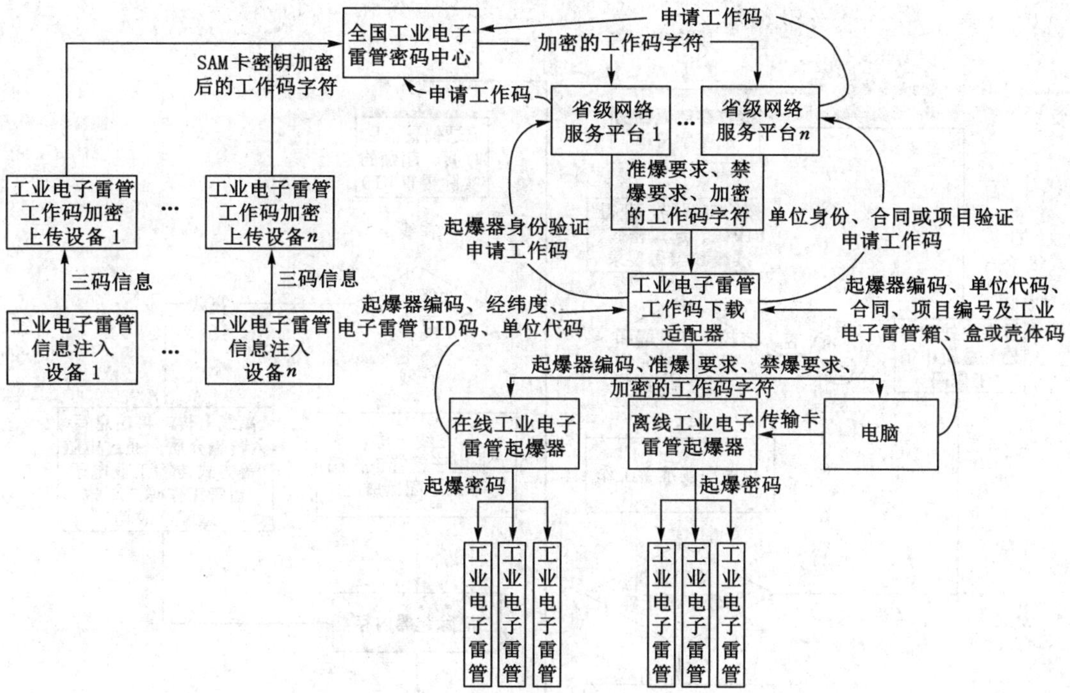

图 3-9 电子雷管工作码管理流程图

爆器。电子雷管起爆器应按照规则解密和使用。

② 离线申请方式。

企业应通过单位卡登录工业电子雷管工作码下载适配器网址，以单位代码、工业电子雷管壳体码或盒条码或箱条码、起爆器编码(可选)、爆破合同(可选)、项目编号(可选)，从使用所在地省级网络服务平台申请离线下载工作码。

工作码申请成功，应自动返回包含工作码、准爆要求、禁爆要求的加密信息，并保存为文件。根据工业电子雷管起爆器厂商提供方式将下载的文件装载到工业电子雷管起爆器。工业电子雷管起爆器应按照规则自动解密和使用。

(3) 起爆密码的使用规则

起爆器应按规则解密下载工作码，解析出 UID 码、起爆密码、雷管壳体码和准爆要求、禁爆要求。起爆器应验证准爆要求、禁爆要求，验证不通过时禁止起爆。电子雷管验证起爆密码，验证不通过时应禁止起爆。准爆要求、禁爆要求和起爆密码校验成功后，才能进行起爆操作。申请下载的工业电子雷管起爆密码使用期限由作业所在地公安机关确定。

起爆密码使用流程如图 3-10 所示。

(4) 电子雷管的智能管控

电子雷管采用专用芯片，以精确延时为特点，核心价值体现在可为公安监管、公共安全带来数字化革命，满足产业升级和两化融合的需求。而且电子雷管具有自毁装置，即对雷管通以工作电流，雷管正常起爆，通以工作电流以外的电流，不论大小，电子芯片即行自毁，之后再通以任何形式和大小的电流均不能起爆，减少了被犯罪分子非法利用进行作案的机会。

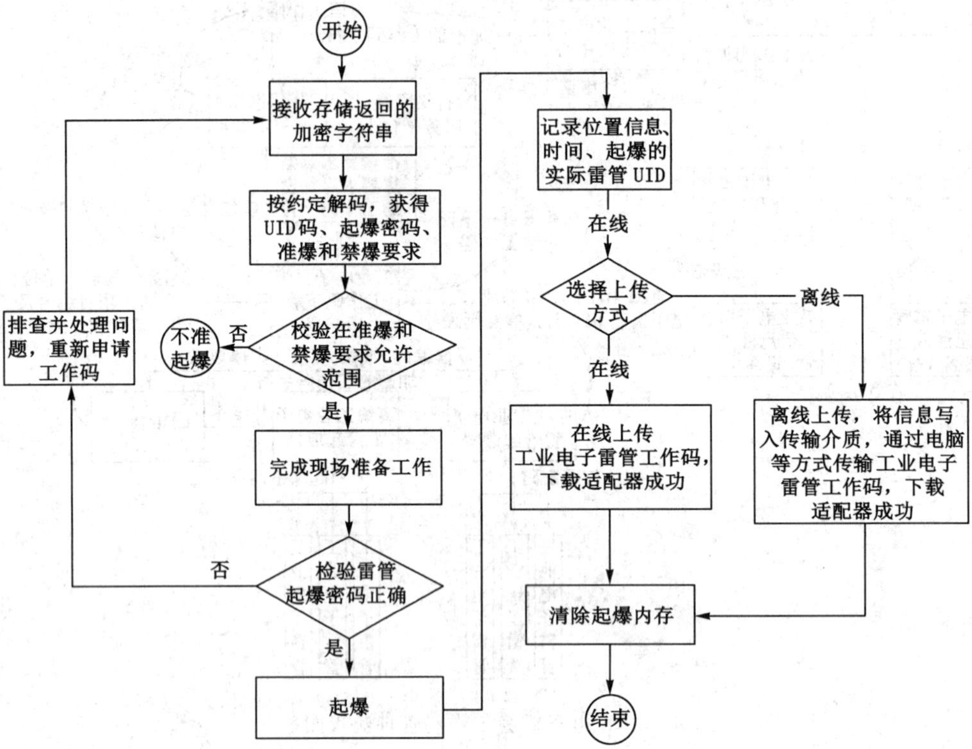

图 3-10　起爆密码使用流程

同时 UID 码、起爆密码和雷管壳体码等多重信息加密，为电子雷管的智能管控提供了技术基础。

各级公安机关可以使用“全国民爆信息管理系统”电子雷管管理功能，对本辖区内电子雷管进行管控，提高监管水平。主要管理功能包括综合信息展示、实时监控、起爆器管理、禁爆区域设置、准爆区域设置、下载密码有效期设置、黑名单设置、报警管理以及轨迹溯源。全国各地的公安机关及涉爆企业已经可以登录全国民爆信息管理系统使用电子雷管管控功能。

3.3.5　导爆管雷管

导爆管雷管又称非电雷管，是专门与导爆管配套使用的一种雷管，它是导爆管起爆系统的起爆元件。它与电雷管的主要区别在于：不是用电雷管中的电点火装置，而是用一个与塑料导爆管相连接的塑料连接套，由塑料导爆管的爆轰波来点燃雷管。导爆管本身可用电火花、火帽等引爆。导爆管雷管的结构如图 3-11 所示。它由导爆管、封口塞、延期体和火雷管组成。根据是否有延期体和延期时间的不同，我国现阶段生产的导爆管雷管主要有瞬发导爆管雷管、毫秒导爆管雷管、半秒导爆管雷管和秒导爆管雷管。

导爆管雷管具有抗静电、抗杂散电流的能力，使用安全可靠，网路连接简单方便，目前主要用于无瓦斯和煤尘爆炸危险的爆破工程。延期导爆管雷管的规格及延期时间见表 3-5。

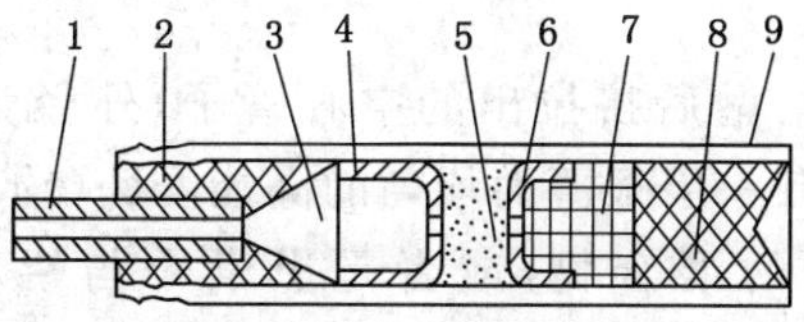

1—塑料导爆管；2—塑料连接套；3—消爆空腔；4—空信帽；5—延期药；
6—加强帽；7—起爆药；8—加强药；9—管壳。

图 3-11 毫秒导爆管雷管结构示意图

表 3-5 导爆管雷管规格及延期时间

段别	毫秒导爆管雷管/ms	半秒导爆管雷管/s		秒导爆管雷管/s	
		第一系列	第二系列	第一系列	第二系列
1	0	0	0	0	0
2	25	0.50	0.50	2.5	1.0
3	50	1.00	1.00	4.0	2.0
4	75	1.50	1.50	6.0	3.0
5	110	2.00	2.00	8.0	4.0
6	150	2.50	2.50	10.0	5.0
7	200	3.00	3.00		6.0
8	250	3.60	3.50		7.0
9	310	4.50	4.00		8.0
10	380	5.50	4.50		9.0
11	460				
12	550				
13	650				
14	760				
15	880				
16	1 020				

3.4 传爆器材

3.4.1 导爆管及其连通器具

1. 塑料导爆管

导爆管是 20 世纪 70 年代初，由瑞典诺贝尔公司首先发明制造的一种新型传爆器材，具有安全可靠、轻便、经济、不受杂散电流干扰和便于操作等优点。它与击发元件、起爆元件和联结元件等部件组合成起爆系统，因为起爆不用电能，故称为非电起爆系统（瑞典又称 Nonel 起爆系统），目前已在我国冶金矿山得到广泛应用。

(1) 导爆管的结构

导爆管采用高压聚乙烯熔融后挤拉出的空心管子，外径为(2.95±0.15)mm，内径为(1.4±0.1)mm，管的内壁涂有一层很薄而均匀的高能炸药(约91%的奥克托今、9%的铝粉与0.25%～0.5%的附加物的混合物，或者是黑索今与铝粉的混合物)，药量为16～20 mg/m。

(2) 导爆管传爆原理

当导爆管被击发后，管子内产生冲击波并传播，管壁内表面上薄层炸药随冲击波的传播而产生爆炸，所释放出的能量补偿冲击波在传播过程中的能量消耗，维持冲击波的强度不衰减。也就是说，导爆管传爆过程是冲击波伴随着少量炸药产生爆炸的传播，并不是炸药的爆轰过程。导爆管中激发的冲击波(导爆管传爆速度)以(1 950±50)m/s 的速度稳定传播，发出一道闪电似的白光(实验室利用光点移动的特性，用光电法测定导爆管的爆速)，声响不大。冲击波传过后，管壁完整无损，对管线通过的地段毫无影响，即使管路铺设中有打结、相互交叉或叠堆，也互不影响。

(3) 导爆管的性能

① 起爆感度。雷管、导爆索、火帽、药包和高压电火花等一切能够产生冲击波的起爆器材都可以激发塑料导爆管的爆轰。

② 传爆速度。国产塑料导爆管的传爆速度一般为(1 950±50)m/s，也有(1 650±50)m/s、(1 750±50)m/s 和(1 850±50)m/s 等型号。

③ 传爆性能。导爆管传爆性能良好，中间不要中继雷管接力，导爆管内的断药长度不超过15 mm时，都可正常传爆。

④ 耐火性能。火焰不能激发导爆管。用火焰点燃单根或成捆导爆管时，它像塑料一样缓慢地燃烧。

⑤ 抗冲击性能。一般的机械冲击不能激发塑料导爆管，但步枪和机枪的射击也曾引起了导爆管的爆轰。

⑥ 抗水性能。将导爆管与金属雷管组合后，其具有很好的抗水性能，在水下80 m深处放置48 h还能正常起爆。若对雷管加以适当的保护措施，它还可以在水下135 m深处起爆炸药。

⑦ 抗电性能。塑料导爆管能抗30 kV以下的直流电。

⑧ 破坏性能。塑料导爆管传爆时，不会损坏自身的管壁，对周围环境不会造成破坏。

⑨ 强度性能。国产塑料导爆管具有一定的抗拉强度，在50～70 N拉力作用下，导爆管不会变细，传爆性能不变。

2. 导爆管的连通器具

连通器具的功能是实现导爆管与导爆管之间的冲击波传播。我国现用的连通器通常由连接块或多路分路器为主体构成。

(1) 连接块构成的连通器具

图3-12所示为由连接块为主体构成的连通器具，主发导爆管所连接的是一只8号雷管，并将这只8号雷管插入连接块中，再用连接块上的两块活动的塑料卡子将其夹住，根据标准技术要求，在−40～50 ℃范围内，此传爆雷管通过连接块应使所连接的20根导爆管全部起爆。

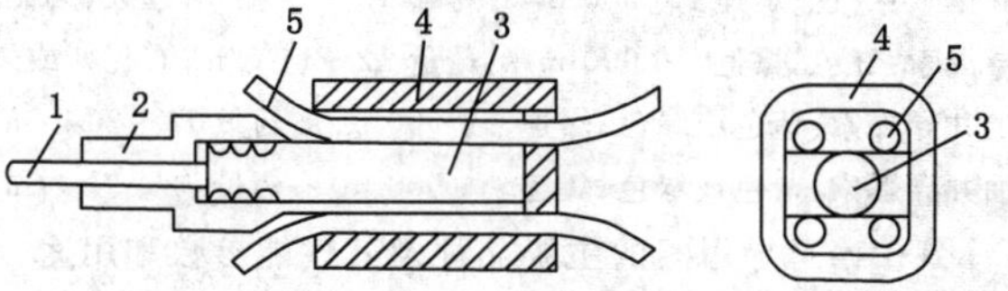

1—主发导爆管;2—连接块上的塑料卡子;3—传爆雷管;4—连接主体;5—被发导爆管。

图 3-12 连接块构成的连通器具

(2) 多路分路器构成的连通器具

图 3-13 所示为由多路分路器为主体构成的连通器具。它的作用原理和连接块不一样,它不是通过传爆雷管,而是利用密闭容器中的空气冲击波来实现对被发导爆管的激发。通常 1 根主发导爆管可以通过 1 只多路分路器激发几根到几十根被发导爆管。图 3-13 所示的为 1 个四通管连通器具,它的实质是用 1 根四通管将 4 根导爆管夹紧,主发导爆管中的冲击波到达套管底端,然后反射回来并激发各被发导爆管。

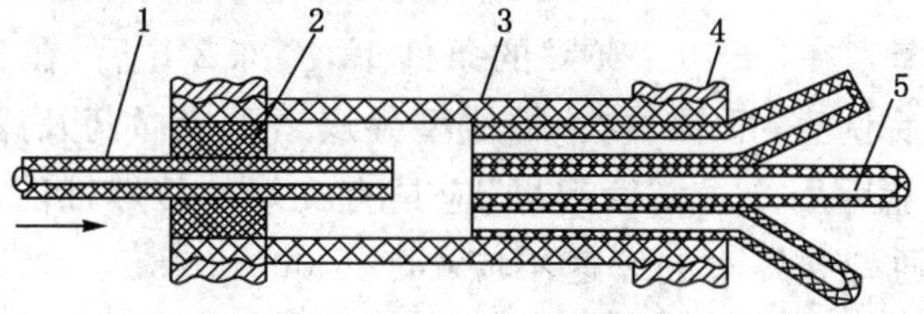

1—主发导爆管;2—塑料塞;3—壳体;4—金属箍;5—被发导爆管。

图 3-13 多路分路器构成的连通器具

3.4.2 导爆索与继爆管

1. 导爆索

导爆索是以黑索今或太安为药芯,以棉线、麻线或人造纤维为被覆材料的传递爆轰波的一种索状起爆材料。导爆索用雷管起爆后,可直接引爆炸药,也可以作为独立的爆破能源。

(1) 导爆索结构

导爆索的结构与导火索相似,索芯中也有 3 根芯线,芯线外有 3 层棉纱和纸条缠绕,也有 2 层防潮层等,只是药芯为黑索今或太安,而不是黑火药。导爆索有棉线型和塑料型两种,最外层表面涂成红色作为与导火索相区别的标志。

(2) 导爆索品种、性能和用途

导爆索根据使用条件不同可分为普通型导爆索、安全型导爆索和油井导爆索 3 大类。普通型导爆索是目前生产和使用最多的一种导爆索,它具有一定的抗水性,能直接引爆工业炸药;安全型导爆索爆轰时火焰较小,温度低,不会引爆瓦斯和煤尘;油井导爆索专门用于引爆油井射孔弹,其结构与普通型导爆索相似,为了保证在油井的高温、高压条件下使用,油井导爆索增强了塑料涂层,并加大了索芯药量和密度。导爆索的主要品种及其性能参数和用途如图 3-14 所示。

导爆索：
- 普通型导爆索：红色；爆速≥6 500 m/s；药量 12～14 g/m；露天、无瓦斯井下
- 安全型导爆索：红色；爆速≥6 000 m/s；药量 12～14 g/m；有瓦斯或煤尘的井下
- 有枪身油井导爆索：蓝色或绿色；爆速≥6 500 m/s；药量 18～20 g/m；油井、深水
- 无枪身油井导爆索：蓝色或绿色；爆速≥6 500 m/s；药量 32～34 g/m；油井、深水、高温

图 3-14　导爆索的主要品种及其性能参数和用途

(3) 普通型导爆索的质量标准

① 外表检查。外表无严重损伤，无油污和断线，索头不散并有金属罩或塑料防潮帽，外径不大于 6.2 mm。

② 起爆性能检测。用 1.5 m 长的导爆索能完全引爆 200 g 压装的 TNT 药块；起爆能力试验(2 m 长的导爆索起爆 2 kg 的 TNT 药块)合格。

③ 抗水性能检查。棉线型导爆索在水深 1 m、水温 10～25 ℃的静水中浸 4 h，塑料型导爆索在水压 50 kPa、水温 10～25 ℃的静水中浸 5 h，仍然要爆轰完全。

④ 高温试验。导爆索在(50±2)℃的条件下，保持 6 h 后，外观无异常，用 8 号雷管起爆应爆轰完全。

⑤ 低温试验。导爆索在(－40±2)℃的条件下，冷冻 2 h 后，在直径为其本身直径 3 倍的圆棒上缠绕 3 圈，然后调直，反复 3 次，棉线型导爆索不应撒药及露出内层线，塑料型导爆索塑料涂层不应破裂，然后用 8 号雷管起爆，应具有良好的传爆性能。

⑥ 爆速检测。普通型导爆索的爆速不应小于 6 000 m/s。

⑦ 装药量要求。普通型导爆索的装药量不应小于 10.5 g/m。

(4) 导爆索的特点

① 优点是不受电的干扰，使用安全；起爆准确可靠，并能同时起爆多个炮孔，同步性好；施工装药比较安全，网路敷设简单、可靠；可在水孔或高温炮孔中使用。

② 缺点是价格高，网路连接后孔内无法检查，不能实现孔底起爆，影响能量充分利用。

2. 继爆管

继爆管主要是配合导爆索使用达到毫秒延期起爆效果的一种传爆器材。继爆管一般分为单向继爆管和双向继爆管两种类型。

(1) 继爆管的结构

继爆管主要由消爆管和不带电起爆的毫秒延期雷管组成，其结构示意图如图 3-15 和图 3-16 所示。

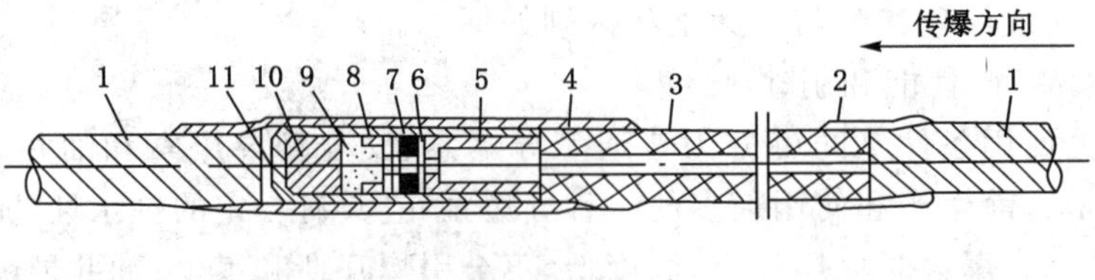

1—导爆索；2—连接管；3—消爆管；4—外套管；5—大内管；6—纸垫；
7—延期药；8—加强帽；9—起爆药；10—加强药；11—雷管壳。

图 3-15　单向继爆管结构示意图

(2) 继爆管的工作原理

继爆管的工作原理是：导爆索爆炸的冲击波和高温气体产物通过消爆管和大内管气室

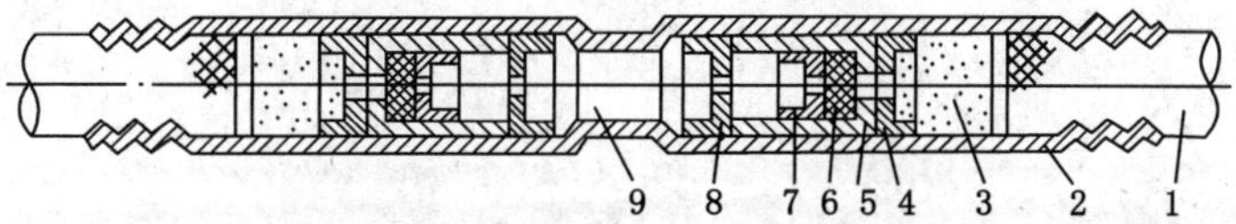

1—导爆索;2—外套管;3—起爆药 DDNP;4—加强帽;5—内管;
6—延期药;7—小帽;8—阻闸帽;9—缩孔。
图 3-16 双向继爆管结构示意图

后,使压力和温度下降,只形成一股热气流,它可以点燃延期药而又不致击穿延期药,使其发生早爆。延期后,延期药引爆起爆药、加强药,从而引爆另一端的导爆索。这样两根导爆索之间经过一只继爆管后,就可以实现毫秒延期爆破。

单向继爆管的首、尾两端的导爆索不可接错,否则就会起不到延期效果或出现拒爆。

复习思考题

1. 简述电爆网路中电雷管的串联准爆条件。
2. 简述电雷管的性能参数。
3. 简述导爆管的传爆原理。
4. 解释下列名词:
(1) 最大安全电流。
(2) 最小发火电流。
(3) 准爆电流。
(4) 电雷管的反应时间。

4 起爆技术

利用起爆器材，并辅以一定的工艺方法引爆炸药的过程称为起爆。起爆所采用的工艺、操作和技术的总称为起爆方法。现行的起爆方法主要分为电起爆法和非电起爆法两大类。前者指采用电能来起爆雷管或炸药；后者指采用非电的能量起爆雷管或炸药，如导爆索起爆法和导爆管起爆法等。

工程爆破中的起爆方法应根据环境条件、爆破规模、经济技术效果、是否安全可靠以及工人掌握起爆操作技术的熟练程度来确定。例如，在有瓦斯和煤尘爆炸危险环境中进行爆破，应采用电起爆法而禁止采用非电起爆法。

4.1 常用起爆方法

4.1.1 电力起爆法

利用电雷管通电后起爆产生的爆炸能引爆炸药的方法称为电力起爆法。相应的网路称为电爆网路。

1. 电爆网路

电爆网路由电雷管、导线和起爆电源组成。

1) 导线

根据导线在起爆网路中的不同位置划分为脚线、连接线、区域线(支线)和母线(主线)。

(1) 脚线。雷管出厂带有长 2 m、直径为 0.4～0.5 mm 的铜芯及铁芯或铝芯塑料包皮绝缘脚线。

(2) 连接线。指连接各串联组或并联组的导线，常用铜芯或铝芯塑料线。

(3) 区域线。指连接连接线和主线的导线，常用铜芯或铝芯塑料线。

(4) 母线。指连接电源与区域线的导线，因它不在岩石崩落范围内，一般用动力电缆或专设的爆破用电缆包皮线，可多次重复使用。

2) 起爆电源

起爆电源是指引爆电雷管所用的电源。直流电、交流电和其他脉冲电源都可做起爆电源，譬如干电池、蓄电池、照明线、动力线以及专用的发爆器等，煤矿常用的是专用发爆器(MFB 型发爆器)。

(1) 利用照明、动力线做起爆电源。我国照明线和动力线的电压一般为 220 V 或 380 V 交流电，这种电源的电流强度大，因此在电爆网路中雷管数量多、网路连接复杂、需要总电流强度大时应用较多。采用交流电源时，必须在爆破的安全地点设置爆破开关，爆破开关包括动力电源开关盒、爆破电源开关盒和爆破刀闸盒。爆破前，刀闸处于短路状态，防止外部电流(如杂散电流)进入雷管；爆破时，按顺序合闸，且每一次合闸均须发出信号，以保证安全。此类电源一般只能在露天或无瓦斯情况下使用，在有瓦斯或煤尘爆炸危险的矿井中，只准使用防爆型发爆器作为起爆电源，不得使用照明或动力交流电源。

(2) 发爆器。发爆器按使用条件可分为防爆型和非防爆型；按结构原理可分为发电机式和电容式。在煤矿采掘中普遍使用的是防爆型电容式发爆器，由于它输出的功率小，一般只能用于串联电路。只有发爆器处于完好状态时，其起爆能力才能达到标称的雷管数，一般情况下发爆器的实际起爆能力只有标称起爆能力的70%或更低。国产发爆器型号很多，但其工作原理基本相同，只是某些电路稍有变化。表4-1为部分国产电容式发爆器的性能指标。

表 4-1　部分国产电容式发爆器性能参数

型号	标称发爆能力/发	峰值电压/V	发火冲量/(A^2·ms)	供电时间/ms	最大外阻/Ω
MFB-80A	80	950	27	4～6	260
MFB-100	100	1 800	25	2～6	320
MFB-150	150	1 900	≥8.7	≤4	920
MFB-200	200	1 900	≥8.7	≤4	1 220
YJQL-1000	4 000	3 600	2 347	—	104/600

① 发爆器的选择应该考虑以下因素：根据爆破地点有无瓦斯、煤尘、矿尘爆炸危险情况选择发爆器的类型；根据爆破一次需要起爆雷管数量和起爆线路总电阻大小选择发爆器的能力；根据所使用的雷管种类选择发爆器。

② 发爆器的使用方法是在爆破前将爆破母线接在发爆器的接线柱上并拧紧；充电时将钥匙插入发爆器上，扭到充电刻度位置，待氖气灯亮时，表明充电电压已达到额定电压，应立即反转到放电刻度位置起爆雷管；爆破后，立即拔出钥匙并保管好（钥匙由爆破工随身携带），取下爆破母线，拧成短路，注意不要将两个接线柱连接成短路放电，以免击穿电容损坏发爆器。发爆器在现场发生故障，不许就地打开修理。

③ 发爆器要班班检查，以确保良好的起爆性能和延长使用期。发爆器应放在干燥和通风良好的地方，以免元件受潮损坏。不经常使用的发爆器，应取出电池。

2. 电雷管的串联准爆条件和准爆电流

电雷管成组起爆时，由于各雷管的电阻值有差异，对电能的敏感度不同，在多发雷管同时引爆时，有些敏感的雷管可能先爆炸，而炸断电路，致使钝感的雷管未被点燃而拒爆。产生上述现象的原因主要是雷管的桥丝质量不一，在同样的电流作用下，红热的时间有快有慢，引燃点火剂有先有后。为此，要使串联网路中的每个雷管都被起爆，就必须满足的准爆条件是在同一串联网路中，最敏感的电雷管爆炸之前，最钝感的电雷管必须被点燃（即最敏感的电雷管的爆发时间必须大于或等于最钝感电雷管的点燃时间）。用公式表示为：

$$\tau_{\min}=t_{\mathrm{Bmin}}+\theta_{\min}\geqslant t_{\mathrm{Bmax}} \tag{4-1}$$

式中　$\tau_{\min}$——最小通电时间；

t_{Bmin}——最敏感的电雷管的点燃时间；

$\theta_{\min}$——最敏感的电雷管的传导时间；

t_{Bmax}——最钝感的电雷管的点燃时间。

要实现串联准爆条件关键在于设法减小最钝感电雷管的点燃时间。由于雷管的点燃时间随电流的增大而减小，雷管药头的传导时间与电流的大小关系不大，可见满足串联准爆条件的途径就是适当加大通入雷管的电流。

为了保证成组电雷管的准爆，应做成组雷管准爆试验。试验以 20 发雷管串联为准。将待试验的雷管分成若干组预先串联起来，每组 20 发，然后以恒定直流电由小到大依次通入各串联组，连续 3 次使组内雷管全部爆炸的最小电流称为串联准爆电流。

我国有关标准规定，20 发雷管串联时，康铜桥丝通以 2 A 恒定直流电，镍铬桥丝通以 1.2 A 恒定直流电，应全部爆炸。在实际爆破施工中，为了可靠起见，采用直流电，选用准爆电流不小于 2.5 A，交流电不应小于 4 A。另外还应注意，为了实现串联雷管的准爆，在施工中，同一网路应采用同一工厂、同一品种、同一时间出产的雷管，否则易发生漏爆。

3. 电爆网路的计算

电爆网路的连接有串联、并联和串并联及并串联 4 种方式。不管采用何种网路，对于网路中的每一个雷管必须满足：① 通过的电流应大于雷管的准爆电流；② 通电时间大于雷管的发火时间。

(1) 串联电爆网路

串联电爆网路如图 4-1(a)所示，即将所有需要起爆的电雷管两脚线依次连接的网路。该网路中的电阻、电流分别为：

$$R=R_0+nr \tag{4-2}$$

$$I=I_d=\frac{U}{R_0+nr} \tag{4-3}$$

式中 R_0——导线电阻，Ω；

n——串联的雷管个数；

r——雷管电阻，Ω；

I_d——电爆网路准爆电流，A；

U——起爆电压，V。

串联电路的要求为：① 每个雷管的电阻值相差不能大于 0.3 Ω；② 每个雷管要保证完好，且连成网路后要求用仪表检查网路，否则极易使整个网路拒爆。

(2) 并联电爆网路

并联电爆网路如图 4-1(b)所示，即将所有需要起爆的电雷管两脚线分别连接到两根母线上的网路。该网路中的电阻、电流分别为：

$$R=R_0+\frac{r}{n} \tag{4-4}$$

$$I_d=\frac{I}{n}=\frac{U}{nR_0+r} \tag{4-5}$$

并联电路的要求为：① 需要发爆器有很大的电流；② 由于每个雷管都是独立电路，用仪表检查不易，需要检查每一个雷管是否接上，否则就会出现由于雷管没接上而没爆。

(3) 混联电爆网路

混联电爆网路如图 4-1(c)、(d)所示，它是由串联和并联组合起来的一种电爆网路，有串并联和并串联两种类型。

混联电爆网路的要求为：需要对每组电路的电阻进行平衡，否则容易出现有的组由于电

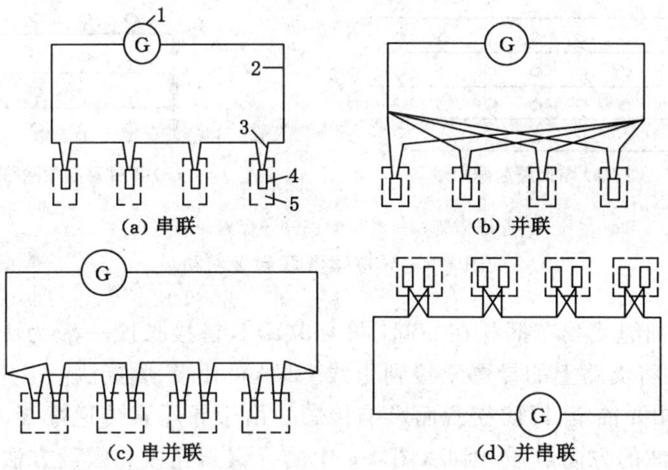

1—起爆电源;2—网路连接线;3—雷管脚线;4—电雷管;5—炸药。

图 4-1 电爆网路连接形式

阻太大使电流不够而拒爆。

4. 电力起爆法的特点

(1) 电力起爆法适用范围十分广泛,无论是露天或井下、小规模还是大规模爆破,或是其他特殊工程爆破均可使用。它具有非电起爆法不可替代的优势:在整个施工过程中,从挑选雷管到连接起爆网路等所有工序,都能用仪表进行检查,并能按设计计算数据,及时发现施工和网路连接中的质量和错误,从而保证了爆破的可靠性和准确性;能在安全隐蔽的地点远距离起爆药包群,使爆破工作在安全条件下顺利进行;能准确控制起爆时间和药包群之间的爆炸顺序,可获得良好的爆破效果;只要起爆电源的能量足够大,就可以同时起爆大量的雷管。

(2) 电力起爆法也有很难克服的缺点:普通电雷管不具备抗杂散电流和抗静电的能力,所以,在有杂散电流的地点或露天爆破遇有雷电时,危险性较大;电力起爆准备工作量大,操作较复杂,作业时间长;电爆网路的设计计算、敷设和连接要求较高;需要可靠的电源和必要的仪表设备等。

4.1.2 非电起爆法

1. 导爆索起爆法

导爆索起爆法是利用导爆索爆炸时产生的能量去引爆炸药的一种方法,但导爆索本身需要先用雷管将其引爆。由于在爆破作业中,从装药、填塞到连线等施工工序上都没有雷管,而是在一切准备就绪,实施爆破之前才接上起爆雷管,因此,施工的安全性较高。

(1) 起爆网路的形式

用导爆索同时起爆多个装药时,常采用串联、并联和混联 3 种基本形式构成起爆网路。图 4-2 即为混联起爆网路,由于普通导爆索的爆速一般可达 6 500～7 000 m/s,因此,导爆索网路中所有炮孔内的装药几乎同时起爆,若要达到微差爆破效果,则在网路中必须接入继爆管。

(2) 网路中导爆索之间的连接方法

网路中导爆索之间的连接方法,如图 4-3 所示,一般分为搭接法、水手接法和 T 形接法 3 种形式。当两根导爆索需要连接时,可用搭接法或水手接法。搭接法就是将两根导爆索

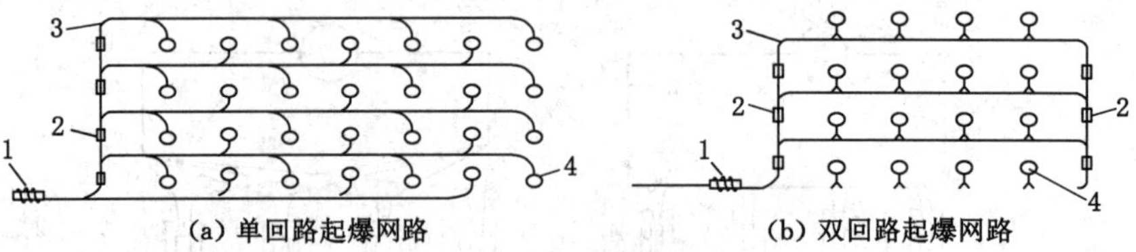

1—起爆雷管;2—继爆管;3—导爆索;4—炮孔。

图 4-2　导爆索混联起爆网路

的一端并起来,用细绳或胶布捆扎在一起[图 4-3(a)],搭接长度一般为 10～20 cm,但不得小于 10 cm。如果将支路上的导爆索接到干线上时,可用 T 形接法[图 4-3(c)]。水手接法和 T 形接法的接扣要抽紧,以防松脱而影响传爆。由于导爆索传递爆轰波的能力有一定的方向性,顺着爆轰波的方向最强,因此,图 4-4 中的导爆索连接和敷设方法是不允许的,它极易产生拒爆。在复杂网路中,由于导爆索的结头较多,为了防止接错传爆方向,可采用图 4-5 所示的三角形接法。这种方法不论主导爆索的传爆方向如何,都能保证可靠的起爆。

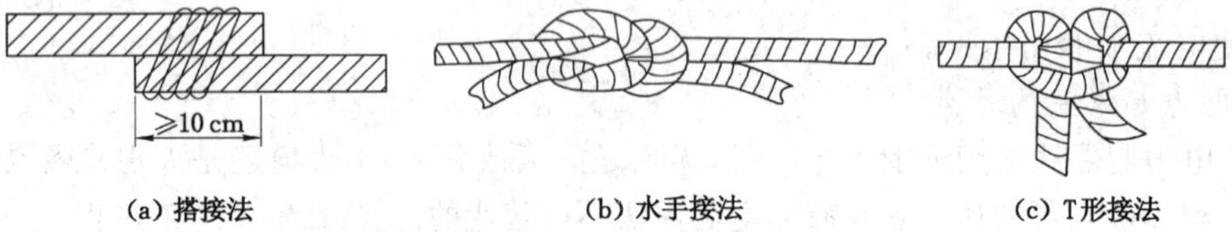

图 4-3　导爆索之间的连接方法

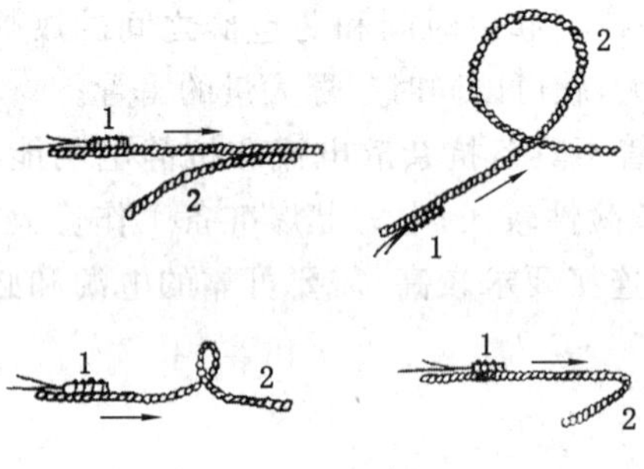

1—雷管;2—导爆索。

图 4-4　不合格的导爆索连接和敷设

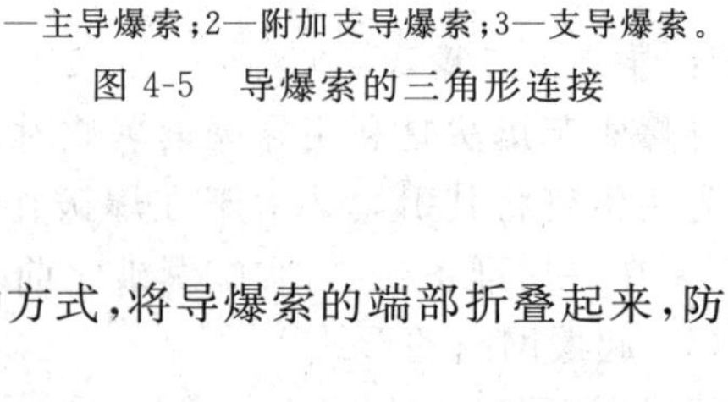

1—主导爆索;2—附加支导爆索;3—支导爆索。

图 4-5　导爆索的三角形连接

(3) 导爆索与药包的连接

导爆索与药包之间的连接可采用图 4-6 所示的方式,将导爆索的端部折叠起来,防止装药时将导爆索扯出。

1—导爆索;2—药包;3—胶布或细线。

图 4-6　导爆索与药包的连接

(4) 导爆索的起爆

导爆索与雷管的连接方法比较简单,可直接将雷管捆绑在导爆索的起爆端,不过要注意使雷管的聚能穴端与导爆索的传爆方向一致。

2. 导爆管雷管起爆法

导爆管雷管起爆法是利用塑料导爆管来传递冲击波引爆雷管,从而起爆工业炸药的一种起爆方法。导爆管雷管起爆网路通常由击发元件、传爆元件、起爆元件和连接元件组成。

(1) 击发元件

击发元件是用来激发导爆管,使它发生爆炸反应的元件。如雷管、激发枪、激发笔、导爆索等都可作为导爆管的击发元件。通常采用电雷管作为击发元件,一个普通 8 号雷管能激发导爆管 20 根左右。为了可靠起见,一般一个雷管起爆的导爆管的根数以不大于 20 根为好。

(2) 传爆元件

传爆元件由导爆管、传爆雷管和导爆管连通管组成。传爆雷管一般由导爆管和非电延期雷管装配而成,它的作用是将主传导爆管的冲击波传递给被传导爆管。

(3) 起爆元件

起爆元件多用 8 号雷管与导爆管装配而成,根据需要雷管可选用瞬发或延期非电雷管,它的作用是在导爆管传播的冲击波作用下爆炸起爆炮孔中的工业炸药。

(4) 连接元件

连接元件是用来连接传爆元件和起爆元件的部件。其中用来将导爆管与雷管连接在一起的元件称为卡口塞;用来固定连接传爆雷管和被传导爆管的元件称为连接块。用卡口塞把一定长度的导爆管和非电雷管组合成一整体便可制成组合雷管,它既可做传爆雷管,也可做起爆雷管。

导爆管起爆网路最基本的连接方式有并联、串联、混联等,如图 4-7 所示。在一些重要的爆破工程中,为了确保起爆的可靠性,往往采用双重的起爆网路,一套电爆网路加一套导爆管起爆网路,两套网路相互独立。

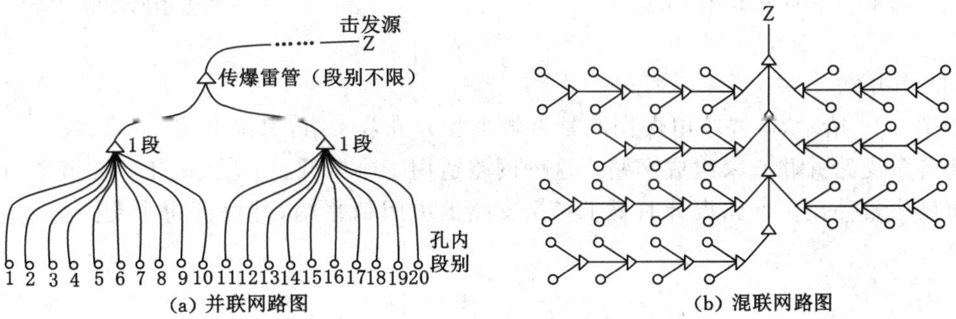

图 4-7 导爆管起爆网路图

导爆管起爆系统不能用于有瓦斯或煤尘爆炸危险的作业场所。导爆管起爆网路从根本上减少了电力起爆中由于外来电的干扰而引起的事故隐患,同时一次起爆雷管数量不受限制等,但是由于导爆管本身的强度有限,因而在深孔和高寒地带爆破时要特别注意导爆管的保护,以免损坏,因为导爆管起爆网路连接好后,不能用仪表检查。

4.2 起爆网路设计和施工技术

绝大多数爆破工程都是通过药包群的共同作用实现的,对药包群的起爆是通过起爆网路实现的。起爆网路的设计就是根据各类爆破的施工特点和环境,选择合理的起爆网路组合,实施药包群的准确、有序爆炸,以达到特定的工程目的。

4.2.1 电爆网路设计和施工

1. 电爆网路的连接方式

(1) 串联

如图 4-8 所示,串联电爆网路的特点是操作简单,检查容易,要求电源功率小,适合于电容式起爆器。若采用工频交流电(220 V 或 380 V)起爆,由于必须保证流经每个电雷管的电流不小于 2.5 A(硐室爆破为 4 A),其一次起爆电雷管数量有限。在串联网路中,只要有一发电雷管桥丝断路,就会造成整个网路断路。

(2) 并串联

如图 4-9 所示,并串联电爆网路一般采用 2 发电雷管并联成一组后再接成串联网路。这种网路在每个起爆点采用 2 发电雷管,增加了每个起爆点的准爆率和起爆能,是工程爆破中以导爆管网路为主,以简单的电爆网路击发导爆管网路所组成的混合起爆网路中最常用的形式。这种网路适合于电容式起爆器或工频交流电,网路中一发电雷管桥丝断路不影响其他雷管。

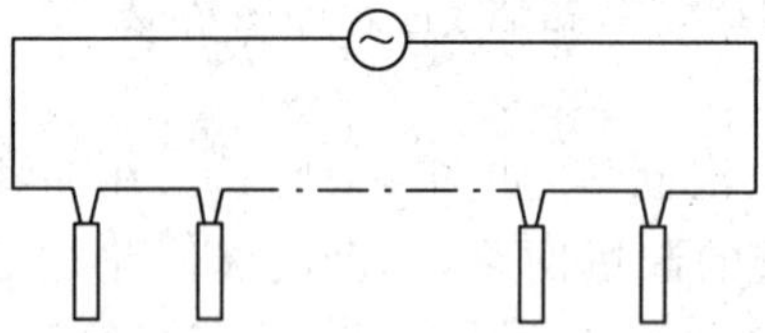

图 4-8 串联电爆网路示意图

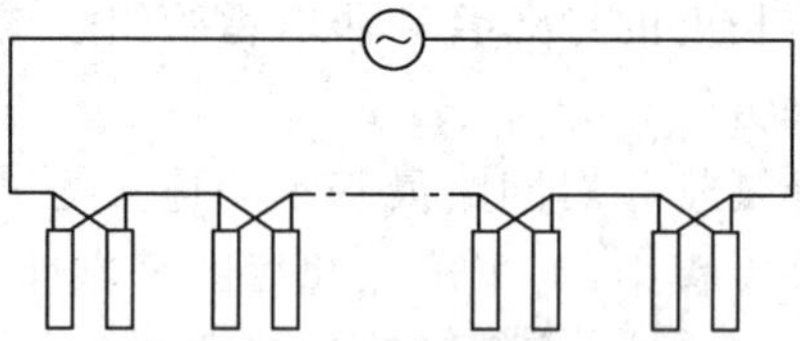

图 4-9 并串联电爆网路示意图

(3) 串并联

如图 4-10 所示,串并联电爆网路是将电雷管分成若干组,每组电雷管串联成一条支路,然后将各条支路并联起来组成网路。这种网路适用于电压低、功率大的工频交流电,在地下深孔爆破中常使用。网路设计时要求各条支路的电阻值平衡,并保证每个支路通过的电流大于 2.5 A。

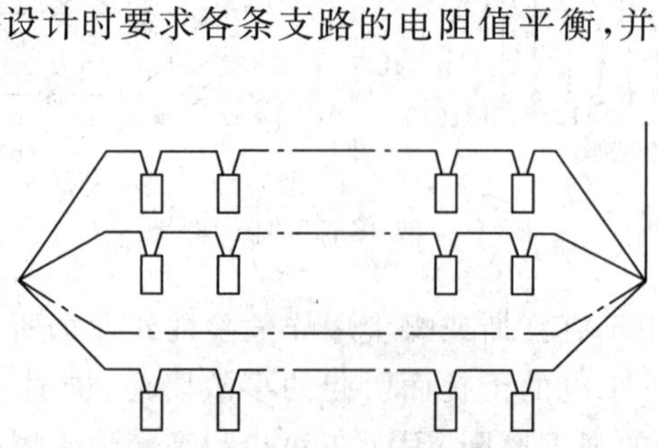

图 4-10 串并联电爆网路示意图

(4) 并串并联

如图 4-11 所示,并串并联电爆网路是将上述两种电爆网路结合在一起,即串并联网路中每一条支路采用并串联连接方式。这种网路在每个起爆点采用 2 发电雷管,增加了每个起爆点的准爆率和起爆能。这种网路适用于电压低、功率大的工频交流电。网路设计时要求各条支路的电阻值平衡,并保证每个支路通过的电流大于 2.5 A。

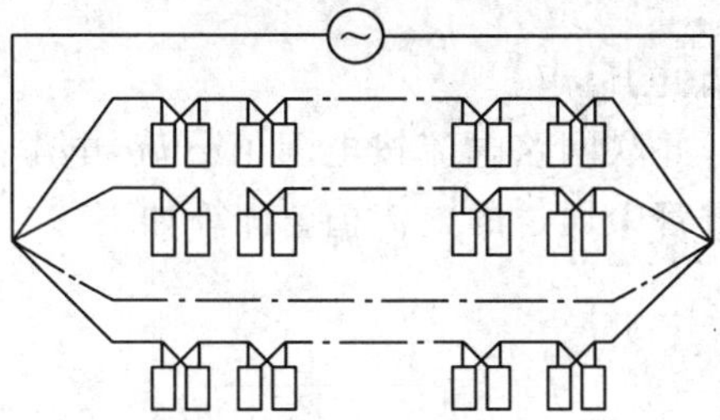

图 4-11 并串并联电爆网路示意图

2. 电爆网路的设计与计算

(1) 电爆网路电阻计算

电爆网路的形式和计算方法是以电工学中的欧姆定律为基础的,现将常用的电爆网路电阻计算分述如下。在以下的计算中,采用下述符号分别代表不同的意义:

R——电爆网路总电阻,Ω;

R_1——主线电阻,Ω;

$R_{支}$——并联网路中各支路的电阻,Ω;

r——每发电雷管电阻,Ω;

m——串联电雷管个数或组数;

n——并联电雷管个数,工程爆破的电爆网路中一般取 $n=2$;

N——并联支路数。

为保证流经网路中各个电雷管的电流值基本相同,在同一电爆网路中,每个电雷管的桥丝电阻应控制在一定误差范围内,并联网路各支路的电阻应基本平衡。为简化计算,假设各电雷管的电阻值相等,各并联支路的电阻平衡,各种连接网路的电阻计算如下。

① 串联网路(图 4 8):

$$R=R_1+R_2+mr \tag{4-6}$$

式中 R_2——接线电阻。

② 并串联网路(图 4-9,其中 $n=2$):

$$R=R_1+R_2+\frac{mr}{n} \tag{4-7}$$

③ 串并联网路(图 4-10):

$$R=R_1+R_{支}/N=R_1+\frac{R_2+mr}{N} \tag{4-8}$$

④ 并串并联网路(图 4-11,其中 $n=2$):

$$R=R_1+R_{支}/N=R_1+\frac{1}{N}\left(R_2+\frac{mr}{n}\right) \tag{4-9}$$

(2) 电爆网路电流计算

《爆破安全规程》规定，电力起爆法中流经每个电雷管的电流应满足：一般爆破，交流电不小于 2.5 A，直流电不小于 2 A；硐室爆破，交流电不小于 4 A，直流电不小于 2.5 A。

以 I 代表通过电爆网路的总电流(A)，有：

$$I=\frac{U}{R} \tag{4-10}$$

式中　U——起爆电源的起爆电压，V。

串联网路各点电流相等，并联网路电流按电阻值分流，电爆网路要求并联网路各支路电阻平衡，故各种电爆网路电雷管中通过的电流值 i 计算如下。

① 串联网路(图 4-8)：

$$i=I=\frac{U}{R_1+R_2+mr} \tag{4-11}$$

② 并串联网路(图 4-9，其中 $n=2$)：

$$i=\frac{I}{n}=\frac{U}{nR_1+nR_2+mr} \tag{4-12}$$

③ 串并联网路(图 4-10)：

$$i=\frac{I}{N}=\frac{U}{NR_1+R_2+mr} \tag{4-13}$$

④ 并串并联网路(图 4-11，其中 $n=2$)：

$$i=\frac{I}{nN}=\frac{U}{nNR_1+nR_2+mr} \tag{4-14}$$

(3) 发火冲量 K 的计算

发火冲量是衡量电雷管性能的一个重要指标。在使用电容式起爆器作为起爆电源时，尽管其起爆电压峰值很高，但由于起爆器供电时间很短(通常在 10 ms 以下)，用通过电雷管的电流值来衡量电爆网路的准爆性能是不合理的，应计算发火冲量是否满足电雷管准爆的要求。一般电容式起爆器的技术特征中应标明其发火冲量(也有称引燃冲量的)和供电时间的范围。

保证电雷管准爆的发火冲量应大于或等于 8.7 $A^2 \cdot ms$。

发火冲量的计算公式为：

$$K=I^2t \tag{4-15}$$

式中，对电容式起爆器，电流 I 应采用平均电流 $\bar{I}$。

起爆器是瞬间放电的，其瞬间最大电流 $I_0=U/R$。

平均电流 $\bar{I}$ 为：

$$\bar{I}=\varphi I_0 \tag{4-16}$$

式中　U——起爆器放电电压，V；

　　φ——等效平均电流系数。

φ 值的大小取决于起爆器的供电时间和起爆器电容器电容 C 与线路电阻 R 之积 RC 值。φ 值可从图 4-12 的曲线中查出。图 4-12 的横坐标为 RC，单位为 $\mu F \cdot \Omega$，纵坐标为 φ，曲线 1 和曲线 2 分别表示供电时间 $t=10$ ms 和 $t=4$ ms 时的等效平均电流系数曲线。从图 4-12 可知，线路电阻 R 一定时，起爆器电容器电容 C 越大，供电时间越长，其等效平均电流

系数 φ 值也越大，但 φ 值总是小于 1，即平均电流小于瞬间最大电流。

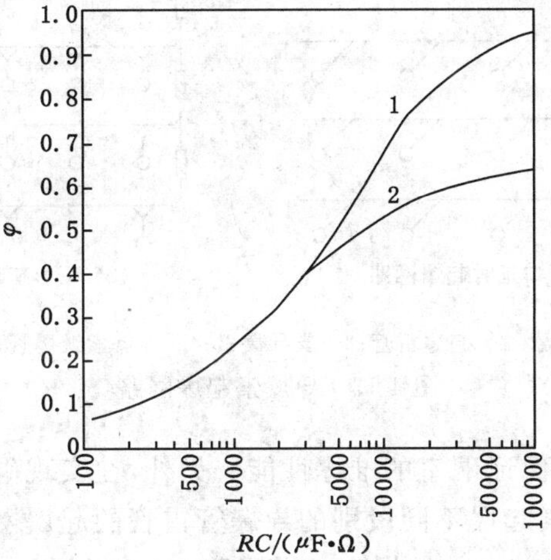

1—供电时间 $t=10$ ms；2—供电时间 $t=4$ ms。

图 4-12 电容式起爆器等效平均电流系数曲线

如果不计算发火冲量，则在使用电容式起爆器作为起爆电源时，一定要仔细阅读起爆器的说明书，根据说明书的要求设计电爆网路。

3. 电爆网路的选择

(1) 一般爆破中的电爆网路

在浅孔爆破、露天深孔爆破，以及以导爆管雷管起爆网路为主，由电爆网路击发起爆的拆除爆破中，一般采用串联或并串联电爆网路，适合采用起爆器起爆，可以根据起爆器说明书的要求布置电爆网路。在大型矿山和地下采场爆破中，当采用由动力电、变压器和专用开关组成起爆电源时，常采用串并联电爆网路，这时应对电爆网路进行设计计算，以保证每个电雷管中通过的电流满足安全规程的要求。

(2) 硐室爆破中的电爆网路

硐室爆破应采用复式起爆网路。如采用电爆网路，应采用双套并串并联网路，这两套网路在药室、导硐和区域间是完全相同而独立的，即两套网路的电阻应平衡，但相互之间是绝缘的，最后并联接入主线，进一步提高网路的可靠性。

4.2.2 导爆索起爆网路设计和施工

(1) 深孔爆破中的导爆索起爆网路

在深孔爆破中，可以利用导爆索继爆管组成分段并联起爆网路，导爆索网路连接方式分开口网路和环形网路，如图 4-13 所示，在没有继爆管时，常利用导爆索爆速高的特性在深孔内用导爆索起爆钝感的铵油炸药，以提高铵油炸药的爆速和传爆可靠性，孔外采用电爆网路或导爆管起爆网路实现延时爆破。

(2) 硐室爆破中的导爆索起爆网路

为保证硐室爆破的起爆可靠性，在 20 世纪 60—70 年代，一般在硐室爆破中采用一套电爆网路和一套导爆索起爆网路。目前，硐室爆破普遍采用毫秒延期爆破技术，导爆索起爆网路一般作为辅助起爆网路使用，在主起爆体和副起爆体之间，或同时起爆的不同硐室的起爆

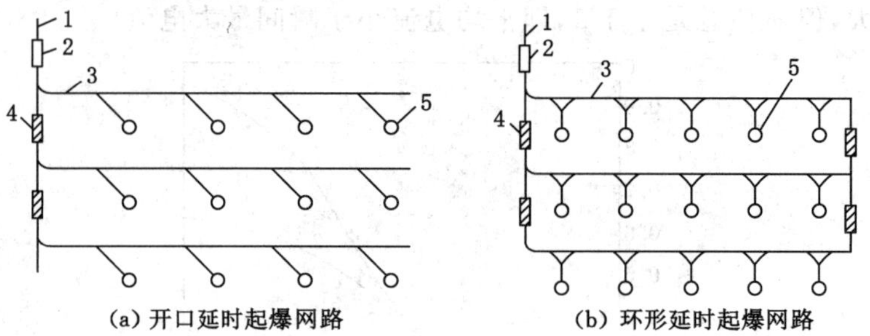

1—主导爆索；2—起爆雷管；3—支导爆索；4—导爆索继爆管；5—炮孔。

图 4-13　导爆索起爆网路

体之间用导爆索串联，可以保证硐室的准爆性能。另外，在实现硐室爆破毫秒延期起爆时也可以采取在导硐内由导爆索起爆不同段别的导爆管雷管的起爆网路。

(3) 光面爆破与预裂爆破中的导爆索起爆网路

光面爆破与预裂爆破需采用弱性装药，当无专用弱性药卷时，可以采用普通药卷进行间隔装药，导爆索起爆网路可以将间隔的药卷连接起来实现同时起爆。

(4) 拆除爆破中的导爆索起爆网路

在建筑物拆除爆破中，导爆索起爆网路仅作为辅助起爆网路用于炮孔内间隔装药，也可用于基础切割爆破。

4.2.3　导爆管雷管起爆网路设计和施工

导爆管雷管起爆网路是目前深孔爆破和拆除爆破中使用得最多的网路。下面介绍设计时常用的两种网路。

1. 传爆元件组成的复式捆联网路

这种网路每个药包中用一发导爆管雷管，将各药包中引出的导爆管直接捆绑在两发导爆管传爆雷管上组成顺序式复式网路，如图 4-14 所示。导爆管传播雷管可以采用瞬发雷管，也可以采用毫秒雷管。采用瞬发导爆管雷管时，各药包将基本依照药包中导爆管雷管段别的时间起爆；当采用毫秒导爆管雷管作为顺序式网路的传爆管时，可组成接力式捆联网路。

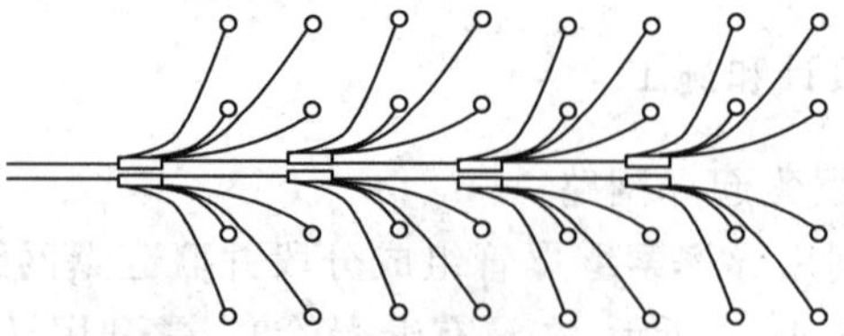

图 4-14　传爆元件组成的复式捆联网路

2. 接力式捆联网路

(1) 基本连接形式

接力式捆联网路是在工程爆破中使用较多的常用起爆网路。它以延时导爆管雷管作为传爆元件，将网路顺序连接下去，每经过一个连接点，其后连接的药包的起爆时间就滞后一定时间，整个网路的药包按一定时差一组(个)一组(个)顺序起爆，故称接力式网路。孔外接力式网路可以实现多段位延期起爆，整个爆破过程持续的时间比较长，可以按周围环境的要求控制单响药量，直至进行逐孔起爆。接力式网路的连接方式为捆联，即直接将导爆管用胶布捆接在传爆雷管上。一般接力式网路采用双雷管连接。在接力式网路中，通常孔内采用一种段别的导爆管雷管，连接采用 1～2 种段别的导爆管雷管，由于导爆管雷管段别少，为施工带来了许多便利。

接力式网路可采用直条式，也可采用树杈式，网路有一主路，同时在接力点向各方向的岔路再接力传爆，主路和岔路中的传爆雷管可采用同一段别，也可采用不同段别。

(2) 点燃阵面与毫秒段别的选择

在导爆管爆破网路被引爆后，网路内导爆管雷管存在 3 种状态：炮孔内雷管已爆炸并引爆炸药产生爆轰；地表接力雷管已被引爆，炮孔内雷管已点燃但延期体仍在燃烧而未产生爆炸，炮孔内炸药尚未产生爆轰；起爆信号尚未传播到，接力雷管和网路中的导爆管雷管尚未被引爆。上述 3 种不同状态彼此之间相互影响。由于导爆管的传爆速度(不大于 2 000 m/s)远小于爆炸应力波的传播速度(6 000 m/s 以上)，炮孔内外雷管段别选择不当，先爆炮孔引起的爆炸应力波就可能先于导爆管传播到后面炮孔的位置，由于被爆介质的错动而将网路切断或拉断，从而出现后面炮孔的拒爆现象。为避免或减少先爆炮孔对未爆炮孔及孔外网路的破坏，在接力式网路中，一般孔内用段别高、延期时间长的导爆管雷管，孔外用段别低、延期时间短的导爆管雷管做接力管。由于孔内雷管延期时间比孔外接力雷管的延期时间长许多，当前面炮孔内的炸药爆炸后，起爆信号已传入后面相当距离外炮孔内的雷管，使其达到上述第二种状态，这样即使这些炮孔发生错动，由于孔内雷管的延期体已被点燃，雷管仍能起爆并引爆炸药。也就是说，在设计接力式网路时，应保证在某一炮孔爆轰时，经网路导爆管传爆的爆轰波已点燃了相当距离以后炮孔中的导爆管雷管延期体。

在任何一次爆破中，由炸药正在爆轰的炮孔及所有延期药正在燃烧但还未爆炸的导爆管雷管所构成的平面称为点燃阵面，点燃阵面的大小可以用炮孔排数来表示。如果在任何一个炮孔内的炸药爆轰以前，网路中所有孔内雷管的延期体均已被点燃，这时所有点燃的雷管所构成的平面称为完全点燃平面。孔内毫秒延时网路通常就是完全点燃平面。

在接力式网路中除非接力点很少，一般是不可能达到完全点燃平面的。例如，孔内采用 7 段雷管，其标称时间为 200 ms，孔外采用 2 段雷管接力，标称时间为 25 ms，导爆管的传爆速度为 0.5 ms/m，连接点之间的导爆管长度按 10 m 计算，经过每一个接力点需时 25 ms+10 m×0.5 ms/m=30 ms，则在第一排 7 段雷管爆炸时，网路传播一般已经经过了 6～7 个连接点，只有在接力点小于 6～7 个时网路才能是完全点燃平面。如采用 3 段或 4 段雷管接力，要保持有一定的点燃平面，孔内就要选择较高段别的雷管。

但是，国产导爆管雷管段数越高，雷管的延时精度越差，延时离散性越大，加上孔外接力雷管的延时时间又比较短，孔内雷管就有可能出现跳段现象，这将严重影响爆破效果。例如，国产导爆管雷管中 15 段雷管的名义延期时间为 880 ms，其上规格限为 950 ms，下规格限为 820 ms，即可能产生的上下延期误差达 130 ms，采用 4 段以内的雷管接力，接力雷管本身的标称时间就在其延期误差范围内，这样的网路设计极有可能出现后面孔比前面孔先爆的情况，即出现跳段的现象，爆破结果会大大恶化。所以，在设计导爆管接力起爆网路时，点燃阵面不能太大，也不能太小。根据目前国产延期雷管的精度及延期时间离散情况，采用 4

排炮孔的点燃阵面比较合适，一般孔内和孔外导爆管雷管可以按表 4-2 进行组合。

表 4-2　接力网路孔内和孔外导爆管雷管段别组合

孔外接力导爆管雷管段别	2	3	4	5
孔内导爆管雷管段别	5～6	7～8	9～11	12～13

4.2.4　混合起爆网路设计和施工

在工程爆破现场，最多采用的是以上各种起爆网路的混合体，这种混合起爆网路充分利用各种网路的特性，以保证网路的安全可靠性和经济合理性。

混合起爆网路有 3 种形式：电雷管-导爆管雷管混合网路、导爆索-导爆管雷管混合网路以及电雷管-导爆索混合网路。

1. 电雷管-导爆管雷管混合网路

在导爆管雷管起爆网路中，可将各种网路形式混合使用，如在建筑物拆除爆破中，墙体上钻孔密而多，采用闭合网路可以节省传爆雷管数，从这些闭合网路中引出多根导爆管与柱孔引出的导爆管再采用捆联网路，对理顺整个起爆网路很有好处。

在以导爆管雷管起爆法为主的起爆网路中，利用电力起爆网路可以实现远距离起爆，控制起爆时间，其击发起爆通常采用电力起爆法。

2. 导爆索-导爆管雷管混合网路

导爆索起爆法往往是作为辅助起爆网路与导爆管雷管起爆网路配合使用，当用导爆管雷管起爆导爆索时，必须注意起爆雷管的方向性。

采用导爆索引爆导爆管雷管网路可以避免导爆索网路中不能使用孔内延时爆破的缺点，又使导爆管雷管网路的工作面混乱的局面得到根本的改善。普通导爆索与导爆管应垂直连接，连接形式可采用 T 形接或绕接，如图 4-15 所示。

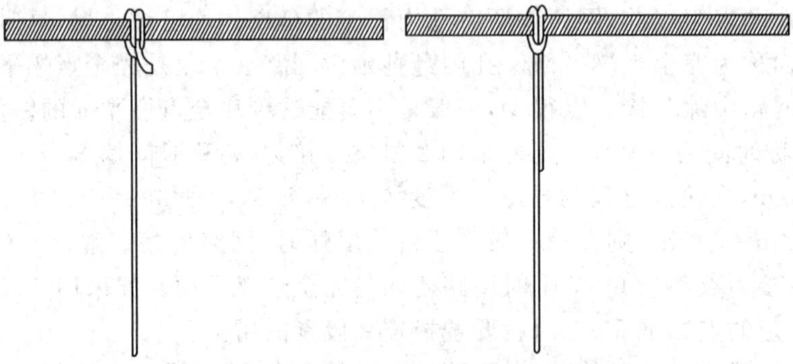

(a) 绕接　　(b) T形接

图 4-15　普通导爆索引爆导爆管的连接方法

在井巷（隧道）掘进爆破中，重要的是保证相邻起爆段之间具有足够长的延迟时间。延时导爆管雷管有一系列延期段别，可用于地下矿山掘进爆破、隧道爆破、天井及竖井掘进爆破等。在使用时可以采用低能导爆索-导爆管雷管起爆系统，孔内采用不同段别的长延时导爆管雷管，通过塑料“J”形钩与孔外的低能导爆索网路相连，再用雷管引爆低能导爆索，如图

4-16所示。但应注意,为确保导爆管连接不会出现交叉现象,在距导爆索20 cm范围内不要放置导爆管。低能导爆索是指每米装药量在5 g以下的导爆索。由于低能导爆索的药芯药量很小,采用低能导爆索起爆导爆管不会出现普通导爆索起爆导爆管时容易发生的由于导爆索起爆力大、爆速高而损伤导爆管的问题。

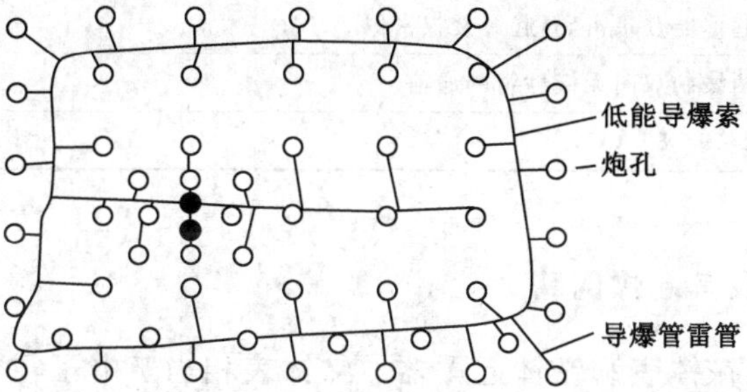

图4-16　隧道爆破开挖中的低能导爆索-导爆管起爆网路

3. 电雷管-导爆索混合网路

与导爆索-导爆管雷管混合网路一样,导爆索起爆法也经常作为辅助起爆网路与电爆网路配合使用。总之,在熟悉各种起爆网路使用特点的基础上,根据各个工程的特点和要求,可以组合出各种各具特色的混合起爆网路。

4.3　电子雷管起爆网路

目前我国拥有数码电子雷管自主知识产权的企业不多,现以"隆芯1号"为例,简单介绍我国的数码电子雷管。

4.3.1　"隆芯1号"数码电子雷管

"隆芯1号"数码电子雷管及其起爆系统——铱钵起爆系统是由北京北方邦杰科技发展有限公司自主研制的数码起爆系统,是国内第一个实现在线编程、在线检测的工程爆破系统。"隆芯1号"数码电子雷管及其起爆系统具有密码控制起爆、远程控制起爆、实施信息管控的能力,与EBtronic plus爆破网路设计软件相配套,实现爆破工程的科学精密设计和爆破全过程的安全监控。该系统同时采用了诸多安全技术,使得数码电子雷管在生产、运输、使用各环节的安全性有了本质提升。

"隆芯1号"数码电子雷管是铱钵起爆系统的核心组成部分,是我国具有自主知识产权的高安全、高精度、宽延期范围、在线可编程数码电子雷管。主要技术指标见表4-3。

表4-3　"隆芯1号"数码电子雷管主要技术指标

序号	名称	指标
1	延期精度	0～100 ms,偏差小于1 ms;101～16 000 ms,偏差小于1‰
2	延期范围	0～16 000 ms范围内,最小时间间隔1 ms
3	延期方式	在线设置

表 4-3(续)

序号	名称	指标
4	检测方式	在线检测
5	抗电性能	抗 220 V AC、50 V DC、25 kV 静电、射频及杂散电流
6	起爆方式	起爆器登录密码,起爆授权密码
7	通信方式	两线制双向无极性组网通信
8	使用温度	−40～85 ℃

4.3.2 铱钵起爆系统及其起爆网路

铱钵起爆设备包括铱钵表和铱钵起爆器。铱钵表相当于电子雷管编码器,是实现“隆芯 1 号”数码电子雷管在线检测、在线编程、组网通信和精确起爆控制的专用设备。一个铱钵表最多可带载 200 发“隆芯 1 号”数码电子雷管,形成一个爆破网路支线。铱钵起爆器是铱钵起爆系统的总控制设备,可与铱钵表配套使用,以实现对“隆芯 1 号”数码电子雷管爆破网路的精准起爆控制。一个铱钵起爆器可组网连接多台铱钵表,形成具有多条爆破网路支线的数码电子雷管起爆系统。

铱钵起爆系统的结构和网路形式示意图,如图 4-17 所示。该系统采用双线并联,即所有的数码电子雷管以并联的方式连接到铱钵表上,铱钵表再并联到起爆器上。一个铱钵起爆器可带载 26 个铱钵表,每个铱钵表可带载 200 发数码电子雷管,从而可组建高达 5 200 发雷管的起爆网路。

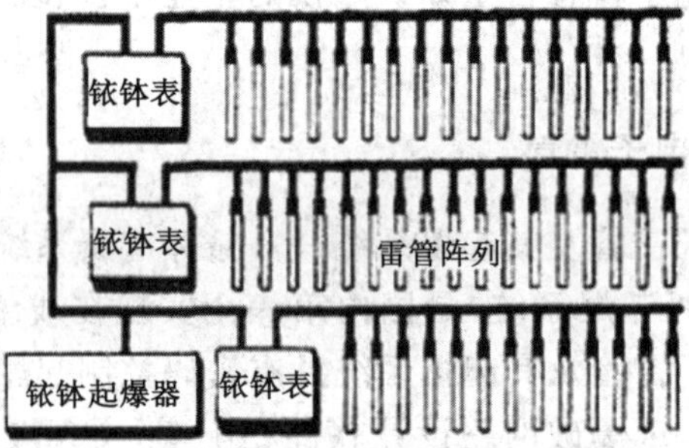

图 4-17　铱钵起爆系统网路结构示意图

4.3.3 铱钵起爆系统的安全性设计

铱钵起爆系统的设计引入了抗干扰电子隔离技术、数字密钥起爆技术、网路安全检测技术以及抗非法起爆技术等,使得电子雷管在生产、运输、使用过程中的安全性有了本质上的提高。

1. 抗非法起爆能力

每发“隆芯 1 号”数码电子雷管都有一个唯一的 ID 号(身份号),每个 ID 号对应一个起爆密码,只有 ID 号和起爆密码正确匹配时,雷管才能正常起爆。而雷管的起爆密码存储在“数字密钥”(专用设备)中,数字密钥由被授权的爆破工保管,因此从爆破器材管理的角度讲具有很强的抗非法起爆能力。

2. 电子雷管的产品安全性

和传统的起爆器材相比，每发“隆芯 1 号”数码电子雷管内部的电子控制器内嵌抗干扰隔离电路，可以将外界意外能量和雷管的点火头隔离开来，使得雷管具有很强的抗静电、抗射频、抗杂散电流等外来电的能力，避免了早爆、误爆的危险。

3. 起爆方案的安全性

在线编程、精确延期、单孔单响可以实现对爆破次生危害的有效控制。工程爆破的有害效应主要是爆破震动和爆破飞石，从爆破方案设计的角度讲，除了要严格控制单次爆破方量、最小抵抗线、爆破排数以及设计合理的药包布置方案外，还需设置合理的起爆时序。起爆时序的设置需要注意四个方面：

(1) 首响药包的选择。

(2) 同排相邻药包之间的延期时间选择。

(3) 前后排之间的延期时间选择。

(4) 起爆时序。

用传统的导爆管雷管和电雷管施工，网路设计受雷管规格(延期时间固定、段位有限)的约束，最终施工方案往往并非理想方案，而根据现有起爆器材设计的现实可行方案，影响爆破效果，存在重段(单段起爆药量过大)安全隐患。应用数码电子雷管，延期时间可在 0～16 000 ms 范围内以 1 ms 间隔任意设置，不但爆破网路设计简单、施工方便，而且避免了因重段而引起的大震动、远飞石等安全隐患。

4. 爆破施工的安全性

“隆芯 1 号”的在线重复可测性、网路完整性检查及其断线起爆能力，保障了工程爆破现场施工的安全性。施工现场，爆破网路的连接往往会遭到破坏，这种情况下爆破网路受损处检查发现的概率和修复的概率将直接影响到爆破效果和施工安全。电子雷管及其起爆系统具有网路检测功能，可以准确定位网路错误，方便施工人员进行错误排查，确保起爆前网路连接正常。此外，“隆芯 1 号”具有断线起爆功能，当起爆器下发起爆指令后，爆破网路中的所有雷管处于自运行状态，即使起爆炮孔产生的飞石切断了爆破网路，也不会影响后爆炮孔的准确起爆，从而确保了爆破效果和施工安全。

复习思考题

1. 简述电爆网路的准爆条件。
2. 简述发爆器的种类及使用方法。
3. 简述电雷管起爆法的优点及缺点。
4. 简述导爆管雷管起爆法的概念，导爆管雷管起爆网路的组成元件。
5. 简述“隆芯 1 号”数码电子雷管主要技术指标。
6. 简述铱钵起爆系统及其起爆网络。

5 爆破凿岩机械

矿岩爆破是在矿岩中钻凿不同直径、不同深度的孔眼，利用炸药包的爆炸能量来破碎矿岩的方法，因此，钻眼是实施爆破第一步的重要工作，钻眼速度、效率和钻眼的质量对爆破、采装等各项作业都有很大影响。根据矿岩性质和所采用钻机的不同，生产能力和钻孔费用差别也很大。一般情况下，在中硬和坚硬矿岩中，钻孔费用占矿岩开采成本的10%左右，在软岩和煤中占5%～8%。

按炮孔深度可将爆破分为浅孔爆破和深孔爆破。一般把深度小于5 m的炮孔称为浅孔，把深度大于5 m的炮孔称为深孔。钻凿不同深度的炮孔应采用不同的机械，因此，凿岩机械可相应地分为浅孔凿岩机械和深孔凿岩机械。

5.1 凿岩机械分类

5.1.1 按凿岩原理分类

工程爆破常用凿岩机械按照凿岩机破岩原理进行分类，可分为冲击式凿岩机、旋转切削式凿岩机、旋转冲击式凿岩机和滚压式凿岩机4大类。

1. 冲击式凿岩机

冲击式凿岩机的钻孔过程如图5-1所示。钻头在冲击力P_D的作用下，侵入岩石并形成一条凿痕AB，随后将钻头转动一个角度再次冲击时，钻头在岩石上形成一个新的凿痕$A'B'$，当转动角度和冲击与岩石的强度相匹配时，则在第二次冲击形成凿痕$A'B'$的同时将剪切掉AOA'和BOB'两个扇形体积。不断重复上述动作，即可完成圆形面积的破碎并前进一个深度h。破碎后的岩屑要不断利用风压或水流排出孔外，以避免重复破碎。这样，冲击、转动、排粉连续不断地循环下去，即构成冲击式凿岩机钻孔过程。冲击式凿岩机一般适用于硬岩的钻孔。

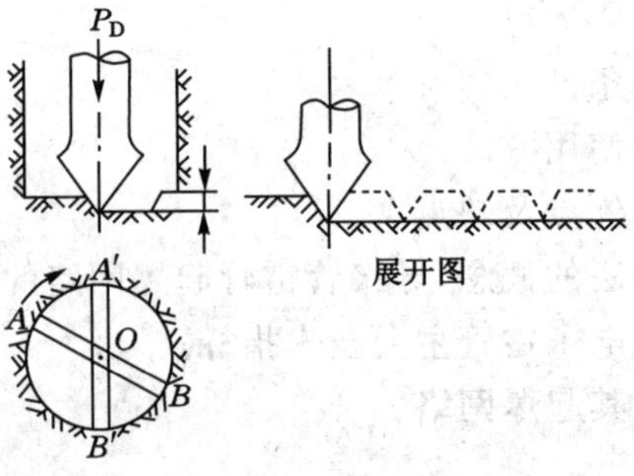

图5-1 冲击式钻孔过程

2. 旋转切削式凿岩机

旋转切削式凿岩机的钻孔过程如图 5-2 所示。切割型钻头在轴压力 P 作用下侵入岩石某一深度 h，同时在回转力矩 P_C 作用下克服岩石抗切削强度将岩石一层层地切割下来，钻头运行的轨迹是沿螺旋线下降，破碎下的岩屑被排出孔外而完成钻孔。这样，压入、回转切削、排粉连续不断地进行，即构成旋转式凿岩机钻孔过程。旋转式凿岩机一般适用于软弱岩层或煤层的钻孔。

3. 旋转冲击式凿岩机

旋转冲击式凿岩机的钻孔是旋转式和冲击式钻孔的结合，其过程如图 5-3 所示。钻头在回转切削的同时，既有轴压力 P 的作用，又有冲击力 P_D 和回转力矩 P_C 的作用。它与冲击式的区别是钻头连续旋转，与旋转式的区别是增加了冲击作用。这样，压入、回转切削、冲击、排粉连续不断地进行，就构成了旋转冲击式凿岩机的钻眼过程。

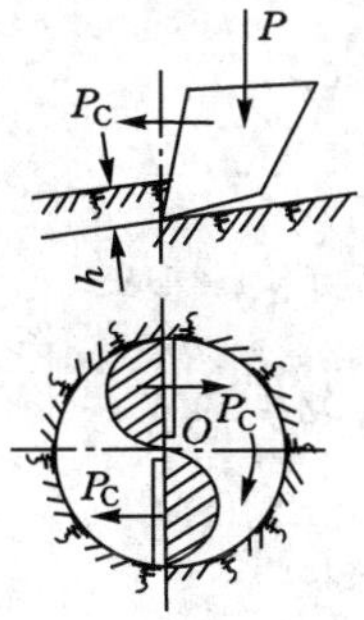

图 5-2　旋转式钻孔过程

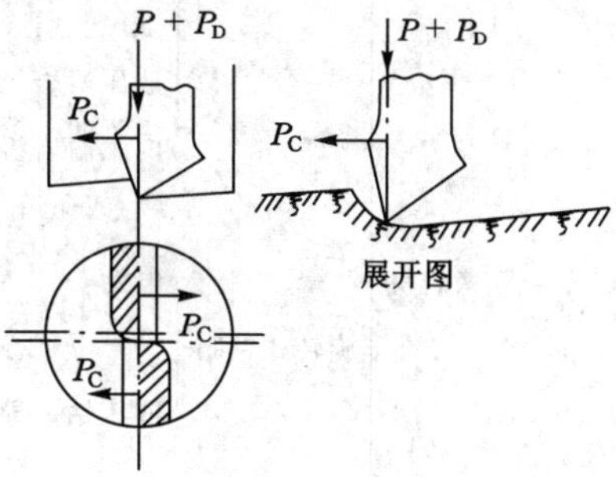

图 5-3　旋转冲击式钻孔过程

4. 滚压式凿岩机

滚压式凿岩机钻孔是以牙轮钻头的滚压作用破碎岩石，如图 5-4 所示。通过钻杆给牙轮钻头施以轴压 P，同时钻杆绕自身轴转动，使得牙轮钻头绕钻杆做公转。而牙轮又绕自身轴做自转，即在岩石上形成滚动。在滚动过程中，牙轮是以一个齿到两个齿又到一个齿地交替接触岩石，这样，牙轮的轴心便上下振动，引起钻杆周期性地弹性伸缩，这个弹性能不断地传给岩石成为牙齿冲击破碎岩石的能源。在滚动过程中，牙轮的牙齿压入一定深度后将对周围产生挤压作用，钻杆的振动引起的冲击又加强了对岩石的破碎。破碎下的岩屑通过钻头上喷嘴喷出的压缩空气排出孔外。这样，压入、回转（牙齿的压入和冲击）、排粉连续进行而完成钻眼过程。滚压式凿岩机一般适用于大孔径硬岩的钻孔。

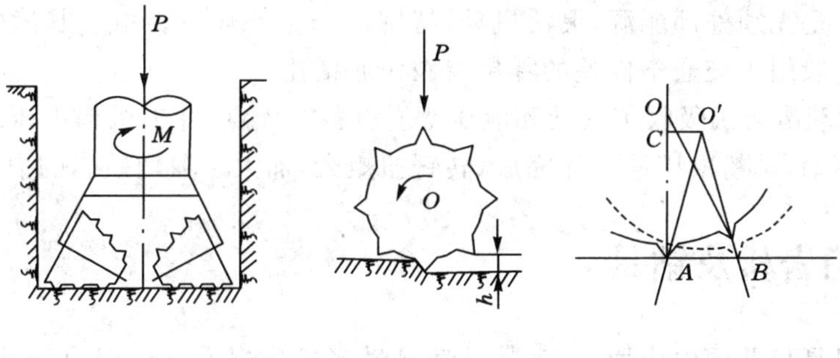

图 5-4　牙轮钻头滚压钻眼过程

5.1.2 按原始驱动力分类

工程爆破常用凿岩机械按照给凿岩机提供原始动力进行分类，可分为气动凿岩机、液压凿岩机、电动凿岩机、内燃凿岩机和气液联动凿岩机等五种类型。凿岩机的分类以及各类型凿岩设备对应的机型，如图 5-5 所示。

- 凿岩机
  - 冲击式钻眼
    - 气动凿岩机
      - 手持式、气腿式：质量 30 kg 以下
      - 导轨式　质量 35～80 kg　架钻设备
        - 台车
        - 伞形和环形钻架
      - 向上式　质量 40～45 kg
    - 电动凿岩机
      - 水(气)腿式、架钻式：质量 25～30 kg
    - 液压凿岩机—导轨式　质量 130～360 kg
    - 内燃凿岩机　质量 30 kg 以下
  - 旋转式钻眼
    - 电钻
      - 煤电钻—手持式　质量 18 kg 以下，功率 1.2 kW
      - 岩石电钻
        - 导轨式、架钻式：质量 35～40 kg，功率 2 kW
    - 液压钻—导轨式
  - 旋转冲击式钻眼—潜孔钻机
    - 架钻式　质量 150～360 kg
    - 台车式　质量 6～45 t
  - 滚压式钻眼—牙轮钻机　质量 80～120 t

图 5-5　各种类型凿岩设备对应的机型

(1) 气动凿岩机也称风动凿岩机，是以压缩气体驱动、冲击为主、低压水排渣除尘的一种凿岩机。

(2) 液压凿岩机是以高压液体驱动的凿岩机，其工作方式与气动凿岩机类似，不同的是用高压水排岩渣。

(3) 电动凿岩机是以电能转换为机械能实现冲击回转的凿岩机械。电动凿岩机与气动凿岩机相比，能量利用率比较高，但凿岩速度偏低。目前电动凿岩机较少使用。

(4) 内燃凿岩机是汽油机、压缩机和凿岩机组合在一起的冲击回转凿岩机械。内燃凿岩机的最大特点是无须外部能源，灵活机动，特别适合野外作业。由于其凿岩速度慢、能力差、机体较重，一般用于交通条件差的零星爆破作业钻孔。

(5) 气液联动凿岩机吸收了气动和液压凿岩设备的优点，冲击机构由压缩气体驱动，旋转机构由液压驱动，排粉由压缩气体完成，转钎扭矩大，加大了剪切破岩的力度。

5.2 气动凿岩机及钻具

气动凿岩机是目前国内应用最广、品种型号最多的凿岩设备。但由于其能量利用率较低，凿岩速度较慢，噪声很大，有被液压凿岩机逐渐取代的趋势。

5.2.1 气动凿岩机械

1. 手持式凿岩机

手持式凿岩机冲击功和扭矩都较小，凿岩速度低，劳动强度大。钻孔直径以 40 mm 以下为宜，最大钻孔直径可达 56 mm；钻孔深度以 2～3 m 为宜，最大可达 7 m。适宜钻凿垂直或向下的斜孔，一般用于小台阶和小型地下硐室爆破钻孔。气动手持式凿岩机外形如图 5-6 所示。

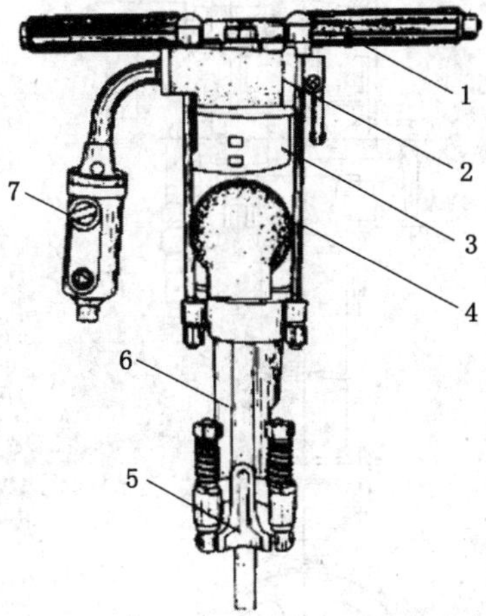

1—手柄；2—柄体和操纵阀；3—汽缸；4—排气口消音罩；5—卡钎器；6—机头；7—自动注油器。

图 5-6 气动手持式凿岩机

2. 气腿式凿岩机

气腿式凿岩机有起支撑和推动作用的风动气腿，其劳动强度比手持式凿岩机低，钻孔参数与手持式凿岩机相似，但凿岩速度比手持式凿岩机高很多。该凿岩机的最大特点是凿岩过程中的定向支撑和施加推力均依靠气腿完成，适宜于钻凿水平或倾斜方向的炮孔，打眼深度 2～4 m，是目前我国矿山使用得最广泛的一种凿岩机。这类凿岩机主要有 YT23(7655)、YT24、YT25 等型号。如图 5-7 所示。

图 5-7 气腿式凿岩机

3. 向上式凿岩机

向上式凿岩机质量 40 kg 左右，其尾部有一个可伸缩的气筒，作为工作时的支架和推进装置，因此又称为伸缩式凿岩机。该凿岩机主要用来钻凿与水平面相交 60°～90°的上向炮孔。一般用于采场和天井中凿岩作业，钻孔深度 2～5 m，孔径以 36～48 mm 为宜。主要机型是 YSP-45 型等，如图 5-8 所示。

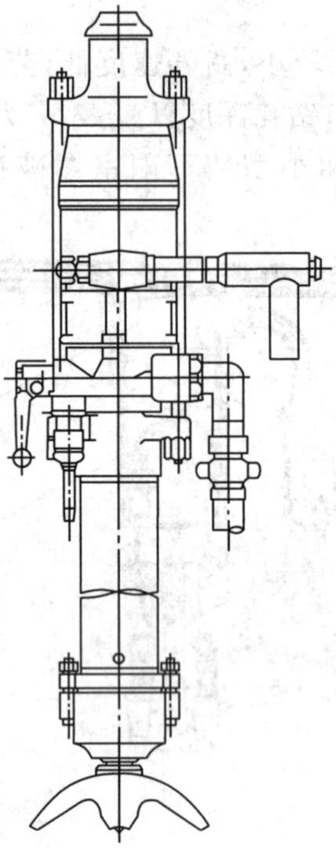

图 5-8　YSP-45 型向上式凿岩机

4. 导轨式凿岩机

导轨式凿岩机质量为 35～100 kg，一般安装在配有推进装置的滑动轨道上，滑动轨道安设在台车或支柱架上。导轨式凿岩机有两个特点：一是钻孔直径一般为 40～80 mm，钻孔深度一般为 5～8 m，最大达 30 m；二是凿岩过程中对凿岩机的支撑和施加推力，依靠导轨和凿岩机上的单独动力机构完成。理论上讲，导轨式凿岩机可钻各个方向的炮孔，要视凿岩台车或支架的性能而定。国产导轨式凿岩机常用的有 YGZ-90、YGZ-80、YGZ-70 型等，如图 5-9 所示。

图 5-9　导轨式液压凿岩机

5.2.2 气动凿岩机钻具

浅孔凿岩机的钻具包括钎头和钎杆，中深孔凿岩机的钻具除钎头和钎杆以外，还有连接套和钎尾。

1. 钎头

根据在钎头上所镶硬质合金的形状不同可分为刃片钎头、柱齿钎头（也称球齿钎头）和复合片齿钎头三大类。按照刃片不同的布置形式，又可分为一字形、三刃形、十字形、X 形等。按柱齿形状不同，柱齿钎头又分为半球齿、锥形齿、抛物线齿等多种类型。按照球齿数目不同，柱齿钎头有 4 齿、7 齿、…、14 齿等。复合片齿钎头（简称复合钎头）按刃片数和齿数分类，又有四刃一齿型、五刃两齿型、八刃八齿型等。各种类型的钎头如图 5-10 所示。

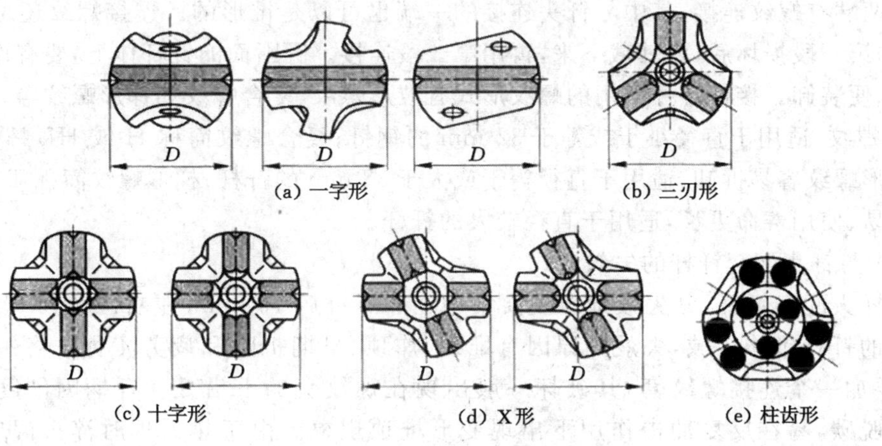

图 5-10 各类钎头外形图

刃片钎头的优点是：整体坚固性好，可钻凿任何种类岩石；缩径慢，寿命长；合金利用率较高。其缺点是：最大直径受限制，一般一字形、三刃形钎头直径不大于 45 mm，十字形不大于 64 mm，X 形不大于 89 mm；钎刃受力与磨损不均，修磨频繁、费用较高、工人劳动强度大。

柱齿钎头不需要中途更换和修磨，有利于加速工程进度和减轻工人体力劳动强度；钎头最大直径不受限制，半球齿钎头承载能力强，耐磨性好；锥形齿、抛物线齿钎头钻孔速度快，但耐磨性差；球齿钎头不适用于单轴抗压强度 350 MPa 以上的极坚韧的矿岩钻凿；外倾角的边齿容易发生边齿碎脱；总的使用寿命比刃片钎头和复合片齿钎头短。

复合钎头具有刃片和柱齿钎头的优点，同时又避开了它们各自的缺点。其特点是：整体坚固性好，可钻凿任何种类岩石；抗径向磨损能力强，几何形状稳定；边刃与中齿受力与磨损均匀，钝化周期较长；钎头直径不受限制；边刃可用小规格砂轮修复，且合金磨损量小，重磨费用降低；使用寿命长，合金有效利用率高。

2. 钎杆

钎杆的作用是把钎尾传来的冲击能量、回转扭矩和冲洗介质传给钎头。

(1) 分类及适用范围

钎杆按照结构分为整体钎杆和非整体钎杆。

① 整体钎杆。整体钎杆一端锻出钎尾，另一端锻出钎头，通常钎头上镶有硬质合金片或球齿。整体钎杆都有特定的长度和钎头直径，一般用于钻凿浅孔的手持式和支腿式凿岩机。整体钎杆钻孔速度稍高，拔钎阻力较小，不需连接钎头。但钎杆与钎头的寿命必须相适应，才能同步报废，否则就不经济。整体钎杆常用对边尺寸为 19 mm、22 mm 和 25 mm 的六角中空钢制造。

② 非整体钎杆。非整体钎杆又分为分体整体钎杆和接杆钎杆。分体整体钎杆又有钎头可拆卸或钎头和钎尾均可拆卸两种。钎杆与钎尾一般用螺纹连接，钎头与钎杆可以用螺纹连接，也可以用锥体连接。分体整体钎杆的长度都是固定的，一般只适用于打浅孔，常用对边尺寸为 19 mm、22 mm 和 25 mm 的六角中空钢制造。接杆钎杆是钎杆用套筒接长，钎头和钎尾均可拆卸的钎杆，适用于打中深孔。接杆钎杆断面有圆形和六角形两种（中间有冲洗孔），两端有螺纹连接，其中与钎头连接的一端也可以是锥形的。连接螺纹还可以做成两段长，当第一段损坏后，将其截下来，再用第二段连接。圆断面的钎杆体上，要有用扳手的扁平面，以便装卸。接杆钎杆常用的螺纹形式有波形螺纹、复合螺纹和梯形螺纹等。波形螺纹简称 R 螺纹，适用于直径小于或等于 32 mm 的钢钎；复合螺纹简称 H 或 HL 螺纹，复合螺纹比波形螺纹容易拆卸，适用于直径等于或大于 38 mm 的钎杆；梯形螺纹简称 T 螺纹，其拆卸更容易、使用寿命更长，适用于直径较大的钎杆。

（2）与钎头配套钎杆的失效形式

与钎头配套钎杆，其失效部位主要集中在靠近钎肩 100 mm 左右区域，其次是与钎头连接处的钎杆锥体区域，失效的原因有堆顶、炸顶、早期折断和疲劳 4 种。将短钎杆接长时，需要加一个连接螺纹套，其破坏一般出现在螺纹套的下沿处。钎柄因硬度不足或表面严重脱碳，易在反复冲击作用下出现变形堆顶现象。由于热处理时淬火温度高，晶粒变粗，钢材变脆，或是因回火不足，硬度过高，出现淬火裂纹，而产生炸顶破坏。小钎杆使用中，在钎肩附近或者在接杆钎的螺纹部位，易发生早期折断。在湿式凿岩条件下，由于钎杆连续承受高频变载的冲击荷载，使钎杆产生失效，这种破坏形式，称为湿式条件下的疲劳破坏。

（3）提高钎杆使用寿命的对策

① 使用者应提出对钎钢冶炼和轧制的严格要求。

② 控制好锻制钎柄、钎肩和锥体质量，是加工成品钎的关键环节。

③ 设计好钎杆的热处理工艺，严格监控质量，是提高钎杆抗疲劳能力的基础。

3. 连接套

连接套的作用是连接钎杆与钎杆、钎杆与钎尾，使凿岩钎具形成一个传递凿岩能量的整体。连接套根据传递凿岩能量的特点，可分为直通式和中止台式两种。连接套一般采用低碳合金钢制造，表面渗碳及淬火处理。

4. 钎尾

钎尾的作用是插入凿岩机转动套筒内，将凿岩机的冲击能量、回转扭矩和冲洗介质传递给钎杆和钎头。钎尾的形式和尺寸应与凿岩机相匹配，且要求钎尾的端面必须平整光滑，质量好，保持适当的硬度和良好的韧性。

5.3 电动凿岩机

5.3.1 煤电钻

煤电钻主要用在岩石静态单轴抗压强度小于 30 MPa 的软岩或煤层上钻眼，其扭矩和功率较小。煤电钻由电动机、减速器、散热风扇、开关和手柄等部分组成，其构造如图 5-11 所示。

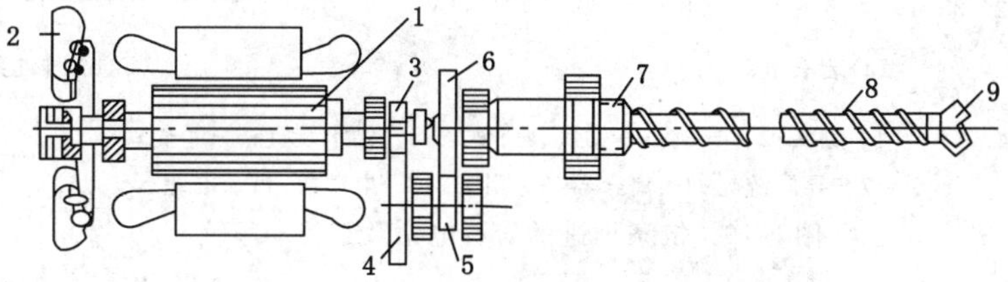

1—电动机；2—风扇；3～6—减速器齿轮；7—电钻芯轴；8—钻杆；9—钎头。

图 5-11 煤电钻构造图

煤电钻电动机采用三相交流鼠笼式全封闭感应电机，电压为 127 V，功率为 0.9～1.6 kW（多为 1.2 kW）。减速器一般由二级外啮合圆柱齿轮构成。散热器装在机轴后端与电机同步运转。电机通过减速器带动芯轴转动，钎子插在芯轴的插孔内，从而带动钎子转动。密封防爆型的外壳用铝合金铸造，在手柄上设有开关。

使用煤电钻时应保持推力均匀，开眼后即将推进方向保持平直，不能歪曲别劲。如果工作时温升太高（大于 50 ℃）或声音不正常（有冲击声、摩擦声、接触不良产生的嗡嗡声等），均应停止使用，并送机修车间检修。钻眼完毕应拔掉防爆插头，并将电钻和电缆撤到安全地点，以免爆破时砸伤。钻眼时如果遇到坚硬物体（例如，煤层中的夹矸等），应放慢推进速度，以免电动机超负荷运转，使得温度过高甚至烧毁。

煤电钻工作时的轴推力全靠工人用手和胸部推顶产生，为了安全，在手柄和后盖上均包有橡胶绝缘包层。煤电钻润滑采用钙基润滑脂，维修时一次加足，使用中不需注油。

5.3.2 岩石电钻

岩石电钻可在中等硬度（单轴抗压强度为 40～80 MPa）岩石上钻眼，它的扭矩、功率比煤电钻大，要求施加较大的轴向推力。与冲击式凿岩机相比，岩石电钻的优点是：直接利用电能，能量利用效率高，设备简单，以切削方式破岩，钻速高，噪声低。

岩石电钻的构造原理与煤电钻基本相同，多采用 2～2.5 kW 电动机，以保证有足够的旋转力矩，有效地切削岩石。此外，由于要求轴推力大，需要有推进机构和架钻设备。

岩石电钻的推进有链条推进、钢丝绳推进、螺杆推进和液压推进等方式，钻架设备有框架、台车或钻装机等形式。图 5-12 为链条推进的岩石电钻的结构和传动系统，岩石电钻安装在导轨 2 上，通过导向链轮 7 在链条 4 上做前后运动。链轮是由电动机经齿轮、蜗杆、蜗轮减速后，通过摩擦离合器来带动的。链轮可正转和反转，从而使电钻在导轨上前进和后退。整个岩石电钻连同推进机构可以装在框架上或放在台车上。

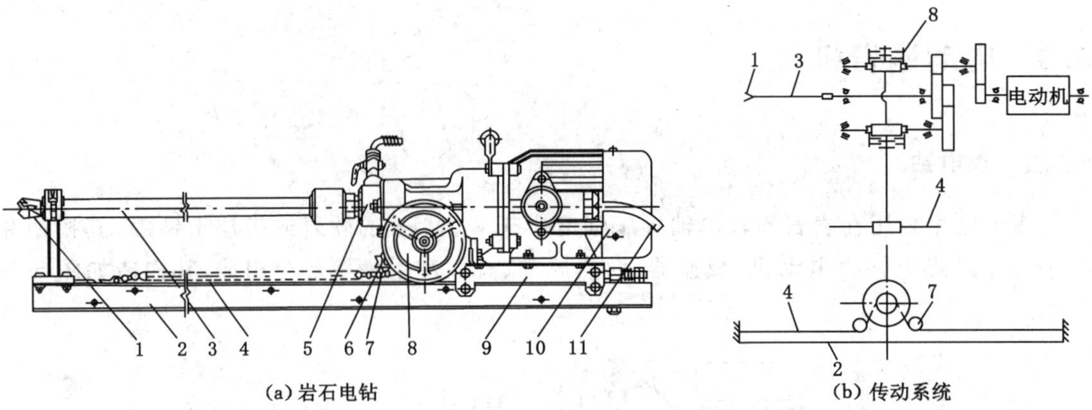

1—钻头；2—导轨；3—钻杆；4—链条；5—供水装置；6—手轮；
7—导向链轮；8—离合器；9—滑架；10—电动机；11—电缆。

图 5-12　链条推进的岩石电钻及其传动系统

5.4　液压凿岩机及钻具

液压凿岩机是 20 世纪 70 年代开始应用生产的新型凿岩机械，它是以高压油为全部驱动力。液压凿岩机具有输出功率大、钻孔速度快、能量消耗低、零件和钻具寿命长、钻孔精度高、液压控制完善等优点。液压凿岩机与全液压钻车配套使用，有效地提高了凿岩钻孔的机械化水平，为实现快速、高效、优质、安全的凿岩作业开创了一条新路。

我国研制液压凿岩设备起步较晚，目前有 10 多个单位研制了 20 多种型号的液压凿岩机和钻车，逐步形成了液压凿岩设备的产品系列，自行研制的全液压凿岩设备已经结合我国国情进入了实用和成熟阶段。进入 20 世纪 90 年代中期，电脑导向和全自动控制的凿岩机器人的实用化研制也取得了实质性进展。国外液压凿岩机发展具有产品改进和更新换代快、凿岩向大功率和自动化发展等特点，无论是井下或露天、掘进或采矿，还是从小型手持式到超重型，品种规格齐全。国外液压凿岩机冲击功率大多为 20 kW，少数重型凿岩机冲击功率为 30～40 kW，最大达到 70 kW；冲击频率一般为 30～70 Hz，最大达 105 Hz；扭矩一般小于 1 000 N・m，最大达到 3 900 N・m。用于露天爆破钻孔作业的凿岩机钻孔直径为 23～275 mm，大多为 64～102 mm；用于掘进钻孔作业的凿岩机钻孔直径一般为 33～64 mm；用于中深孔采矿钻孔作业的凿岩机钻孔直径一般为 64～127 mm。目前瑞典 Atlas Copco、芬兰 Tamrock、法国 Secoma、日本古河等公司生产的液压凿岩机及其配套钻车的品种形式和技术水平在国际上具有一定的代表性。液压凿岩机的外形如图 5-13 所示。

图 5-13　瑞典 COP1238 液压凿岩机及钎具

5.4.1 液压凿岩机技术性能参数

液压凿岩机技术性能参数如表5-1所示。

表5-1 国产液压凿岩机主要技术性能表

型号	冲击能 /J	钎杆转速 /(r/min)	最大扭矩 /(N·m)	冲击压力 /MPa	冲击频率 /Hz	钻孔直径 /mm
YYG-80	150	0～300	150	10～12	50	<50
GYYG-20	200	0～250	200	13	50	50～120
CYY-20	200	0～250	300	16(20)	37～66	<50
YYG-250B	240～250	0～250	300	12～13	50	50～120
YYG-90A	150～200	0～300	140	12.5～13.5	48～58	<50
YYG-90	200～250	0～260	200	12～16	41～50	<50
YYG-250A	350～500	0～150	700	12.5～13.5	32～37	<50
DZYG38B	300	0～300	500或750	15～21.5	40～60	65～125
YYGJ-90		0～250	300	16～18	44～64	<50
YYGJ-110	220～300					<50
YYGK-300	130～220	0～300	240	16～20	42～62	<50
YYGK-200		0～300	240	16～20	38～60	<50
YYG120			200	15	36～55	<50
YYG110			200	15～24	40～53	<50
YYG150			550～1 000	25	40～60	<50
HYD200	200	200～400	300	14～16	34～67	27～64
HYD300	300	200～400	100～300	16～19	34～50	38～89

5.4.2 液压凿岩机钻具

(1) 对钎具的要求

为确保液压凿岩机发挥高效凿岩的潜在优势，与之配合的钎具系统，首先应做到使用寿命长、稳定性和可靠性好；其次应更换方便，结构简单，尽量减少拆卸钎具的辅助作业时间。

(2) 液压凿岩机钎杆技术规范

常用的液压凿岩机钎杆用钢可分为两类：其一为渗碳热处理类；其二为感应热处理类。

国际标准 ISO 1719:1974、ISO 1720:1974、ISO 1721:1974 和 ISO 1722:1974，曾规定了不同直径钎杆使用的波形螺纹(R)和复合螺纹(HL)参数。

由于波形螺纹(R)只规定了一种螺距(p=12.7 mm)，因此，当螺纹直径增大时，螺旋线升角β减小，导致螺纹表面压力增高，装卸变得困难。同时，波形螺纹允许的磨损量较小，寿命较短。波形螺纹直径一般不大于32 mm。

瑞典 Sandvik 公司提出了 f 形螺纹，这种螺纹允许磨损量大、寿命长、装卸省力、连接可靠，在直径大于38 mm的螺纹中广泛应用。

5.5 凿岩钻车

凿岩钻车是将凿岩机构、推进装置、定位装置等安装在机械底盘或钻架上进行凿岩作业的设备。露天凿岩钻车一般安装一台凿岩设备，地下凿岩钻车可安装一台或多台凿岩设备，实现快速、高效凿岩。国外凿岩钻车上广泛使用液压凿岩机。

5.5.1 露天凿岩钻车

1. 露天凿岩钻车的分类

露天凿岩钻车按行走方式分，分为履带式、轮胎式和轨道式；按驱动动力分，分为气动露天凿岩钻车、全液压露天凿岩钻车、气液联合式露天凿岩钻车；按能否行走分，分为自行式露天凿岩钻车和非自行式露天凿岩钻车，后者又称为台式架钻机。

2. 主要特点及适用范围

(1) 主要特点。露天凿岩钻车(架)与牙轮钻机、潜孔钻机相比，具有以下特点：① 整机质量轻，装机功率小，机动性强；② 能够钻凿多种方位的钻孔，调整钻机(架)位置迅速准确；③ 爬坡能力强，国产钻车最大爬坡能力可达 25°，进口钻车可达 30°；④ 液压凿岩钻车的能耗仅为潜孔钻车的 1/4，钻速却为潜孔钻车的 2.3～3 倍。

(2) 适用范围。① 在采石场、水电、交通等工程及小型露天矿山开挖(采)中，凿岩钻车(架)可作为主要的钻孔设备。在二次破碎、边坡处理、清除根底中作为辅助钻孔设备。在中小型露天矿，液压凿岩钻车可取代气动潜孔钻机。② 凿岩钻车钻孔方位多，最小的横向方位角为左右各 45°，纵向 0°～105°，钻车可用于钻凿各种方位的预裂爆破孔、锚索孔、灌浆孔及修理边坡等。③ 凿岩钻车爬坡能力强，机动灵活，可在复杂地形上进行钻孔作业。④ 凿岩钻车主要用于硬或中硬岩的钻孔作业，钻孔直径一般为 40～100 mm，最大孔径可达 150 mm。⑤ 气动露天凿岩钻车与气液联合式露天凿岩钻车，一般适用于钻孔孔径小于 80 mm、孔深小于 20 m 的炮孔。⑥ 全液压露天凿岩钻车，钻孔孔径可达 150 mm，孔深最深可达 50 m。

5.5.2 地下凿岩钻车

1. 地下凿岩钻车的分类

地下凿岩钻车分类方法很多，按照用途可分为掘进钻车、采矿钻车、锚杆钻车等。本节主要介绍地下掘进钻车和采矿钻车。

2. 地下凿岩钻车技术性能参数

采矿钻车和国产掘进钻车主要技术性能参数如表 5-2 和表 5-3 所示。

表 5-2 CTC 系列采矿钻车主要技术性能参数

型号		CTC14AJ1	CTC14B
外形尺寸(长×宽×高)/mm	运输状态	4 700×1 900×2 300	4 830×1 810×2 300
	工作状态	3 860×1 900×2 700	3 860×1 810×2 800
钻孔直径/mm		50～80	50～80
最大孔深/m		30	30

表 5-2(续)

型号	CTC14AJ1	CTC14B
行走速度/(km/h)	0.51	0.51
最小转弯半径/m	6	6
行走驱动功率/kW	5.5×2	4×2
爬坡能力/(°)	18	18
支臂起落范围/(°)	20～95	20～95
支臂平移范围/mm	1 700	1 700
推进器回转范围/(°)	90	90
推进器推进力/kN	13.7	13.7
推进器补偿长度/m	0.72	0.72
滑架行程/m	1.42	1.42
工作气压/MPa	0.50～0.63	0.50～0.63
工作油压/MPa	8～10	8～10
水压/MPa	0.4～0.6	0.4～0.6
耗气量/(L/s)	≤217	≤217
行走方式	气马达驱动减速器	气马达(自带减速器)驱动链条传动
配置凿岩机	YG290	YG290

表 5-3 CMJ 系列掘进钻车主要技术性能参数

型号	CMJ12	CMJ17	CMJ27
钻臂数量/个	2	2	2
适用巷道断面(宽×高)/m	3×4	5.02×3.5	5.97×4.6
运行状态尺寸(长×宽×高)/mm	6 700×1 210×1 600	7 400×1 210×1 620	7 900×1 210×1 800
运行状态最小转弯半径/mm	6 000	6 000	6 000
工作状态稳车工作宽度/mm	1 900	1 900	1 900
质量/kg	7 200	7 800	8 500
钻孔直径/mm	27～42	27～42	27～42
冲洗水压力/MPa	≥0.6	≥0.6	≥0.6
钻孔深度/mm	1 500	2 100	3 000
适应钎杆长度/mm	1 975	2 475	3 350
凿岩机型号	HYD-300 液压凿岩机	HYD-300 液压凿岩机	HYD-300 液压凿岩机
电动机功率/kW	45	45	45

表 5-3(续)

型号		CMJ12	CMJ17	CMJ27
推进器	类型特征	液压缸-钢丝绳	液压缸-钢丝绳	液压缸-钢丝绳
	推进方式	液压缸-钢丝绳推进	液压缸-钢丝绳推进	液压缸-钢丝绳推进
	总长度/mm	3 900	3 900	3 900
	推进行程/mm	1 500	2 100	2 500
	推进力/kN	8	8	8
	推进速度/(m/min)	14.5	14.5	14.5
钻臂	类型特征	液压回转钻臂	液压回转钻臂	液压回转钻臂
	伸缩长度/mm	1 600	2 400	2 600
	推进补偿行程/mm	1 500	1 500	1 500
	推进器俯仰角度/(°)	俯 105,仰 15	俯 105,仰 15	俯 105,仰 15
	摆动角度/(°)	内 15,外 45	内 15,外 45	内 15,外 45
	臂身回转驱动方式	马达-蜗轮蜗杆	马达-蜗轮蜗杆	马达-蜗轮蜗杆
	臂身回转角度/(°)	正 180,反 180	正 180,反 180	正 180,反 180
行走机构	行走方式	电动机-马达	电动机-马达	电动机-马达
	驱动机构形式	液压马达-履带	液压马达-履带	液压马达-履带
	行走速度/(km/h)	1.25	1.25	1.25
	爬坡能力/(°)	±16	±16	±16
液压泵站	泵型号	MDB(A)-4×28.5FL-F	MDB(A)-4×28.5FL-F	MDB(A)-4×28.5FL-F
	工作压力/MPa	21	21	21
	工作流量/(L/min)	160	160	160

3. 主要特点及适用范围

采用凿岩钻车既能够比较精确地钻凿出一定角度、孔深和孔位的钻孔,又可以钻凿较大直径的中深孔、深孔,而且还能提供最优的轴推力。操作人员可远离工作面,一人可操纵多台凿岩机,不仅可明显改善作业条件,而且钻孔质量高,显著提高凿岩效率。液压凿岩机与钻臂配套使用可实现凿岩机械化和自动化。在平巷掘进中,采用凿岩钻车比手持或气腿式单机作业掘进工效提高 1～4 倍。在采矿钻孔中,采用全液压机械化凿岩钻车的钻孔效率是手持或气腿式单机凿岩的 4～12 倍。缺点是设备投入大,维护保养和操作要求高。

凡达到一定断面面积的隧道和地下硐室均可采用凿岩钻车钻孔。掘进钻车主要用于矿山巷道和硐室的掘进以及铁路、公路、水工隧洞等工程开挖的钻孔作业,有的掘进钻车还可用于钻凿采矿炮孔、锚杆孔等。采矿钻车是回采落矿进行钻凿炮孔的设备。一般为轮胎式和履带式,国内多为双机或单机作业,配套的是重型、中型导轨式凿岩机,一般钻孔直径不大于 115 mm。当钻孔深度超过 20 m 时,由于接杆凿岩能量损失大,效率会显著降低。

5.6 潜孔钻机及配套机具

潜孔钻机是冲击器潜入孔内提供冲击凿岩的一种钻孔设备。潜孔钻机通常是把潜孔式凿岩机构、推进装置、定位装置等安装在机械底盘或钻架上进行钻孔作业。

潜孔钻机是一种大孔径深孔钻孔设备。潜孔钻机的钻杆不传递冲击能，故冲击能量损失很少，可钻凿更深的炮孔。冲击器潜入孔内，噪声低，钻孔偏差小、精度高。国产潜孔钻机的最大钻孔直径达到 180 mm，最大钻孔深度达到 80 m，并形成了履带式、轮胎式、柱架式、胶轮式等类型，品种齐全，广泛应用于地下采矿和地面石方开挖爆破工程中。目前国外的潜孔钻机最大钻孔直径已超过 300 mm。现以 YQ-100A 型潜孔钻机为典型实例，介绍其主要结构。

5.6.1 潜孔钻机机械结构

YQ-100A 型潜孔钻机主要用于井下采矿和天井掘进时钻凿通风孔。该钻机由冲击机构、回转机构、推进机构、钻具组、支柱、注油器和操纵系统组成。

(1) 冲击机构。冲击机构是独立的，它组装在冲击器内。冲击器前端直接与钻头连接，肩端连接钻杆，钻孔时，冲击器用钻杆送入孔内，活塞直接冲击钻头，使钻头有效地凿到矿岩上破碎矿岩。图 5-14 为 C-100 型冲击器的结构图。

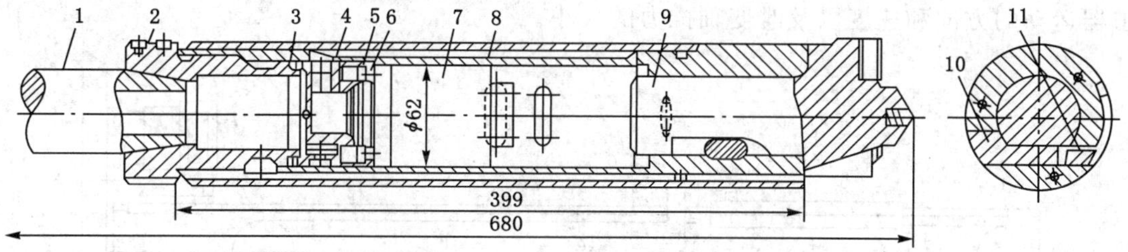

1—钻杆；2—接头；3—密上圈；4—阀柜；5—阀片；6—阀盖；
7—活塞；8—缸体；9—钻头；10—扁销；11—止动销。

图 5-14 C-100 型冲击器结构图

(2) 回转机构。YQ-100A 型潜孔钻机的回转机构主要由回转电动机、回转减速箱、供风装置、连接头和卸钎器组成，其结构如图 5-15 所示。电动机壳体 1 用螺栓与减速箱体 11

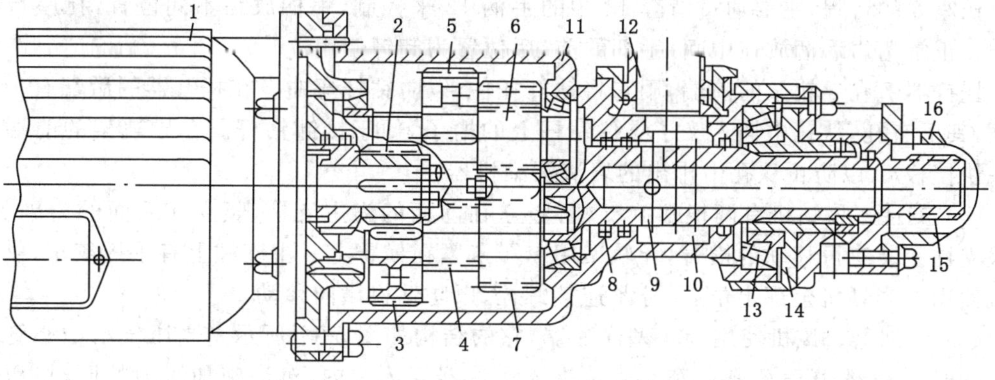

1—电动机壳体；2～7—正齿轮；8—空心轴；9—圆孔；10—环形槽；11—减速箱体；
12—风管接头；13—单列圆锥滚子轴；14—套筒；15—连接头；16—卸钎器。

图 5-15 回转机构图

固定，风管接头 12 拧接在减速箱体上，在减速箱内装有 6 个正齿轮，其中正齿轮 2 与电动机轴固定，正齿轮 7 与空心轴 8 固定，而套筒 14 用螺母压紧在空心轴上，在套筒上套装有连接头 15。卸钎器 16 套装在连接头上，它们之间用螺钉固定。钻机的钻杆穿过卸钎器的中心孔，拧接在连接头的螺纹上。

当电动机转动时，通过减速箱中的齿轮减速后带动空心轴、套筒及连接头，使钻杆和冲击器转动实现转钎作业。而压气通过输风管进入旋转的空心轴，并经钻杆中心孔至冲击器到达孔底。

(3) 推进机构。推进机构主要由推进汽缸、导轨架和链传动装置组成，如图 5-16 所示。在导轨架 6 的两侧分别各有一个推进汽缸 9，当压气进入推进汽缸的右腔，则左腔与大气相通，活塞杆伸出，这时滑板 13 向后移动，链条 4 被拉紧，链条 3 放松，因此托座 5 带动电动机和减速箱沿着导轨架 6 向前移动，并通过钻杆使冲击器前进，同时施加必要的轴推力。反之，当向推进汽缸的左腔通入压气时，右腔与大气相通，活塞杆缩回，链条 3 被拉紧，托座带动电动机和减速箱向后移动，钻杆和冲击器也同时后退。冲击器的进退速度快慢和轴向推力的大小，主要取决于进入汽缸的压气量，因此，只要使压气的流向和流量改变，就能控制冲击器运动的方向和速度以及改变轴推力的大小。

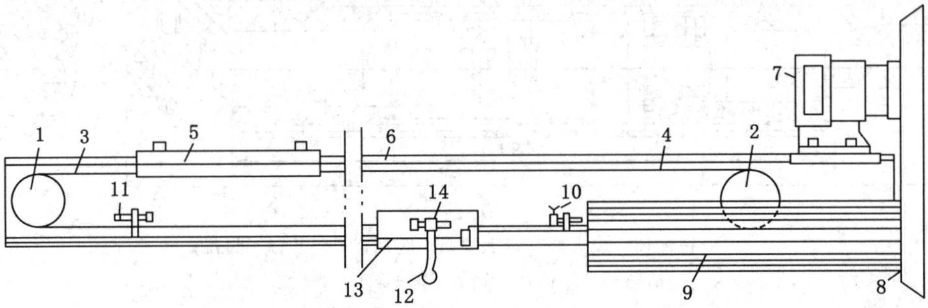

1，2—链轮；3，4—链条；5—托座；6—导轨架；7—托钎器；
8—挡板；9—汽缸；10，11—挡铁；12—手柄；13—滑板；14—滑套。

图 5-16 推进机构

托座 5 的行程，主要通过滑套 14 中的手柄 12 来控制，手柄放在不同位置，托座行程不一样。正常凿岩手柄放在中间，手柄的前、后位置为卸钎使用。

托钎器 7 在导轨架的前端，用它将钻杆托住，以防钻杆弯曲。在托钎器的后端有一个四方框，其上有孔，从孔中插入叉子夹住钻杆上的槽子，便于接卸钻杆。在导轨架的前端还装有一块挡板 8，以防止从孔中排出的岩渣污染机器。

(4) 支柱。该钻机有两根螺旋支柱，竖立在前面的为主支柱，竖立在后面的为副支柱，两根支柱上装有可移动的横臂，导轨架用卡子卡紧在横臂上。主支柱上有手摇绞车，供移动钻机使用。当钻机全部定位后，拧紧连接螺栓，以防钻机横向移动。

(5) 注油器。该机使用 804 型注油器，它的结构如图 5-17 所示。当压气沿中心管 1 高速运动时，一部分压气经孔 4 和小管 3 进入注油器壳体 2 内，对油施加压力的同时，压气还流经孔 5，并在孔口处形成负压，因此润滑油经孔 6 和孔 5 向外喷出，立即被压气吹成雾状，同时随压气进入运动部位进行润滑。当需要控制油量时，调节螺钉 7。打开盖子 8 可向注油器内加油。

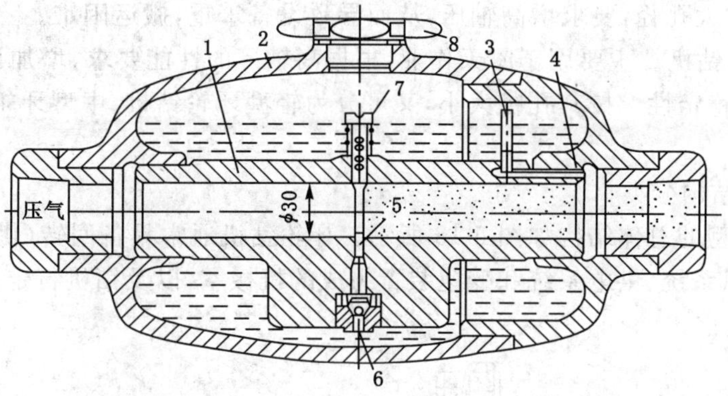

1—中心管；2—壳体；3—小管；4～6—孔；7—螺钉；8—油盖。

图 5-17 注油器结构图

5.6.2 潜孔式凿岩机的特点

潜孔式凿岩机是利用潜入孔底的冲击器和钻头对岩石进行冲击破碎的。它与接杆式深孔凿岩机相比较，具有钻孔深度大的优点。接杆式深孔凿岩机钻孔能量小，钻孔的深度和孔径受到一定的限制，当深度和孔径增加时，其凿岩生产率急剧下降，所以难以满足深孔崩矿的需要。但是潜孔式凿岩机是用钻杆将冲击器送入孔内进行钻孔的，这样可以减少由于钎杆传递冲击功而造成的能量损失，从而减小钻孔深度较大对凿岩效率的影响；另外，潜孔钻机的回转机构及推进机构均在孔外用较大的动力驱动，因此，潜孔钻机能量大，能够钻凿大孔径的深孔，凿岩效率高。

5.7 牙轮钻机

牙轮钻机是适用于各类坚固性岩石、技术先进的钻孔设备，多用于大型矿山。它与其他类型的钻机相比有如下一些优点：

(1) 钻孔速度快，生产效率高。钻孔速度与钻具压力成比例增长，而增加钻具轴压也不困难，因此，牙轮钻机的钻孔速度获得相当大的提高，比冲击式钻机高 5 倍多，比潜孔式钻机高 2 倍。

(2) 钻孔直径大，钻凿的炮孔深。它可钻凿孔径达 250～455 mm 的大型炮孔，其孔深通常可达 17～50 m，是高效大型采掘工程的主要配套设备。

(3) 应用范围广泛，适应性强。牙轮钻机可以钻凿软岩和硬岩等各类岩石，也可用于地下和露天矿山。

(4) 噪声小，对环境污染少，自动化程度高，作业条件好。

5.7.1 牙轮钻机类型和工作原理

1. 牙轮钻机类型

(1) 按工作地点分类

① 井下牙轮钻机。由于受作业空间的限制，其钻孔规格不能太大，直径一般在 118～

170 mm。因为加大孔径,要求增高轴压,从而导致设备笨重,搬运困难。

② 露天牙轮钻机。主要用于露天作业,根据高轴压的性能要求,增加设备自重,有利于提高钻速和增加稳定性。按其孔径大小,又可分为轻型牙轮钻机、中型牙轮钻机和重型牙轮钻机。

(2) 按钻机结构分类

牙轮钻机典型的总体结构如图 5-18 所示。牙轮钻机通常具备回转(供风)机构、加压机构和钻架,由供风系统、供电系统和变速装置组成的机械室,以及钻机行走机构、配套的钻具和除尘系统。

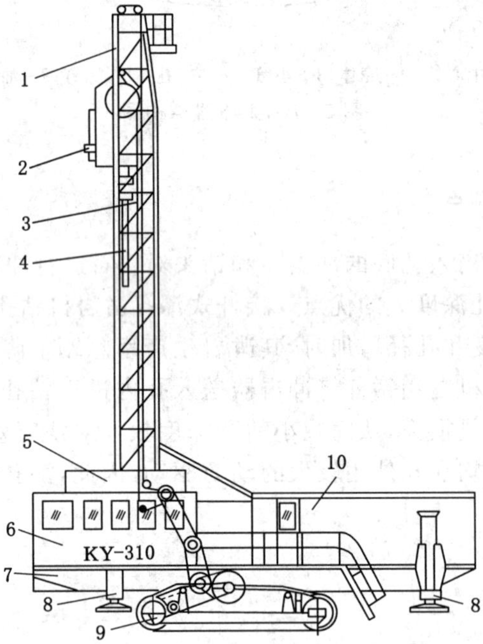

1—钻架装置;2—回转机构;3—加压升降系统;4—钻具;5—空气净化装置;
6—司机室;7—平台;8—千斤顶;9—履带行走机构;10—机械室。

图 5-18　KY-310 型牙轮钻机总体结构

牙轮钻机核心结构是回转机构和加压机构。根据回转和加压的方式不同,可分为 3 种类型:① 底部回转间断加压。这种钻机有一个液压卡盘,通过油压将钻杆卡住,二者一起回转并向下运动,实现钻进动作。这种类型钻机的缺点是间断加压及提高轴压力受限制。② 底部回转连续加压。钻机的回转和加压机构安设在钻架底部,并由链传动装置或钢丝绳液压系统实现连续加压。该类型钻机的特点是钻架不承受扭矩作用,但钻杆需要加工成六方形或花键齿形。③ 顶部回转连续加压。这种钻机的特点是在钻杆的上部安装一个能沿钻架上下滑动的回转加压小车,以实现钻具的回转和连续加压。这种类型钻机又称为滑架式牙轮钻机。当前国内外大型矿山大多采用此类型钻机。

2. 牙轮钻机的工作原理

牙轮钻机的工作原理如图 5-19 所示。牙轮钻头钻凿炮孔时,是在轴向施加一定的推力,即轴压力,如图中的 P_k,同时在力矩 M 作用下,做回转运动。在牙轮钻头 3 转动时各牙轮4又绕本身轴滚动,滚动的方向与钻头3转动方向相反。牙轮4在滚动过程中,对岩石的作用包括钻头轴压产生的碾压作用和牙轮4对岩石产生的冲凿作用。但是,钻头3在孔底并非做纯滚动。由于牙轮的超顶、3个牙轮的锥顶与钻头中心不重合产生的退轴、3个牙轮的轴线不交于钻头中心线产生的移轴和牙轮体的复锥形状,牙轮在孔底工作时还产生一定的滑动,对岩石产生切削作用。牙轮钻头破碎岩石实际上是碾压、切削和冲击的复合作用,因此,3个牙轮上齿的形状、齿距、齿的突出高度对岩石破碎效果有很大影响。

由此可见,牙轮钻机在钻孔过程中,施加在钻头上的轴压力、钻速和排渣风量是保证有效钻孔的主要工作参数,应合理地选配这3个参数的数值,掌握钻孔操作要领。实践证明,这一措施能有效提高钻孔速度、延长钻头寿命和降低钻孔成本。

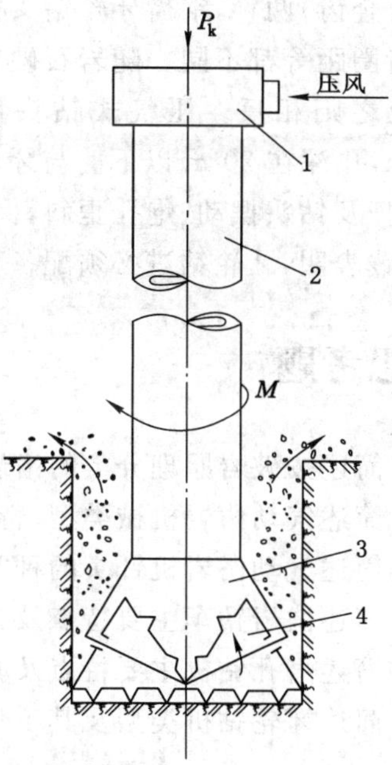

1—回转供风系统;2—钻杆;3—钻头;4—牙轮;
P_k—轴压力;M—回转力矩。

图5-19 牙轮钻机工作原理示意图

5.7.2 牙轮钻机技术性能参数

国产牙轮钻机在20世纪末形成了比较完整的两大系列产品:KY系列和YZ系列。其中KY系列牙轮钻机机型有KY-150、KY-200、KY-250、KY-310型等,钻孔直径120~310 mm;YZ系列牙轮钻机机型有YZ-12、YZ-35、YZ-55、YZ-55A型等,钻孔直径95~380 mm。部分牙轮钻机的性能参数如表5-4所示。

表5-4 国产牙轮钻机的技术性能参数

型号	孔径/mm	孔深/m	轴压力/kN	钻速/(m/min)	装机容量/kW	自重/t	生产厂家
YZ-35D	250	15	350	0~1.33	470	95	衡阳重型机械有限公司
YZ-55A	310~380	19	600	0~1.98	560	150	
KY-250B	250	18	580	0~2	390	105	
KY-310	310	17.5	490	0~4.5	394	150	南昌凯马有限公司
KY-250C	250	18	400	0~2.5	500	105	

5.7.3 牙轮钻机钻具

牙轮钻机钻具主要有牙轮钻头、钻杆和稳杆器。

牙轮钻头按牙轮的数目分,有单牙轮、双牙轮、三牙轮及多牙轮的钻头。三牙轮钻头又可分为压缩空气排渣风冷式及储油密封式两种。矿用压气式牙轮钻头可分为钢齿及镶齿

(硬质合金齿)两种,钢齿牙轮钻头主要用楔形齿。根据岩石软硬不同,楔形齿的高度、齿数、齿圈、齿圈距等都不同。随岩石硬度的增加,硬质合金齿的露齿高度减少,齿数增多,齿圈数增多;反之则相反。压气式钻头用于露天矿的钻孔作业,通常钻凿炮孔直径为 150～445 mm,孔深在 20 m 以下。与牙轮钻头配套的钻杆又称钻管。稳杆器是牙轮钻机钻进时防止钻杆及钻头摆动、炮孔歪斜,保护钻机工作构件少出故障和延长钻头寿命的有效工具。钻孔实践表明,牙轮钻进必须配备稳杆器。

复习思考题

1. 简述按破岩原理分类的凿岩机类型及其工作原理。
2. 简述气动凿岩机械类型、特点及其适用条件。
3. 简述气动凿岩机钎头的种类和特点,以及如何提高钻杆使用寿命。
4. 简述凿岩钻车主要特点及其适用范围。
5. 简述潜孔钻机主要特点及其适用范围。
6. 简述牙轮钻机类型及其工作原理。

6　岩土中爆炸的基本理论

爆破是目前破碎岩石的主要有效手段。为了达到满意的爆破效果，我们首先从爆破技术角度，来研究炸药包爆炸作用下岩石破碎机理和爆破作用原理，掌握爆破工程的基本技术要求。然后从爆破安全技术角度，来研究施工操作规范以及影响爆破效果的每一个环节，从而达到安全、高效爆破的目的。

6.1　岩石的基本性质

6.1.1　岩石的物理性质

1. 岩石的孔隙度

岩石的孔隙度 η 是指岩石中各孔隙的总体积 V_0 与岩石总体积 V 之比，用百分率表示。

$$\eta=\frac{V_0}{V}\times 100\% \tag{6-1}$$

孔隙的存在削弱了岩石颗粒之间的黏结力而使岩石强度降低，孔隙度越大，岩石强度的降低也就越严重。

2. 岩石的密度和岩石的容重

岩石的密度 ρ 是指岩石的质量 M 和岩石的体积 V 之比，即：

$$\rho=\frac{M}{V} \tag{6-2}$$

岩石的容重（即岩石的重力密度）γ 是指岩石的重量 G 和岩石的体积 V 之比，即：

$$\gamma=\frac{G}{V} \tag{6-3}$$

岩石的密度和容重对岩石性质的影响是一致的，一般情况下，岩石的密度和容重越大，岩石就越难破碎，在抛掷爆破时需消耗较多的能量去克服重力的影响。

3. 岩石的波阻抗

岩石的波阻抗是指岩石密度 ρ 与纵波在该岩石中的传播速度 c_p 的乘积。其物理意义是使岩石介质产生单位质点运动速度所需要应力波的应力值，反映了应力波使岩石质点运动时，岩石阻止波能传播的能力。岩石的波阻抗值对爆破能量在岩石中的传播效率有直接影响，通常认为炸药的波阻抗与岩石的波阻抗相匹配（相等或相近）时，爆破传给岩石的能量最多，在岩石中能引起的应变就大，就可获得较好的爆破效果。

4. 岩石的碎胀性

岩石的碎胀性即岩石破碎后因颗粒间孔隙增多而使总体积增大的性质。碎胀性可用碎胀系数 η 表示，其值为岩石碎胀后的体积 V_1 与原岩破碎前体积 V 之比，即：

$$\eta=\frac{V_1}{V} \tag{6-4}$$

6.1.2 岩石的动态特性

炸药爆炸施加给岩石的是冲击荷载，压力峰值高、作用时间短，即加载速度快，属动力学范畴，研究岩石的爆破破碎就必须研究岩石的动态特性。

1. 应力波及其分类

岩石爆破过程的主要力学特点是爆炸应力波及其作用。岩石在受到爆炸或其他冲击荷载作用时，内部质点就会产生扰动引起应力，而应力以波动方式在介质中传播的现象即为应力波。

应力波按其传播的途径不同可分为两大类：一类是在岩体内传播的，叫体积波；另一类是沿着岩体内、外表面传播的叫表面波。体积波按照波传播方向与扰动质点运动方向的关系又可分为纵波和横波两种：纵波简称为P波，其传播方向和质点运动方向一致，这种波在传播过程中会引起物体内产生压缩和拉伸变形；横波简称为S波，其传播方向和质点的运动方向垂直，在传播过程中它会引起物体内产生剪切变形。表面波可分为瑞利波和拉夫波两类：瑞利波简称为R波，其传播方式与纵波相似，受扰动的质点按椭圆轨迹做反向（与波的传播方向相反）运动，会引起物体产生压缩和拉伸变形；拉夫波简称为Q波，与横波相似，波动中扰动质点在传播方向的水平横向做横向振动，没有垂直运动分量。

岩石爆破过程中的体积波特别是纵波能使岩石产生压缩和拉伸变形，是爆破时造成岩石破坏的重要原因。表面波特别是瑞利波，携带了较大的能量（约为整个爆源能量的2/3），是造成地震破坏的主要原因。

2. 岩石的应变率效应

岩石在爆破作用下承受的是一种持续时间极短、加载速率极快的动态冲击荷载。因此，岩石在爆炸荷载作用下，岩石内引起的应力、应变是以波的形式在岩体中传播的，即岩石内的应力场随时间变化，呈现动态特征。区别动、静荷载，一般用应变率或加载速度作为指标。应变率为应变随时间的变化率，它表征在时间增量 $\mathrm{d}t$ 内，外荷载所引起的岩石应变增量 $\mathrm{d}\varepsilon$ 与 $\mathrm{d}t$ 的比值，即：

$$\dot{\varepsilon}=\frac{\mathrm{d}\varepsilon}{\mathrm{d}t} \tag{6-5}$$

加载速度为应力随时间的变化率，它表征在时间增量 $\mathrm{d}t$ 内，外荷载所引起的岩石应力增量 $\mathrm{d}\sigma$ 与 $\mathrm{d}t$ 的比值，即

$$\dot{\sigma}=\frac{\mathrm{d}\sigma}{\mathrm{d}t} \tag{6-6}$$

在弹性范围内，应力和应变存在线性关系，因此加载速度与应变率成正比。即

$$\dot{\sigma}=E_{\mathrm{d}}\frac{\mathrm{d}\varepsilon}{\mathrm{d}t}=E_{\mathrm{d}}\dot{\varepsilon} \tag{6-7}$$

式中　E_{d}——岩石动弹性模量。

根据试验研究结果，不同荷载下的应变率见表6-1。

表 6-1 荷载状态分类

应变率/s^{-1}	$<10^{-6}$	$10^{-6}\sim10^{-4}$	$10^{-4}\sim10$	$10\sim10^{3}$	$>10^{4}$
荷载状态	流变	静态	准静态	动态	超动态
加载方式	稳定加载	液压机加载	压气机加载	冲击杆加载	爆炸加载

当应变率不同时，岩石所表现出来的变形性质也不一样。当应变率较低时，岩石表现为静态的变形特性，其应力-应变曲线许多都表现出明显的塑性，弹性模量也较小。当提高应变率时，岩石将由塑性向脆性转化，其弹性模量也会得到一定的提高。

3. 爆炸荷载作用下岩石特征

炸药在岩体中爆炸时，最初施加于岩体上的荷载为冲击荷载，这种冲击荷载在瞬间上升到最高值，然后急剧下降，作用时间很短。因此，岩石受爆炸荷载作用时具有以下特征：

(1) 岩体在爆炸荷载作用下所产生力的大小、持续时间和应力分布等与岩石性质有关。

(2) 在爆炸荷载作用下，岩体内产生的应力分布是非常局限的，因此，在岩体中产生的应力具有明显的不均匀现象。

(3) 在爆炸荷载作用下，岩体表现出明显的动态特征，即岩石的变形、位移均与时间有关。

6.1.3 岩石的动态弹性常数

在动荷载作用下，岩石的塑性减弱，脆性增强，其应力-应变关系呈直线规律，通常都以岩石的弹性波参数为基础来研究岩石的爆破破碎。岩石的动态参数多指弹性波参数，主要有波速和波阻抗。

对于一维平面波，波速 c 为：

$$c=\sqrt{\frac{E_d}{\rho}} \tag{6-8}$$

式中 E_d——岩石动态弹性模量；

ρ——岩石密度。

波阻抗表示波传播方向的应力 σ 与质点运动速度的关系：

$$\sigma=\rho c_p u \tag{6-9}$$

式中 u——质点运动速度；

c_p——纵波波速。

对横波，有同样关系：

$$\tau=\rho c_s u \tag{6-10}$$

式中 c_s——横波波速。

若已知介质的纵波波速 c_p、横波波速 c_s，根据弹性力学的波动方程，可知岩石的动弹性模量和其余动态常数为：

一维时：
$$E_d=\rho c_p^2 \tag{6-11}$$

二维时：
$$E_d=\rho c_p^2(1+\mu_d) \tag{6-12}$$

三维时：
$$E_d=\frac{c_p^2\rho(1+\mu_d)(1-2\mu_d)}{(1-\mu_d)}=2c_s^2\rho(1+\mu_d) \tag{6-13}$$

$$\mu_d = \frac{c_p^2 - 2c_s^2}{2(c_p^2 - c_s^2)} \tag{6-14}$$

$$G_d = \rho c_s^2 \tag{6-15}$$

$$K_d = \rho\left(c_p^2 - \frac{4}{3}c_s^2\right) \tag{6-16}$$

$$\lambda_d = \rho(c_p^2 - 2c_s^2) \tag{6-17}$$

式中 c_p——纵波波速；

c_s——横波波速；

ρ——岩石密度；

E_d——岩石的动弹性模量；

μ_d——岩石的动泊松比；

G_d——岩石的动剪切模量；

K_d——岩石的动体积模量；

λ_d——岩石的动拉梅常数。

6.2 爆炸作用下岩石的破坏过程分析

6.2.1 岩石爆破破碎机理的假设

关于岩石爆破破坏的机理有各种各样的假设，依其基本观点可以归纳为以下 3 大类。

1. 爆生气体膨胀作用假设

该假设认为炸药爆炸引起岩石的破坏，主要是高温高压气体产物对岩石膨胀做功的结果。爆生气体膨胀压力造成岩石质点的径向位移，由于药包距自由面的距离在各个方向上的不同，质点所受的阻力也就不一样，在最小抵抗线方向上的阻力最小，岩石质点速度最高。正是由于相邻岩石质点速度不同，产生了岩石中的剪切应力，一旦剪切应力大于岩石的动抗剪强度，岩石即发生剪切破坏。破碎的岩石又在爆生气体膨胀推动下沿径向抛出，形成如图 6-1 所示的倒锥形爆破漏斗坑。

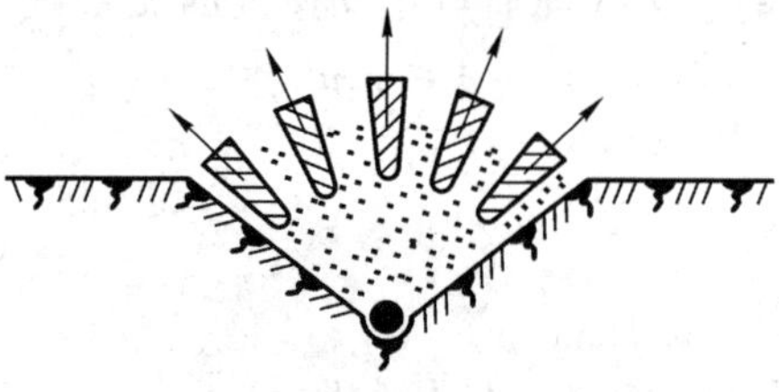

图 6-1 爆炸生成气体的膨胀作用

该理论的试验基础是早期用黑火药对岩石进行爆破漏斗试验中所发现的均匀分布、朝向自由面方向发展的辐射状裂隙。该理论称为静作用理论。

2. 应力波反射拉伸作用假设

该假设认为岩石的破坏主要是由于岩体中爆炸应力波在自由面反射后形成反射拉伸波的作用，其破坏形式是拉应力大于岩石的抗拉强度而被拉断。其实验基础是岩石杆件爆破试验(亦称为霍普金森杆件试验)和板件爆破试验。杆件爆破试验是用长条岩石杆件,在一端安放炸药爆炸,则靠炸药一端的岩石被炸碎,而另一端岩石也被拉断呈许多块段,杆件中间部分没有明显的破坏,如图 6-2 所示。板件爆破试验是在松香平板模型的中心钻一小孔,插入雷管引爆,除平板中心形成和装药内部作用相同的破坏外,在平板的边缘部分也形成了由自由面向中心发展的拉断区,如图 6-3 所示。

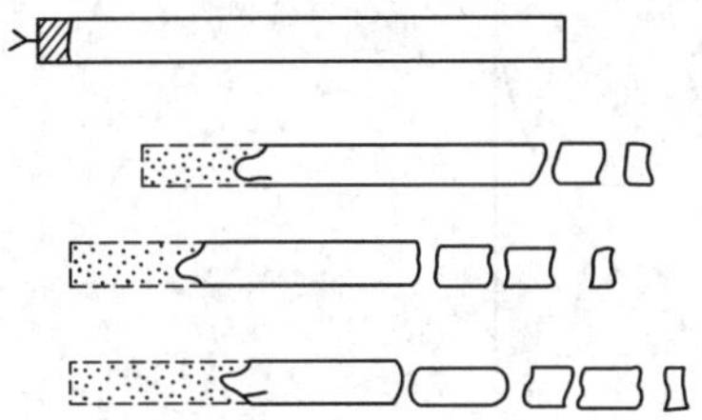

图 6-2　不同药量的岩石杆件爆破实验

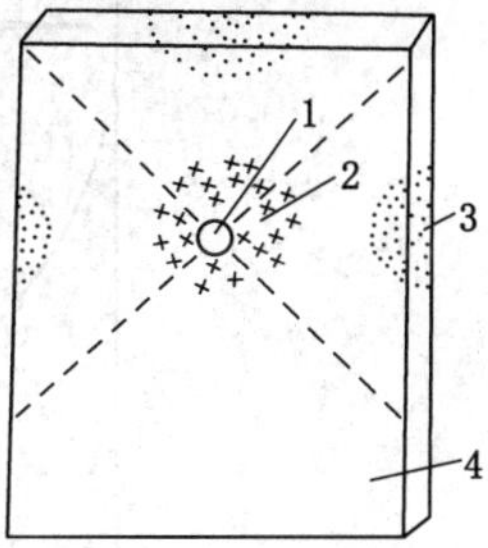

1—小孔;2—破碎区;3—拉伸区;4—振动区。

图 6-3　板件爆破试验

以上试验说明了应力波对岩石的拉伸破坏作用,这种理论称为动作用理论。

3. 爆生气体和应力波综合作用假设

该假设认为岩石的破坏是应力波和爆生气体共同作用的结果。这种假设综合考虑了冲击波和爆生气体在岩石破坏过程中所起的作用,更切合实际而为大多数研究者所接受。其观点如下:

爆轰波波阵面的压力和传播速度大大高于爆生气体产物的压力和传播速度。爆轰波首先作用于药包周围的岩壁,在岩石中激发形成冲击波并很快衰减为应力波。冲击波在药包附近岩石中产生"压碎"现象,应力波在压碎区域之外产生径向裂隙。随后爆生气体产物被"楔入"应力波作用下产生的裂隙中,使之继续延伸和扩展。当爆生气体的压力足够大时,爆生气体将推动破碎岩块做径向抛掷运动。对于不同性质的岩石和炸药,应力波与爆生气体的作用程度是不同的,在坚硬岩石、高猛炸药、耦合装药或装药不耦合系数较小的条件下,应力波的破坏作用是主要的;在松软岩石、低猛度炸药、装药不耦合系数较大的条件下,爆生气体的破坏作用是主要的。

6.2.2　单个药包的爆破作用

药包的爆破作用可分为两类:当药包在岩体中的埋置深度很大,其爆破作用达不到自由面时,这种爆破作用叫作爆破的内部作用,即在无限介质中的爆破作用;当药包在岩体中的埋置深度较浅,即爆破作用能到达自由面时,这种爆破作用叫作爆破的外部作用,即在半无限介质中的爆破作用。

1. 单个药包爆破的内部作用

当药包在无限介质中爆炸时,它在岩体中激起的冲击波强度随着传播距离的增加而迅速衰减,因此,它对岩体施加的作用也随之发生变化。如果将爆破后的岩体剖开,药包的内部作用依岩体的破坏特征,大致可分为压碎区、破裂区和震动区 3 个区域(图 6-4)。

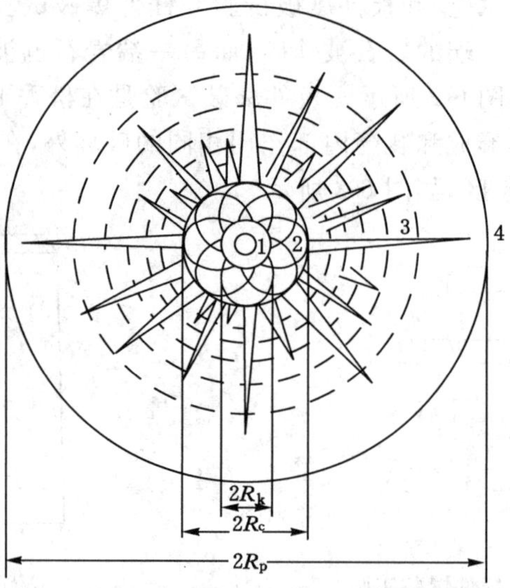

1—扩大空腔；2—压碎区；3—破裂区；4—震动区。

图 6-4　球形药包在岩体内的爆破作用

（1）压碎区

这个区域是直接与药包接触的岩石区域。当密闭在装药空间中的药包爆炸时，爆轰压力在数微秒内就迅速上升到几万甚至几十万个大气压，一般可达 5 000～10 000 MPa，并瞬间急剧冲击药包周围的岩石，在岩石中激发出冲击波，其强度远远超过了最坚硬岩石的动抗压强度。装药空间的岩壁受到强烈压缩而使装药空间扩大，形成扩大空腔，此时空腔岩壁由于压缩而形成一圈破碎带，这个扩大的空腔和破碎带统称为压碎区，如图 6-4 所示。对于大多数岩石来说，破碎带的岩石多被压碎成粉末，因此，破碎带又叫粉碎区。

由于粉碎区的岩石处于三轴受力状态，而在三轴受力状态下岩石的动抗压强度增大，压碎岩石时要消耗大量的爆炸能量，所以粉碎区的范围较小，其半径一般不超过药室半径的 2 倍。

（2）破裂区

当应力波通过压碎区后，继续向外层岩石传播。由于炸药包的爆炸能量大部分消耗于岩石的压碎区，同时随着应力波传播范围的不断扩大，使得岩石单位面积摊到的能量密度下降，因此传播到压碎区外围岩石中的应力波已经低于岩石动抗压强度，而不能再直接引起岩石的压碎破坏。但是，它可使压碎区外层的岩石遭到强烈的径向压缩，使岩石的质点产生径向位移，导致外围岩石层中产生径向扩张，而引起切向拉伸应变。如果这种切向拉伸应变所引起的拉伸应力值高于此处岩石动抗拉强度，那么在外围岩石层中便会产生径向裂隙。

爆炸压应力波通过压碎区外层岩石时，由于此处的岩石受到强烈的压缩而储蓄了一部分弹性变形能；当压应力波通过后，这部分能量就会释放出来，引起岩石质点的向心运动而产生径向拉伸应力。如果这个拉伸应力值高于岩石动抗压强度，就会在岩石中形成环状裂隙。

当然，爆生气体产物的高温、高压同样也会在岩石中引起压应力，但是由于高压气体作用于岩石的时间较长，可将这种加压视为一种静态或准静态的加载过程。这种准静态加载过程，同样也能使破裂区岩石产生径向裂隙和环状裂隙。因此，裂隙区的岩石在爆轰波和爆轰气体共同作用下，就形成相互交错的径向裂隙和环状裂隙，将此区域内的岩石分割成大大小小的碎块。把产生了径向裂隙和环状裂隙的区域称为破裂区。

(3) 震动区

在破裂区外围的岩体中，炸药包爆炸能量经过压碎区和破裂区的消耗和衰减，剩余的能量不能再造成破裂区域外围岩体的破坏，而只能引起它的质点产生弹性震动，直到该部分能量全部被岩体所吸收为止，因此，把这个区域称为震动区。

2. 单个药包爆破的外部作用

当球状药包的最小抵抗线小于临界抵抗线时，即药包不是在无限岩石中，而是在半无限岩石中爆炸时，它除了产生岩石内部的破坏作用以外，还会在自由面处产生外部破坏作用。也就是说，爆破作用不仅发生在岩石内部，还将引起自由面附近岩体产生破碎松动或抛掷作用，形成爆破漏斗，如图 6-5 所示。爆破的外部作用由于自由面的存在，使岩体的破坏特征不同于爆破内部作用。现仍以单个药包为例分析爆破的外部作用。

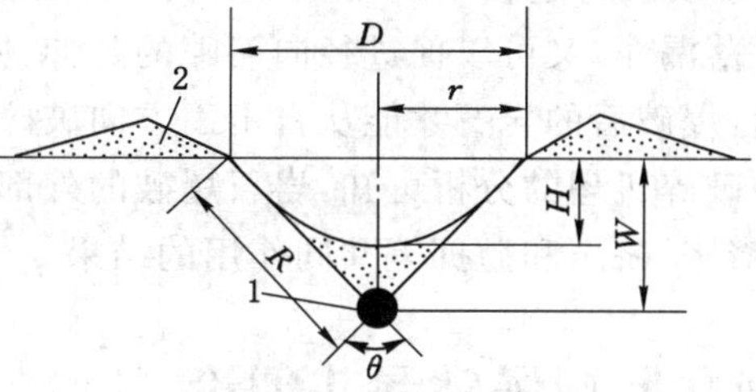

D—爆破漏斗直径；H—爆破漏斗可见深度；r—爆破漏斗半径；W—最小抵抗线；
R—漏斗作用半径；θ—爆破漏斗张开角；1—药包；2—爆堆。

图 6-5 爆破漏斗

(1) 反射拉伸应力波造成自由面岩石片落

炸药起爆后，岩石中产生的径向压缩应力波由爆源向外传播，遇到自由面时，由于自由面处两种介质的波阻抗不同，应力波将发生反射，形成与入射压缩应力波性质相反的拉伸应力波，并由自由面向爆源传播，使自由面处的岩石承受拉应力。由于岩石的抗拉强度远小于岩石的抗压强度，在反射波拉伸应力作用下，初始裂隙得到发展，如果这种拉伸应力足够大，可以导致自由面岩石产生“片落”，即产生霍普金森(Hopkinson)效应引起的破坏，该过程如图 6-6 所示。

(2) 反射拉伸波促进了径向裂纹的延伸

当反射拉伸应力波的强度减小到不足以引起岩石片落时，也还能在破碎岩石方面起到一定的作用。如图 6-7 所示，从自由面反射回来的拉伸应力波，使原先存在于径向裂隙梢上的应力场得到加强，故使径向裂隙继续向前延伸。当径向裂隙同反射应力波阵法线方向成 90°角时，反射拉伸效果最好。当交角为 θ 时，存在一个 $\sin\theta$ 方向的拉伸分量，促使径向裂隙进一步扩展和延伸。

(3) 自由面改变了岩石中的准静态应力场

自由面的存在改变了爆生气体膨胀压力形成的准静态应力场的应力分布和应力值的大小，使岩石更容易在自由面方向受到剪切破坏。爆破的外部作用和内部作用结合起来，造成了自由面附近岩石的漏斗状破坏。

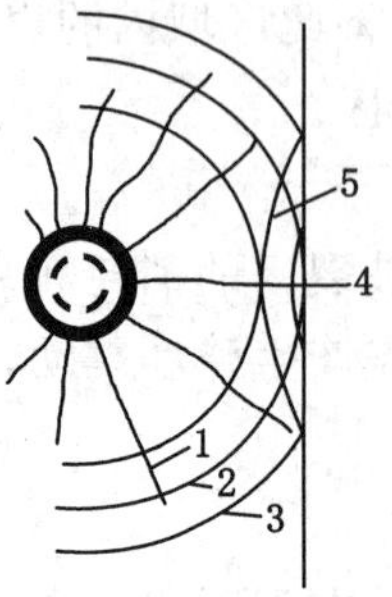

1—径向裂隙；2—环向裂隙；3—球状压缩波阵；
4—自由面；5—反射波阵面。

图 6-6　冲击波反射拉伸阶段

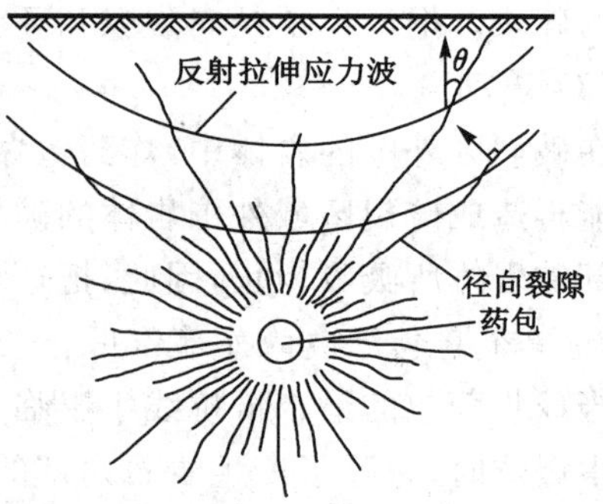

图 6-7　反射拉伸波促进径向裂隙的延伸

由此可见，自由面在爆破破坏过程中起着重要作用，它是形成爆破漏斗的重要因素之一。自由面既可以形成片落漏斗，又可以促进径向裂隙的延伸，并且还可以大大地减小岩石的夹制作用。有了自由面，爆破后的岩石才能从自由面方向破碎、移动和抛出。

通过以上对岩石爆破破碎机理的分析可知，岩石爆破的外部作用是爆炸应力波的压缩、拉伸、剪切和爆生气体的膨胀、挤压和抛掷等共同作用的结果。

6.3　爆破漏斗及利文斯顿爆破漏斗理论

6.3.1　爆破漏斗

以单一球形药包单一自由面为例，药量一定，当埋深小于临界抵抗线时，炸药爆炸会同时产生爆破的内部作用和外部作用，在自由面处会产生隆起的漏斗。

1. 爆破漏斗的形成过程

爆破漏斗是应力波和爆生气体共同作用的结果，一般过程如图 6-8 所示。

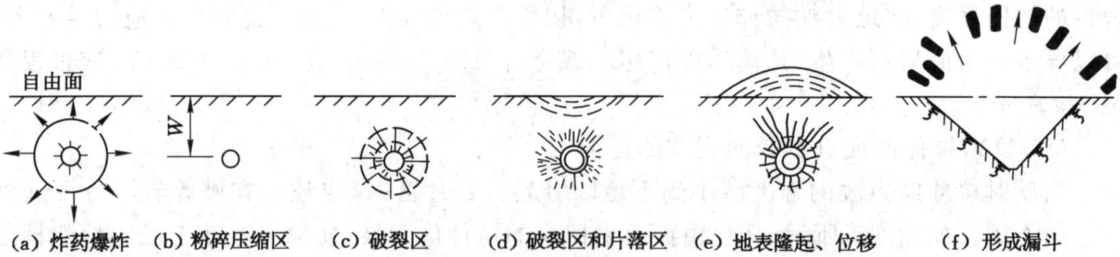

图 6-8　爆破漏斗形成过程示意图

(1) 压碎区的形成

炸药在均质坚固的岩体内爆炸时，将产生 2 000～3 000 ℃的高温和几万兆帕的高压，在岩体中形成冲击波和应力场，作用在药包周围的岩壁上，使药包附近的岩石或被挤压，或被击碎成粉粒，形成了压碎区（近区）。

(2) 破裂区(中区)的形成

当冲击波通过压碎区后,迅速衰减成应力波。岩体在应力波的作用下,岩石质点产生径向位移,构成径向压应力和切向拉应力的应力场。当切向拉应力大于岩石的动抗拉强度时,该处岩石被拉断,形成与粉碎区贯通的径向裂隙。径向裂隙在其后的高温高压爆生气体膨胀的气楔作用下,使径向裂隙不断向前扩展。

当应力波和爆生气体压缩周围岩体时,岩体将产生强烈的变形,存储了大量的变形能。随着时间的延续,应力波向前传播,爆生气体的压力也在不断下降,当这些压力下降到一定程度时,原先在药包周围的岩石被压缩过程中积蓄的弹性变形能释放出来,并转变为卸载波,形成向爆源方向传播的径向拉应力,当此拉应力大于岩石的动抗拉强度时,岩石将被拉断,形成环向裂隙。

在纵横交错的径向裂隙和环向裂隙的共同作用下,岩体将被切割成大大小小的碎块,形成了破裂区(中区)。

(3) 片落区的形成

当应力波向外传播到达自由面时,将产生反射拉伸应力波。当该拉应力大于岩石的动抗拉强度时,自由面处的岩石被拉断形成片落区。

(4) 爆破漏斗的形成

破裂区可能直接扩展到自由面处,也可能和片落区相衔接,使爆源与自由面之间的岩体形成连续的破碎带。与此同时,爆生气体的膨胀,将最小抵抗线方向已形成连续破碎带的岩石鼓起、破碎、抛掷,最终形成倒锥形的凹坑,此凹坑即称为爆破漏斗。

2. 爆破漏斗的几何参数

设一球状药包在单自由面条件下,爆破形成的爆破漏斗几何尺寸如图 6-5 所示。

其中最主要的几何参数(或几何要素)有以下几个:

(1) 最小抵抗线 W。装药中心到自由面的垂直距离,即药包的埋置深度,也就是倒圆锥的高度。

(2) 爆破漏斗半径 r。爆破漏斗底圆中心到该圆边上任意点的距离,即漏斗倒圆锥的底圆半径。

(3) 爆破作用半径 R。药包中心到爆破漏斗的底圆边缘上任意一点距离,即倒圆锥顶至底圆的长度。

(4) 爆破漏斗张开角(θ)。即为爆破漏斗的顶角。

(5) 可见深度 H。通过增加药量或减小最小抵抗线,爆破漏斗半径增大,被破碎的岩石碎块一部分被抛出爆破漏斗外形成爆堆,另一部分被抛出后又回落到爆破漏斗坑内。回落后爆破漏斗坑的最大可见深度 H 称为爆破漏斗可见深度,其值可用下式估算:

$$H=CW(2n-1) \tag{6-18}$$

式中 C——爆破介质影响系数,对于岩石,取 $C=0.33$;对于黏土,取 $C=0.45$。

(6) 爆破作用指数。在爆破工程中,经常应用爆破作用指数 n,它是爆破漏斗半径 r 与最小抵抗线 W 的比值,即:

$$n=\frac{r}{W} \tag{6-19}$$

3. 爆破漏斗的基本形式

(1) 标准抛掷爆破漏斗。其爆破作用指数 $n=1$,此时,$r=W$,漏斗的张开角为 90°,形成标准抛掷爆破漏斗[图 6-9(c)]。在确定不同种类岩石的单位炸药消耗量时,或者确定和比较不同炸药的爆炸性能时,常用标准抛掷爆破漏斗的容积作为检查的依据。

(2) 加强抛掷爆破漏斗。如图 6-9(d)所示,其爆破作用指数 $n>1$,此时,$r>W$,漏斗的张开角度大于 90°。当 $n>3$ 时,爆破漏斗的有效破坏范围并不随着装药量的增加而明显增大。实际上,此时炸药的能量主要消耗于破碎岩石的抛掷,因此,$n>3$ 已无实际意义。所以工程爆破中加强抛掷爆破漏斗的作用指数为 $1<n<3$。这是露天抛掷大爆破或定向抛掷爆破常用的形式。根据爆破具体要求,一般情况下取 $n=1.2\sim2.5$。

(3) 减弱抛掷爆破(加强松动)漏斗。如图 6-9(b)所示,其爆破作用指数 $0.75<n<1$,它是井巷掘进爆破常用的爆破漏斗形式。

(4) 松动爆破漏斗。如图 6-9(a)所示,其爆破漏斗内的岩石被破坏、松动,但并不抛出坑外,不形成可见的爆破漏斗。此时,$n\approx0.75$,它是城市拆除爆破常用的爆破漏斗形式。当 $n<0.75$ 时,不形成从药包中心到自由面的连续破坏,即不形成爆破漏斗。例如,工程爆破中常采用的扩壶爆破。

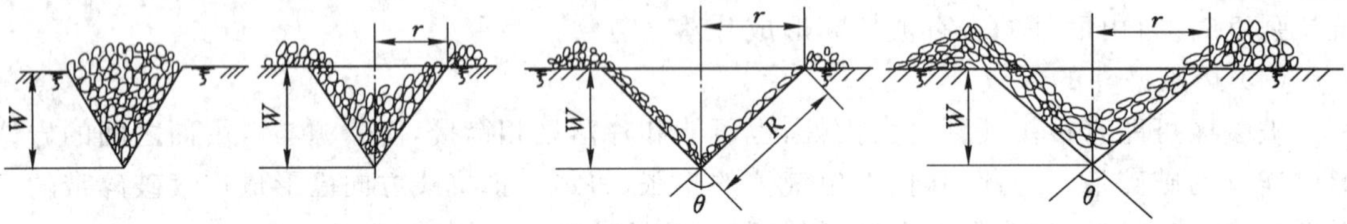

(a) 松动爆破漏斗 (b) 减弱抛掷爆破漏斗 (c) 标准抛掷爆破漏斗 (d) 加强抛掷爆破漏斗

图 6-9 爆破漏斗的类型

6.3.2 利文斯顿爆破漏斗理论

1. 利文斯顿爆破漏斗理论的实质

利文斯顿在各种岩石、不同药量、不同埋深的爆破漏斗试验的基础上,论证了炸药爆炸能量分配给药包周围岩石和空气的几种方式。1956 年他提出了以能量平衡为准则的岩石爆破破碎的爆破漏斗理论。该理论认为,炸药在岩体内爆炸时,传递给岩石能量的多少和速度的快慢,取决于岩石性质、炸药性能、药包质量、炸药埋置深度和起爆方式等因素。在岩石性质一定的条件下,爆破能量的多少取决于炸药质量的多少,爆炸能量的释放速度与炸药起爆的速度密切相关。炸药爆炸后,所释放的能量主要消耗在以下 4 个方面:

(1) 岩石的弹性变形;

(2) 岩石的破碎和破裂;

(3) 岩石的抛掷;

(4) 空气冲击波和对气体做功。

而炸药能量在以上 4 个方面的分配比例,又取决于炸药的埋置深度。

当岩石爆破条件(岩石条件、炸药条件)一定时,炸药埋置深度达到一定深度以后,炸药的爆破作用只限于岩体内部作用,其能量被岩体完全吸收,岩体表面质点只产生弹性变形,此时炸药埋深的上限称为临界深度(W_c)。这时炸药量与埋置深度有如下关系:

$$W_c = E_b Q_c^{1/3} \tag{6-20}$$

式中　Q_c——临界装药量，kg；

E_b——岩石的弹性变形能系数，$m/kg^{1/3}$；

W_c——药包临界埋置深度，m。

利文斯顿从能量的观点出发，阐明了岩石变形能系数 E_b 的物理意义。他认为，在一定炸药量的条件下，地表岩石开始破裂时，岩石可能吸收的最大能量为 E_b。超过其能量限度，岩石将破裂，因此 E_b 的大小是衡量岩石可爆破难易性的一个指标。

当岩石爆破条件（岩石条件、炸药条件）一定时，炸药埋置深度逐渐减小，地表岩石就开始破裂、隆起、破坏、抛掷，形成爆破漏斗。在爆破漏斗体积达到最大时，炸药能量得到充分利用，此时炸药的埋置深度称为最佳深度 W_0。

若继续减小埋置深度 W，这时炸药爆炸释放的能量传给岩石的比例减少，而传给空气的比例相对增加，即将有一部分能量用于抛掷岩石和形成空气冲击波。因此，在实际的岩石爆破中，可以通过改变埋置深度，也就是改变最小抵抗线，来调整或平衡炸药爆炸能量的分配比例，实现最佳的爆破效果。实际应用中，只要通过试验求出岩石的变形能系数 E_b 和最佳深度比 $\Delta_0\left(\Delta_0=\dfrac{W_0}{W_c}\right)$，就可得出合理装药量和埋置深度。

为便于分析，常采用比例爆破漏斗体积 V/Q（单位药量的爆破漏斗体积）、比例埋置深度 $W/\sqrt[3]{Q}$、比例爆破漏斗半径 $r/\sqrt[3]{Q}$ 和深度比 Δ 为研究对象。

利文斯顿爆破漏斗理论不仅表明了装药量和爆破漏斗的关系，同时还可依此来确定不同岩石的可爆性，比较不同品种炸药的爆破性能。

2. 爆破漏斗特性

利文斯顿提出了以能量平衡为准则的爆破漏斗理论之后，国外一些学者做了大量的工作。他们从实验室到生产现场，对不同性能炸药、药量、药包形式、埋深和难爆易爆岩石等不同条件进行了对比试验，用爆破漏斗特性曲线进一步确定了爆破漏斗的理论性和科学性，并证明了不同条件下爆破漏斗特性比较一致的爆破规律。

图 6-10 为花岗岩用含铝铵油炸药试验时得到的爆破漏斗曲线；图 6-11 为铁燧石用浆状炸药试验时得到的爆破漏斗曲线；图 6-12 为不同岩石的爆破漏斗试验曲线；图 6-13 为不同炸药的花岗岩爆破漏斗试验曲线。

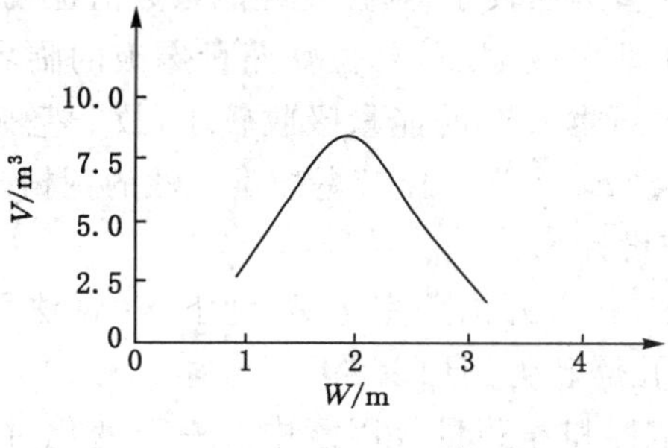

图 6-10　花岗岩爆破漏斗特性曲线

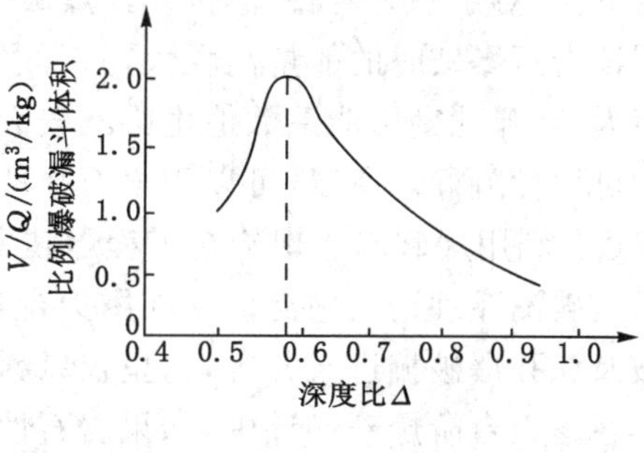

图 6-11　铁燧石爆破漏斗特性曲线

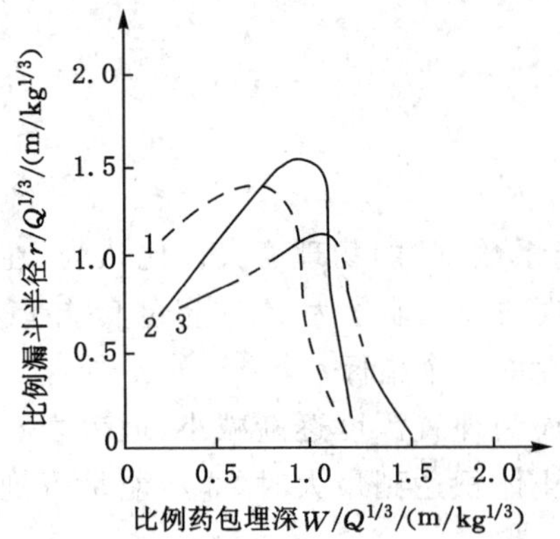

1—花岗岩；2—砂岩；3—泥岩。

图 6-12　不同岩石的爆破漏斗特性曲线

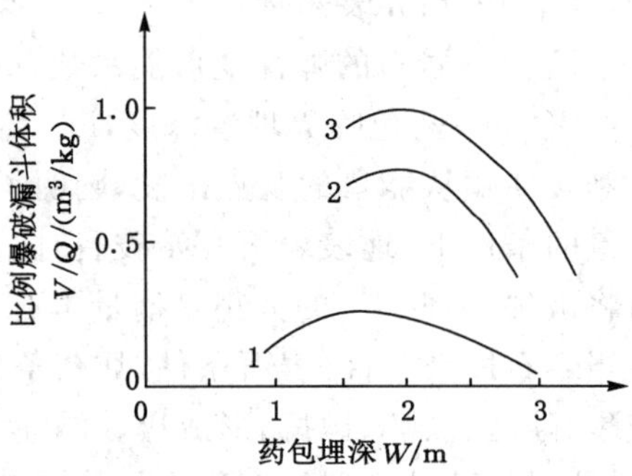

1—铵油炸药；2—浆状炸药；3—含铝浆状炸药。

图 6-13　不同炸药的花岗岩爆破漏斗特性曲线

3. 利文斯顿爆破漏斗理论的实际应用

爆破漏斗试验是利文斯顿爆破漏斗理论的基础。首先，根据爆破漏斗试验的有关数据可以合理选择爆破参数，提高爆破效率；其次，对不同成分的炸药进行爆破漏斗试验和对比分析，可为选用炸药提供依据；最后，利文斯顿的变形能系数可以作为岩石可爆性分级的参考判据。

(1) 改进炸药性能，研制新型炸药

用爆破漏斗试验可代替习惯沿用的铅铸测定爆力方法。根据利文斯顿爆破漏斗理论的基本公式(6-20)，在同种岩石中，炸药量一定，但炸药品种不同，进行爆破漏斗试验。炸药威力大，传给岩石的能量高，则其临界深度 W_c 值比较大；反之，炸药威力小，其临界深度也小。由于 W_c 值的不同，E_b 值也不一样，因此，可以对比各种不同品种炸药的爆炸性能。

(2) 用弹性变性能系数 E_b 评价岩石的可爆性

根据利文斯顿的基本公式(6-20)，在炸药品种和药量一定的条件下，根据炸药的临界埋深 W_c 可求出不同种类岩石的弹性变性能系数 E_b，即：

$$E_b = W_c / Q^{1/3}$$

当 $Q=1$ 时可以认为，单位质量炸药(如 1 kg)的弹性变性能系数 E_b 在数值上等于临界深度 W_c。对于坚韧岩石，单位炸药爆破的临界深度值必然较小，弹性变性能系数值也较小，说明该岩石爆破时的能量消耗大，其可爆性差；对于非坚韧岩石，单位炸药量爆破的临界深度值大，其弹性变性能系数值也必然较大，表明该岩石爆破时的能量吸收较小，故非坚韧岩石的可爆性就好。所以，可以用岩石弹性变形能系数 E_b 作为对比其爆破难易性的判据。

(3) 利用爆破漏斗理论在工程爆破中进行爆破设计

爆破漏斗理论被广泛应用在露天台阶深孔爆破、露天开沟药室爆破、地下 VCR 法采矿爆破及深孔爆破掘进天井等，这里仅以露天台阶深孔爆破为例加以说明。

在露天台阶爆破设计中，如果岩石性质、炸药品种和炸药量等因素中有一个变化时，可以根据其变化函数的关系，求得其余相应的爆破参数。

根据公式(6-20)和最佳深度比 $\Delta_0 = W_0 / W_c$ 之间的关系，可求得两种药量 Q_1、Q_2 下的最佳埋深分别为：

$$W_{01}=\Delta_0 E_b Q_1^{1/3} \tag{6-21}$$

$$W_{02}=\Delta_0 E_b Q_2^{1/3} \tag{6-22}$$

对于同种岩石，Δ_0、E_b 均为常数，因此，已知药量 Q_1 对应的最佳埋深 W_{01}，当药量增加或减少为 Q_2 时，则可求得此药量下的最佳埋深为：

$$W_{02}=\left(\frac{Q_2}{Q_1}\right)^{1/3} W_{01} \tag{6-23}$$

据此可求算出相应的孔距等其他爆破参数。

6.4　装药量计算原理

合理地确定炸药用量是爆破工程中极为重要的一项工作，它直接影响爆破效果、工程成本和爆破安全等。多年来，在合理确定炸药用量方面已有不少人做了大量的研究工作，但受岩石组成及其结构的多变性以及对岩石爆破破坏机理及其规律的掌握尚不完全的限制，精确计算装药量的问题至今尚未获得十分圆满的解决方案。工程实践中，工程技术人员更多的是在各种经验公式的基础上，结合实践经验来确定药量。

6.4.1　体积公式

1. 体积公式的计算原理

体积公式是根据爆破相似法则得出的，布若伯格根据实验结果指出，在均质岩石中爆破时，当装药的体积比例增大时，岩石爆破破碎的体积也将按比例增大，这就是岩石爆破的相似法则。也就是说，当一定炸药量和岩石性质条件下，爆破破碎岩石的体积与所用的装药量成正比。其形式为：

$$Q=qV \tag{6-24}$$

式中　Q——装药量，kg；

q——爆破单位体积岩石的炸药消耗量，kg/m^3；

V——被爆破的岩石体积，m^3。

2. 集中药包的药量计算

(1) 集中药包的标准抛掷爆破

根据体积公式的计算原理，对于采用单个集中药包进行的标准抛掷爆破，其装药量可按下式计算：

$$Q_b=q_b V \tag{6-25}$$

式中　Q_b——形成标准抛掷爆破漏斗的装药量，kg；

q_b——形成标准抛掷爆破漏斗的单位体积岩石的炸药消耗量，kg/m^3；

V——标准抛掷爆破漏斗的体积，m^3，其值为：

$$V=\frac{1}{3}\pi r^2 W \tag{6-26}$$

式中　r——爆破漏斗底圆半径，m；

W——最小抵抗线，m。

对于标准抛掷爆破漏斗，$n=r/W=1$，即 $r=W$，所以

$$V=\frac{1}{3}\pi W^2\cdot W=\frac{1}{3}\pi W^3\propto W^3 \tag{6-27}$$

所以集中药包标准抛掷爆破时装药量计算公式为：

$$Q_b=q_b W^3 \tag{6-28}$$

(2) 集中药包的非标准抛掷爆破

在岩石性质、炸药品种和药包埋置深度都不变的情况下，改变标准抛掷爆破的装药量，就得到了非标准抛掷爆破的装药量。当装药量小于标准抛掷爆破的装药量时，形成的爆破漏斗底圆半径变小，此时 $n<1$，为减弱抛掷爆破或松动爆破；当装药量大于标准抛掷爆破的装药量时，形成的爆破漏斗底圆半径变大，此时 $n>1$，为加强抛掷爆破。可见非标准抛掷爆破的装药量计算公式，即为爆破作用指数函数与标准抛掷爆破装药量的乘积，即：

$$Q=f(n)q_b W^3 \tag{6-29}$$

式中　$f(n)$——爆破作用指数函数。

$f(n)$具体的函数形式有多种，我国工程界应用较为广泛的是苏联学者鲍列斯阔夫提出的经验公式

$$f(n)=0.4+0.6n^3 \tag{6-30}$$

鲍列斯阔夫的爆破作用指数函数的经验公式适用于加强抛掷爆破装药量的计算。即集中药包加强抛掷爆破装药量的计算通式为：

$$Q_p=(0.4+0.6n^3)q_b W^3 \tag{6-31}$$

松动爆破漏斗的装药量大约为标准抛掷爆破漏斗装药量的 33%～55%，因此，松动爆破装药量更为合适的经验计算公式为：

$$Q=(0.33\sim0.55)q_b W^3 \tag{6-32}$$

岩石可爆性好时取小值，岩石可爆性差时取大值。

3. 柱状药包的装药量计算

柱状药包也称延长药包，是爆破工程中应用最为广泛的药包形式。根据药包延展方向与自由面之间的关系，可分为柱状药包垂直于自由面和柱状药包平行于自由面两种情况。

(1) 柱状药包垂直于自由面

柱状药包垂直于自由面的形式是浅眼爆破最常用的形式，如图 6-14 所示。这种情况下炸药爆炸时岩体的夹制作用最强，虽然仍能形成爆破漏斗，但易残留炮根。计算装药量时，仍按体积公式来计算。

$$Q=f(n)\cdot q_b W^3 \tag{6-33}$$

此时的最小抵抗线按下式计算：

$$W=l_2+\frac{1}{2}l_1 \tag{6-34}$$

其中　l_1——炮眼装药长度，m；

　　　l_2——炮孔的填塞长度，m。

(2) 柱状药包平行于自由面

穿孔爆破中很多属于柱状药包平行于自由面的情况。在这种情况下，爆破后形成的爆破漏斗是个“V”形横截面的爆破沟槽。设“V”形沟槽的开口宽度为 $2r$，沟槽深度 W，当 $r=W$ 时，$n=r/W=1$，称为标准抛掷爆破沟槽，如图 6-15 所示。根据体积公式，标准抛掷爆破

沟槽的装药量计算式为：

$$Q=q_bV=q_b\cdot\frac{1}{2}\cdot 2r\cdot W\cdot l=q_bW^2l \tag{6-35}$$

对于形成非标准抛掷爆破沟槽的情况，装药量的计算公式应考虑爆破作用指数的影响，于是非标准抛掷爆破沟槽的装药量计算公式为：

$$Q=f(n)\cdot q_bW^2l \tag{6-36}$$

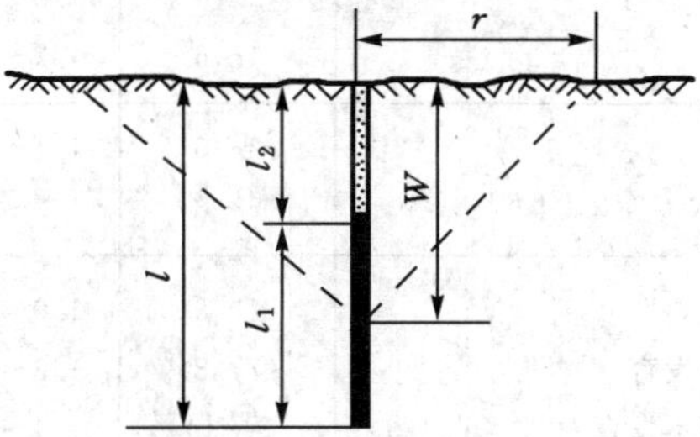

图 6-14　柱状药包垂直于自由面

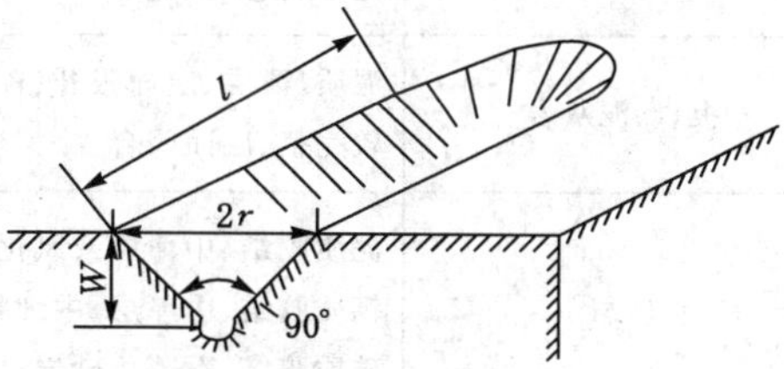

图 6-15　柱状药包平行于自由面

6.4.2　面积公式

体积公式不适用于只要求爆出一条窄缝的情况，如预裂爆破、光面爆破和切割爆破等。如若要计算此类爆破的装药量，就需要使用面积公式或其他计算公式。

面积计算公式以所需爆破切断面的面积为依据，根据爆破产生断面积与装药量成正比，确定其装药量。

$$Q=q_mA \tag{6-37}$$

式中　Q——装药量，kg；

A——爆破所需切割的面积，m^2；

q_m——破碎单位面积岩石所需的炸药量，kg/m^2。

与面积公式类似，还有线装药计算式

$$Q=q_sL \tag{6-38}$$

式中　L——爆破切割长度，m；

q_s——爆破破碎单位长度所需的炸药量，kg/m。

对于一些既需要破碎岩石，又要形成一定的切割面的特殊爆破，可采取面积-体积综合装药量公式进行计算。

$$Q=q_mA+q_bV \tag{6-39}$$

6.4.3　单位炸药消耗量的确定方法

单位炸药消耗量 q_b 是指单个集中药包形成标准抛掷爆破漏斗时，爆破每立方米岩石所消耗的 2 号岩石铵梯炸药的质量。确定单位炸药消耗量 q_b 的方法主要有以下几种。

1. 查表法

对于普通的岩土爆破工程，q_b 值可由表 6-2 查出。这些表都是对 2 号岩石铵梯炸药而言的，使用其他炸药时应乘以炸药换算系数 e，如表 6-3 所示。

表 6-2　各种岩石的单位炸药消耗量

岩石名称	岩体特征	f 值	q_b 值
各种土壤	松散的	<1.0	1.0～1.1
	坚硬的	1～2	1.1～1.2
土夹石	致密的	1～4	1.2～1.4
页岩、千枚岩	风化破碎	2～4	1.0～1.2
	完整、轻微风化	4～6	1.2～1.3
板岩、泥灰岩	泥质、薄层、层面张开、较破碎	3～5	1.1～1.3
	较完整、层面闭合	5～8	1.2～1.4
砂岩	泥质胶结、中薄层或风化破碎	4～6	1.0～1.2
	钙质胶结、中厚层、中细粒结构、裂隙不发育	7～8	1.3～1.4
	硅质胶结、石英质砂岩、厚层、节理裂隙不发育	9～14	1.4～1.7
砾岩	胶结较差、砾石以砂岩或不坚硬的岩石为主	5～8	1.2～1.4
	胶结好、以较坚硬的砾石组成、未风化	9～12	1.4～1.6
白云岩、大理岩	节理发育、较疏松破碎、裂隙度大于 4 条/m	5～8	1.2～1.4
	完整、坚硬	9～12	1.5～1.6
石灰岩	中薄层、含泥质、呈竹叶状结构、裂隙发育	6～8	1.3～1.4
	厚层、完整含硅质、致密	9～15	1.4～1.7
花岗岩	风化严重、节理裂隙发育、裂隙度大于 5 条/m	4～6	1.1～1.3
	风化较轻、节理裂隙不发育或未风化的伟晶、粗晶结构	7～12	1.3～1.6
	细晶质结构、未风化、完整致密	12～20	1.6～1.8
流纹岩、蛇纹岩	较破碎的	6～8	1.2～1.4
	完整的	9～12	1.5～1.7
片麻岩	片理或节理较发育	5～8	1.2～1.4
	完整坚硬	9～14	1.5～1.7
正长岩、闪长岩	较风化、整体性较差的	8～12	1.3～1.5
	未风化、完整致密的	12～18	1.6～1.8
石英岩	风化破碎、裂隙度大于 5 条/m	5～7	1.1～1.3
	中等坚硬、较完整的	8～14	1.4～1.6
	很坚硬、完整、致密的	14～20	1.7～2.0
安山岩、玄武岩	节理裂隙较发育的	7～12	1.3～1.5
	完整、坚硬、致密的	12～20	1.6～2.0
辉长岩、辉绿岩、橄榄岩	节理裂隙较为发育的	8～14	1.4～1.7
	很完整、很坚硬、致密的	14～25	1.8～2.1

表 6-3　常用炸药的换算系数 e 值

炸药名称	换算系数 e	炸药名称	换算系数 e
2 号岩石铵梯炸药	1.0	1 号岩石水胶炸药	0.75
2 号露天铵梯炸药	1.28～1.50	2 号岩石水胶炸药	1.00～1.23
2 号煤矿许用铵梯炸药	1.2～1.5	一、二级煤矿许用水胶炸药	1.20～1.45
4 号抗水岩石铵梯炸药	0.85～0.88	一、二级煤矿许用乳化炸药	1.20～1.45
梯恩梯炸药	0.75～0.94	1 号岩石乳化炸药	0.75～1.00
铵油炸药	1.00～1.33	2 号岩石乳化炸药	1.00～1.23
铵松蜡炸药	1.00～1.05	胶质硝化甘油炸药	0.80～0.89

2. 工程类比法

参照条件相似工程的单位炸药消耗量确定 q_b 值。在工程实际中，经常用工程类比法确定爆破参数，此时参数的选取与设计者的经验密切相关。

3. 采用标准爆破漏斗试验法

理论上形成标准抛掷爆破漏斗的装药量 Q 与其所爆落的岩体体积之比即为 q_b 的值。由于恰好爆出一个标准抛掷爆破漏斗是不容易的，因此，在试验中常根据式(6-30)计算 q_b 的值，即：

$$q_b = \frac{Q}{(0.4+0.6n^3)W^3} \tag{6-40}$$

试验时，应选择平坦地形，地质条件要与爆区一样，选取的最小抵抗线 W 应大于 1 m。根据最小抵抗线 W、装药量 Q 以及爆后实测的爆破漏斗底圆半径 r 计算 n 值，再代入式(6-40)计算 q_b 值。试验应进行多次，并根据各次的试验结果选取接近标准抛掷爆破漏斗的装药量。

6.5　影响爆破作用的主要因素

在爆破工程中，要想达到预期的爆破效果和不断提高爆破效率，必须对影响爆破的各种因素做出正确的分析，充分利用有利因素以达到高速、高效的爆破目的。然而，影响爆破作用的因素很多，本书主要就炸药性能、岩体特征、装药结构等三方面对爆破作用影响的共性问题进行讨论。

6.5.1　炸药性能对爆破作用的影响

在炸药的各种性能(物理性能、化学性能和爆炸性能)中，直接影响爆破作用及其效果的主要因素有：炸药密度、爆热、爆速、爆轰压力、爆炸压力、爆轰气体产物的体积以及爆炸能量利用率等。

1. 炸药密度、爆热和爆速的影响

无论是破碎还是抛掷岩石，都是靠炸药爆炸释放出的热能做功。增大爆热和炸药密度，都可以提高单位体积炸药的能量密度，同时也提高了爆速，爆速是炸药本身影响其能量有效利用的一个重要指标。不同爆速的炸药在岩体内爆炸所激起的应力波参数不同，从而对岩石爆破作用及其效果有着显著的影响。若炸药密度和爆热相同，提高爆速可以增大应力波的应力峰值，增大了炸药爆炸的动作用，但相应地减小了它的作用时间。爆破岩石时，其内裂隙的发展不仅取决于应力峰值，而且与应力波形、应力作用时间有关。

2. 爆轰压力和爆炸压力的影响

爆轰压力是指炸药爆轰时爆轰波波阵面中C－J面上的压力。当爆轰波传到炮孔孔壁时，在孔壁的岩石中会激发出强烈的冲击波，这种冲击波在岩石中传播会引起岩石粉碎和破裂，它为整个岩石破碎创造了先决条件。一般来说，爆轰压力越高，在岩石中激发的冲击波的初始峰值压力和引起的应力以及应变也越大，越有利于岩石的破裂，尤其是对于爆破坚硬致密的岩石来说更是如此。但并不是对所有岩石来说，爆轰压力越高越好，对某些岩石来说爆轰压力过高将会造成炮孔周围岩石的过度粉碎，浪费了能量。另外爆轰压力越高，冲击波对岩石的作用时间越短，冲击波的能量利用率低而且造成岩石破碎不均匀。因此，必须根据岩石的性质和工程的要求来合理选配炸药的品种。由于爆轰压力与炸药密度的一次方和爆速平方的乘积成正比关系，因此在爆破坚硬致密的岩石时，应选用密度大和爆速较高的炸药。

爆炸压力又称炮孔压力，它是爆轰气体产物膨胀作用在孔壁上的压力，它是影响岩石破碎效果的决定性因素。在爆破破碎过程中，爆炸压力对岩石起胀裂、推移和抛掷作用。一般说来，爆炸压力越高，说明爆轰产物中含有的能量越大，对岩石的胀裂、推移和抛掷的作用越强烈。

在整个爆破过程中，冲击波的作用超前于爆轰气体产物的膨胀作用，冲击波在岩体中造成的破裂与变形，为爆炸压力的胀裂作用创造了有利条件。但是，炸药的爆轰反应时间极为短促，往往在岩石破碎尚未完成以前就结束了，爆轰压力起作用的时间远短于爆炸压力作用的时间，因此，爆炸压力对岩石的破碎和能量的有效利用起到至关重要的作用。

爆炸压力的大小取决于炸药的爆热、爆温和爆轰气体的体积。而爆炸压力作用的时间除与炸药本身的性能有关以外，还与爆破时炮泥的堵塞质量有关。因此在工程爆破中除了针对岩石性能和爆破目的，选用性能相适应的炸药品种外，还应注意堵塞质量。

6.5.2 岩石条件对爆破作用的影响

岩石是爆破的直接对象，它是影响爆破作用和效果的自然因素，主要包括岩石的结构、构造及其物理力学性质。

炸药爆炸对岩石的爆破作用主要有两个方面，一是克服岩石颗粒之间的黏聚力，使岩石内部结构破裂，产生新鲜断裂面；二是使岩石原生的裂隙扩张而破坏。前者取决于岩石本身的坚固程度，后者则受岩石的裂隙性所控制。因此，岩石的坚固性和岩石的裂隙性是影响岩石爆破作用最根本的影响因素。

1. 岩石波阻抗的影响

炸药与岩石的匹配对爆破效果有着很大的影响。为了提高炸药能量的有效利用率，炸药的波阻抗应尽量与所爆破岩石的波阻抗相匹配。根据波阻抗匹配理论，当炸药的波阻抗值($\rho_e D$)与岩石的波阻抗值(ρc)相等时，爆炸波能量完全传入岩体内，从而达到最大限度破碎岩石的目的。一般用波阻抗匹配系数 k 表示炸药与岩石的匹配条件，其表达式为：

$$k=\frac{\rho_e D}{\rho c} \tag{6-41}$$

从上式可以看出，岩石的密度越高、完整性程度越好，波速也就越大，其波阻抗也越大，因此，需选用波阻抗大的炸药，即选用高密度、高爆速的炸药。

2. 裂隙和结构面的影响

岩体的裂隙性，不但包括岩石生成当时和生成以后的地质作用所产生的原生裂隙，而且包括受生产施工、周期性连续爆破作用所产生的次生裂隙。它们包括断层、节理、层理、解理、不同岩层的接触面、裂隙等弱面。这些弱面对于爆破的影响有两重性：一方面，弱面可能导致爆生气体和压力的泄漏，降低爆破能的作用，影响爆破效果；另一方面，这些弱面破坏了岩体的完整性，易于从弱面破裂、崩落，而且弱面又增加了爆破应力波的反射作用，有利于岩石的破碎。当岩体本身包含着许多尺寸超过生产矿山所规定的大块(不合格大块)的结构尺寸时，只有直接靠近药包的小部分岩石得到充分破碎，而离开药包一定距离的大部分岩石，由于已被原生或次生裂隙所切割，在爆破过程中，没有得到充分破碎，在爆破震动或爆生气体的推力作用下，脱离岩体、移动、抛掷成大块。这就是裂隙性岩石有的易于爆破破碎，有的则易于产生大块的两重性。风化作用瓦解岩石各组分之间的联系，因此，风化严重的岩石，易于爆破破碎。

6.5.3 自由面对爆破效果的影响

自由面在爆破中的作用非常重要，增加自由面的个数可以明显改善爆破效果的同时，还能显著降低炸药消耗量。总的来说，自由面对爆破效果影响的作用机理归纳起来有以下几点：

(1) 反射应力波。当爆炸应力波遇到自由面时发生反射，压缩应力波变为拉伸波，引起岩石的片落和径向裂隙的延伸。

(2) 改变岩石的应力状态及强度极限。在无限介质中，岩石处于三向应力状态，而自由面附近的岩石则处于单向或双向应力状态。故自由面附近的岩石强度接近岩石单轴抗拉或抗压强度，远低于无限介质中岩石承受爆破作用时相应的强度。

(3) 自由面垂直于最小抵抗线，应力波抵达自由面后，在自由面附近的介质运动因阻力减小而加速，随后到的爆生气体进一步向自由面方向运动，使自由面形成鼓包，最后被破碎、抛掷。

(4) 自由面的存在有利于岩石破碎。其中，自由面的大小和数目对爆破作用效果的影响更为明显。自由面小和自由面的个数少，爆破作用受到的夹制作用大，爆破困难，单位炸药消耗量高。

目前爆破工程领域流行的大孔距小抵抗线爆破，正是充分利用了自由面对爆破效果的影响作用，通过调整孔间起爆顺序，人为地造成每个炮孔拥有多个自由面的有利条件，从而改善爆破效果。

6.5.4 爆破工艺对爆破作用的影响

钻眼爆破中装药结构对爆破效果的影响很大。根据炮眼内药卷与炮眼、药卷与药卷之间的关系以及起爆位置，常见装药结构可以分为以下几种：

(1) 按药卷与炮眼的径向关系分为耦合装药和不耦合装药。耦合装药即药卷直径与炮眼直径相等;不耦合装药即药卷直径与炮眼直径不相等,在径向有间隙,间隙内可以是空气或其他缓冲材料。

(2) 按药卷与药卷在炮眼轴向的关系分为连续装药和间隔装药。连续装药即各药卷之间在炮眼轴向紧密接触;间隔装药即药卷或药卷组之间在炮眼轴向存在一定长度的空隙,空隙内可以是空气、炮泥、木垫或其他材料。

1. 不耦合装药对爆破效果的影响

不耦合装药时,药卷直径比炮孔直径小。炮孔直径与装药直径之比称为不耦合系数。理论和实践研究表明,装药结构的改变可以引起炸药在炮孔方向的能量分布的改变,从而影响爆炸能量的有效利用率。在一定的岩石和炸药条件下,采用不耦合装药或空气间隔装药可以增加炸药用于破碎或抛掷岩石能量的比例,提高炸药能量的有效利用率;改善岩石破碎的均匀度,降低大块率,提高装岩效率;还能降低炸药消耗量,有效保护围岩免遭过度破坏。

空气间隔装药的优点主要有:

(1) 降低了爆破作用在孔壁上的冲击压力峰值。若冲击压力过高,在岩体内激起的应力使炮孔周围产生过度的粉碎,就会消耗大量能量,影响粉碎区以外岩石的破碎效果。

(2) 间隔装药增加了应力波的作用时间。通过实验证实,空气间隔装药激起的应力波峰值减小,应力波作用时间增大,应力变化比较平缓。

(3) 增大了应力波传给岩石的冲量,使冲量沿炮孔较均匀分布。

2. 堵塞对爆破效果的影响

堵塞就是针对不同的爆破方法采用炮泥或其他堵塞材料,将装药孔填实,隔断炸药与外界的联系。堵塞物的作用主要有:

(1) 保证炸药充分反应,使之产生最大热量,防止炸药不完全爆轰。

(2) 加强了炮孔中的炸药爆轰时的约束作用,阻止高温高压的爆轰气体过早逸散,使炮孔在相对较长的时间内保持高压状态,提高了炸药的热效率,使更多的热能转变为机械功。

(3) 在有瓦斯和煤尘爆炸危险的工作面内,除了降低爆轰气体逸出自由面的温度和压力外,堵塞还能阻止灼热固体颗粒从炮孔飞出,有利于安全。

3. 起爆药包位置对爆破效果的影响

起爆药包放在什么位置,决定药包爆轰波传播方向和应力波以及岩石破裂的发展方向。起爆用的雷管或起爆药柱在药包中的位置称为起爆点。在钻眼爆破中,根据起爆点在装药中的位置和数目,将起爆方式分为正向起爆、反向起爆和多点起爆。

单点起爆时,如果起爆点位于装药靠近炮孔孔口的一端,爆轰波传播向炮孔底部方向,称为正向起爆,如图 6-16(a)所示。反之,当起爆点位于装药靠近炮孔孔底的一端,爆轰波从孔底传至孔口方向,称为反向起爆,如图 6-16(b)所示。当在同一个炮孔内设置一个以上的起爆点称为多点起爆。沿装药全长敷设导爆索起爆,是多点起爆的一个极端形式。

在深孔爆破中,单点起爆时,由于起爆点位置不同,爆炸应力波在岩体中传播引起的应力场几何形状也不一样,它主要取决于爆轰波速度 D 与岩体中应力波传播速度 c_p 的比值。若 $\frac{D}{c_p}>1$,形成的应力场具有圆锥形状,如图 6-16 所示;若 $\frac{D}{c_p}<1$,则应力场为球形。

正向起爆时,在装药爆轰未结束前,由于起爆点 A 产生的应力波到达上自由面后,产生

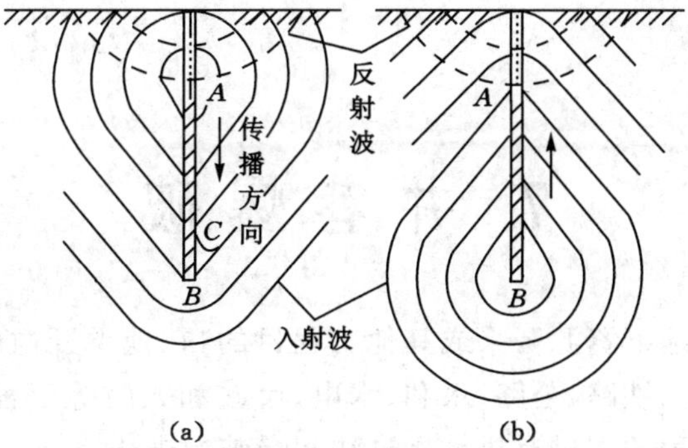

图 6-16　爆轰波传播方向示意图

向岩体内部传播的反射波可能越过 A 点，此时反射波产生的裂隙将使炮眼内爆生气体迅速逸出，导致炮眼下部岩石受力降低，破碎范围减小，也将造成炮眼利用率的降低。反向起爆时，爆轰由 B 点向 A 点传播，爆轰产物在炮眼底部存留的时间较长，若 $c_p > D$，由炮眼底部产生的应力波超前于爆轰波的传播，能加强炮眼上部应力波的作用。因此，反向起爆不仅能提高炮眼利用率，而且也能加强岩石的破碎，降低大块率。

无论是正向起爆还是反向起爆，岩体内的应力场分布都是很不均匀的，但若相邻炮孔分别采用正、反向起爆，就能改善这种情况。

实践表明，在有瓦斯和煤尘爆炸危险的环境中进行爆破作业时，采用反向起爆比正向起爆更为安全。

复习思考题

1. 何为岩石的波阻抗？其物理意义是什么？
2. 岩石爆破破碎机理有哪几种假设？你倾向于哪一种？
3. 什么是单个药包爆破的内部作用和外部作用？
4. 什么叫爆破漏斗？试述其形成过程。
5. 试分析岩石爆破径向裂隙的形成机理。
6. 试分析正向装药与反向装药的优缺点。
7. 解释下列术语：

(1) 最小抵抗线。

(2) 爆破作用指数。

(3) 单位炸药消耗量。

(4) 密集系数。

(5) 最佳深度。

(6) 最佳深度比。

(7) 临界深度。

7 井巷爆破

井巷工程是指进行地下资源开采或其他工程目的，在地下开凿的各类通道和硐室的总称，它被广泛应用于矿山、铁路、公路、水利、水电、市政和人防等工程中，在国民经济建设中起着重要作用。井巷工程的掘进有机械掘进法和爆破掘进法之分。

机械掘进法在适宜的条件下具有速度快、对环境影响小和控制超欠挖比爆破方法好等优点，在一些情况下已取代了爆破开挖的方法。但是机械掘进法也存在不可避免的缺点，如在岩性变化比较大的岩层或比较短的巷道中掘进时，其速度和效率较低，机械的投资较高，装卸时间较长，维修费用较大，掘进成本较大等。正是由于这些缺点，在大断面隧道和岩性变化较大的矿山巷道掘进中，爆破掘进法仍有广泛的应用。

爆破掘进法是以钻眼、爆破工序为主，配以机械装运出渣，完成井巷或隧道施工的方法，是建设井巷、隧道的主要工序。爆破的成败直接关系到围岩的稳定及后续工序的正常进行和施工速度，合理布置工作面上的炮眼和正确确定爆破参数，是取得良好爆破效果和加快掘进速度的重要保障。

井巷爆破包括平巷掘进爆破、井筒掘进爆破、隧道掘进爆破和硐室开挖爆破等。井巷工程爆破一般采用小孔径的钻眼爆破法，其钻眼、装药、堵塞、爆破等施工操作具有以下特点：

(1) 由于施工受潮湿空气、照明、通风、噪声和粉尘等因素的影响，使得钻眼爆破作业的条件差；加之它与支护、出渣、运输等工序交替进行，致使爆破工作场所非常拥挤，增加了爆破的施工难度。

(2) 爆破临空面少，岩石的夹制作用较强，炸药消耗量大，爆破效率较低。

(3) 对钻眼爆破质量要求较高。要使巷道、隧道方向正确，且要满足精度要求；其断面爆破后达到设计要求，超欠挖量不能过大；爆破时要求对支架、风管、水管、电路等施工设施和设备进行保护；爆破块度要均匀，爆堆要集中，便于矸石装运效率的提高。

(4) 对于矿山主运大巷或隧道其断面一般较大，造价较高，服务年限长，维修和养护时常需中断、停止巷道、隧道的使用，这对生产与运营不利，因此，在施工时必须保证良好的工程质量。

(5) 爆破时尽量减少对围岩的损伤，提高围岩的稳定性和自承能力，减少支护工作量，降低生产成本和材料消耗。

下面主要就水平巷道的爆破工艺及其具体要求做详细介绍，而对硐室、井筒等工程的爆破只做简要介绍。

7.1 平巷掘进爆破

7.1.1 工作面炮眼的分类及其作用

1. 炮眼的分类

掘进工作面的炮眼按其位置和作用可分为掏槽眼、辅助眼、崩落眼及周边眼。

2. 各类炮眼的作用

(1) 掏槽眼。针对井巷工程爆破只有一个临空面的特点，为了提高爆破效果，宜先在开挖断面的适当位置(一般在中央偏下部)布置几个装药量较多的炮孔，即为掏槽眼。它的主要作用是先在开挖面上爆出一个槽腔，为后续炮眼的爆破提供自由面和补偿空间。

(2) 辅助眼。一般布置在掏槽眼和崩落眼之间，用来进一步扩大槽腔体积和自由面积。

(3) 崩落眼。是破碎岩石的主要炮眼，在掏槽眼和辅助眼爆破形成槽腔和自由面的基础上大面积破碎岩石。

(4) 周边眼。沿井筒、巷道或隧道掘进断面周边布置的炮眼称为周边眼，按其所在位置的不同，又可分为顶眼、帮眼和底眼。它们的作用是控制爆破后巷道的形状、大小和轮廓，使之符合设计要求，并尽量减少对围岩的损伤，同时底眼具有抛出岩石和控制爆堆形状的作用。

爆破的关键是掏槽眼与周边眼的爆破，掏槽眼爆破为辅助眼、崩落眼和周边眼的爆破创造了有利条件，直接影响循环进尺和掘进效果；周边眼关系到开挖边界的超欠挖和周边围岩的稳定性。

各类炮眼的分布位置如图 7-1 所示。

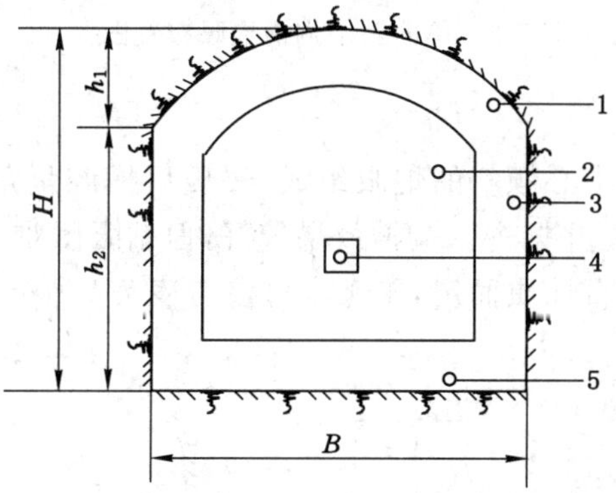

1—顶眼；2—崩落眼；3—帮眼；4—掏槽眼；5—底眼；
h_1—拱高；h_2—墙高；H—掘进高度；B—掘进宽度。

图 7-1 各类炮眼的分布位置图

7.1.2 掏槽爆破

在平巷的开挖过程中，掘进工作面上需要首先爆破形成一个适当的空腔，为周围岩石的爆破提供新的自由面和膨胀的空间，这种形成空腔的爆破通常称为掏槽爆破。

掏槽爆破时只有一个自由面，岩石破碎非常困难，而掏槽的好坏又直接影响了其他炮眼的爆破效果，它是隧洞和巷道爆破掘进的关键。掏槽爆破炮眼布置有许多不同的形式，归纳起来可分为斜眼掏槽、直眼掏槽和混合掏槽。

1. 斜眼掏槽

掏槽眼与自由面（掘进工作面）倾斜成一定角度的掏槽，即为斜眼掏槽。常用的主要有以下几种形式：

（1）单向斜眼掏槽

单向斜眼掏槽由数个炮眼向同一方向倾斜组成。适用于中硬以下（$f<4$）具有层、节理或软夹层的岩层掏槽爆破。可根据自然弱面赋存条件分别采用顶部、底部和侧部掏槽，掏槽眼的角度可根据岩石的可爆性确定，一般取 45°～65°，间距在 30～60 cm 范围内。其炮眼布置如图 7-2 所示。

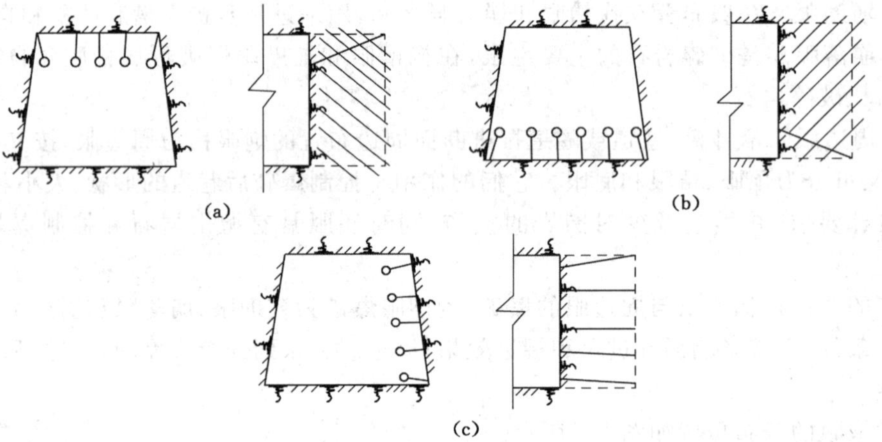

图 7-2　单向斜眼掏槽炮眼布置图

（2）锥形掏槽

锥形掏槽由数个共同向中心倾斜的炮眼组成，爆破后槽腔呈角锥形状。锥形掏槽适用于 $f>8$ 的坚韧岩石巷道和立井掘进。掏槽效果较好，但钻眼困难。其炮眼布置如图 7-3 所示。锥形掏槽有关参数视岩石性质而定，施工中可参考表 7-1 所列数据选取。

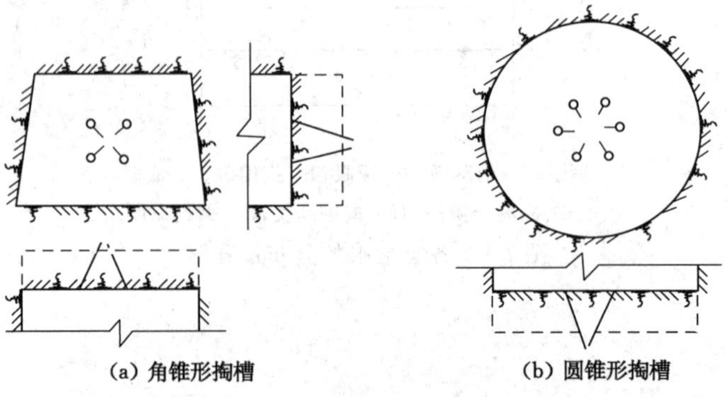

(a) 角锥形掏槽　　(b) 圆锥形掏槽

图 7-3　锥形掏槽炮眼布置图

表 7-1 锥形掏槽炮眼有关参数取值

岩石坚固性系数 f	炮眼倾角/(°)	相邻炮眼距离/m	
		孔口距离	孔底距离
2～6	75～70	1.00～0.90	0.40
6～8	70～68	0.90～0.85	0.30
8～10	68～65	0.85～0.80	0.20
10～13	65～63	0.80～0.70	0.20
13～16	63～60	0.70～0.60	0.15
16～18	60～58	0.60～0.50	0.10
18～20	58～55	0.50～0.40	0.10

(3) 楔形掏槽

楔形掏槽由多对(一般为 2～4 对)对称的相向倾斜的炮眼组成,爆破后形成楔形的槽腔。适用于各种岩层,特别是中硬以上的稳定岩层。炮眼底部两眼相距 0.2～0.3 m,炮眼与工作面相交角度通常为 60°～75°,水平楔形打眼比较困难,适用于层节理比较发育的岩层。双楔形掏槽适用于岩石特别坚硬,难爆或眼深超过 2 m 时,也叫复合掏槽。楔形掏槽炮眼布置如图 7-4 所示。楔形掏槽炮眼参数根据岩石性质而定,其参数取值范围如表 7-2 所示。

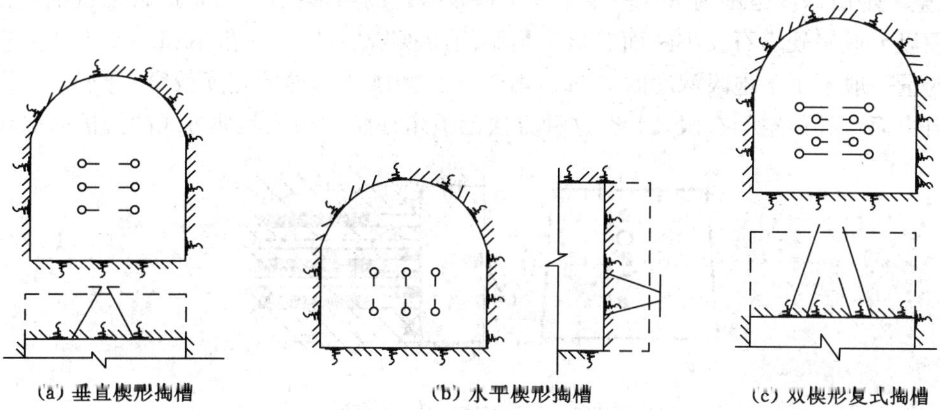

图 7-4 楔形掏槽炮眼布置图

表 7-2 楔形掏槽的主要参数

岩石坚固性系数 f	炮眼与工作面交角/(°)	两排炮眼眼口距离/m	炮眼数目
2～6	75～70	0.60～0.50	4
6～8	70～65	0.50～0.40	4～6
8～10	65～63	0.40～0.35	6
10～12	63～60	0.35～0.30	6
12～16	60～58	0.30～0.20	6
16～20	58～55	0.20	6～8

(4) 扇形掏槽

扇形掏槽即各槽眼的角度和深度不同,主要适用于煤层、半煤岩或有软夹层的岩石。此种掏槽需要多段延期雷管顺序起爆各掏槽眼,逐渐加深槽腔。其炮眼布置如图 7-5 所示。

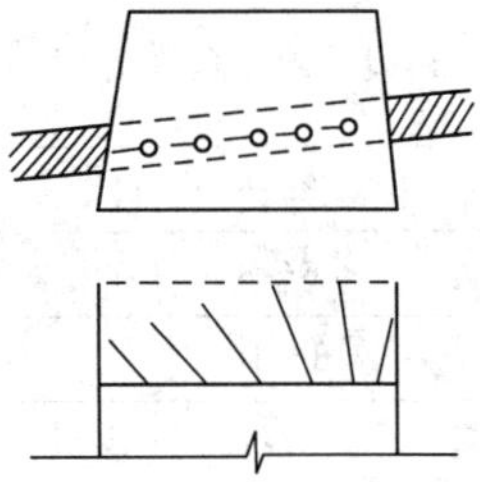

图 7-5　扇形掏槽炮眼布置图

(5) 斜眼掏槽的优缺点

① 斜眼掏槽的优点:a. 适用于各种岩层并能获得较好的掏槽效果;b. 所需掏槽眼数目较少,单位耗药量小于直眼掏槽;c. 槽眼位置和倾角的精确度对掏槽效果的影响较小。

② 斜眼掏槽的缺点:a. 钻眼方向难以掌握,要求钻眼工具有熟练的技术水平;b. 炮眼深度受巷道断面的限制,尤其在小断面巷道中更为突出;c. 全断面巷道爆破下岩石的抛掷距离较大,爆堆分散,容易损坏设备和支护,尤其是掏槽眼角度不对称时。

2. 直眼掏槽

直眼掏槽的特点是所有炮眼都垂直于工作面且相互平行,距离较近,其中有一个或几个不装药的空眼。空眼的作用是给装药炮眼创造自由面并给破碎岩石提供膨胀(补偿)空间。

直眼掏槽常用的主要有以下几种形式:

(1) 缝隙掏槽或龟裂掏槽

它的掏槽眼布置在一条直线上且相互平行,如图 7-6 所示。隔眼装药,各眼同时起爆。爆破后,在整个炮眼深度范围内形成一条稍大于炮眼直径的条形槽口,为辅助眼创造临空面。适用于中硬以上或坚硬岩石及小断面巷道。炮眼间距视岩层性质,一般取$(1\sim2)d$(d 为空眼直径),装药量一般不小于炮眼深度的 70%。由于缝隙掏槽法的槽腔宽度较窄,为辅助眼爆破所提供的自由面和补偿空间有限,因此,这种方法已被角柱状掏槽或其他方式的掏槽所取代。

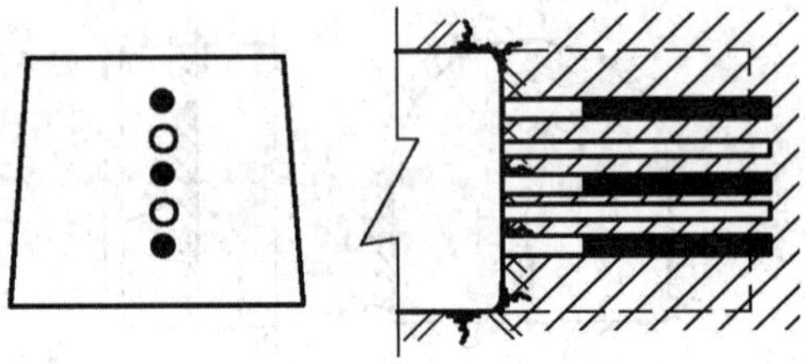

图 7-6　缝隙掏槽炮眼布置图

(2) 角柱状掏槽

角柱状掏槽的掏槽眼可按图 7-7 所示的几何形状布置,使形成的槽腔呈角柱体或圆柱体,所以又称为桶状掏槽。装药眼和空眼数目及其相互位置与间距是根据岩石性质和巷道断面来确定的,空眼直径可以采用等于或大于装药眼的直径。大直径空眼可以形成较大的人工自由面和补偿空间,眼的间距可以扩大。此种方法掏槽的槽腔较大,爆破效率高。

(3) 螺旋掏槽

螺旋掏槽是由桶形掏槽发展而来的。其特点是所有装药眼围绕中心空眼呈螺旋状布置,并从距空眼最近的炮眼开始顺序起爆,充分利用自由面,使槽腔逐步扩大,其炮眼布置及扩槽原理如图 7-8 所示。此种掏槽方法在实践中取得了较好的效果。其优点是可以用较少

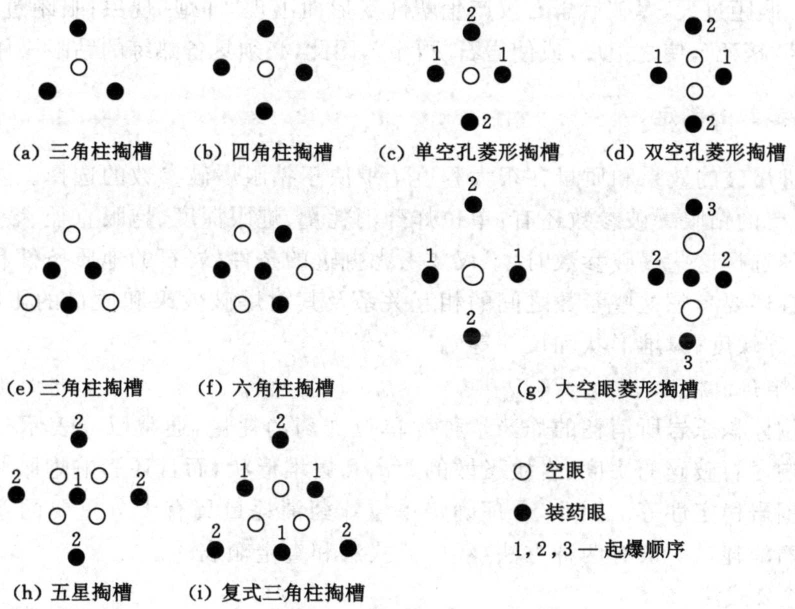

图 7-7 角柱状掏槽眼的布置方式

的炮眼和炸药获得较大体积的槽腔。各后续起爆的装药眼,易于将碎石从腔内抛出。空眼距各装药眼的距离可依次取空眼直径的 1～1.8 倍、2～3 倍、3～4.5 倍、4～4.5 倍等。当遇到特别难爆的岩石时,可以增加 1～2 个空眼。为使槽腔内岩石抛出,有时将空眼加深 300～400 mm,在底部装入适量炸药,并使之最后起爆,这样可以将槽腔内的碎石抛出。装药眼的装药量系数一般约为 0.7。

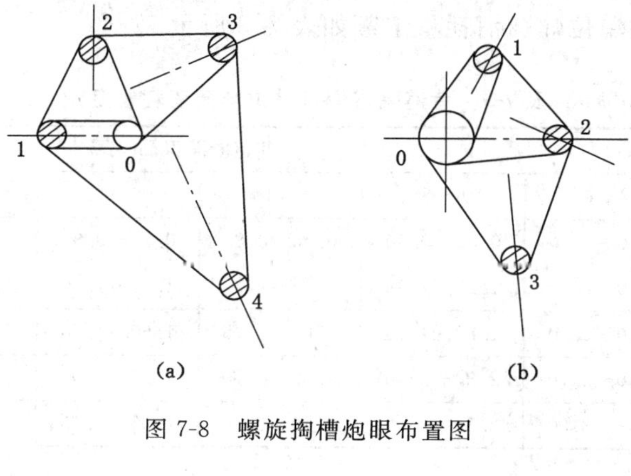

图 7-8 螺旋掏槽炮眼布置图

(4) 直眼掏槽的优缺点

① 直眼掏槽的优点:a. 易于钻眼机械化和多台钻机同时作业;b. 炮眼深度不受巷道断面限制,可以实现中深孔爆破,当炮眼深度改变时,掏槽布置可不变,只需调整装药量即可;c. 全断面爆破下岩石的抛掷距离较近,爆堆集中,不易崩坏井筒或巷道内的设备和支架。

② 直眼掏槽的缺点:a. 需要较多的炮眼数目和较多的炸药;b. 炮眼间距和平行度的误差对掏槽效果影响较大。眼距是影响掏槽效果最敏感的参数,与最优眼距稍有偏离,可能就会出

现掏槽失败。眼距过大，爆破后岩石仅产生塑性变形而出现“冲炮”现象；眼距过小，会将邻近炮眼内的炸药“挤死”，使之拒爆，或使岩石“再生”，因此，必须具备熟练的钻眼操作技术。

7.1.3 爆破参数的确定

巷道掘进爆破的效果和质量在很大程度上取决于钻眼爆破参数的选择。除掏槽方式及其参数外，主要的钻眼爆破参数还有：单位炸药消耗量、炮眼深度、炮眼直径、装药直径、炮眼数目等。合理选择这些爆破参数时，不仅要考虑掘进的条件（岩石的地质条件和巷道断面的大小等），而且还要考虑这些参数之间的相互关系及其对爆破效果和质量的影响（如炮眼利用率、岩石破碎块度、爆堆形状和尺寸等）。

1. 单位炸药消耗量

爆破单位体积原岩所消耗的炸药量称为单位炸药消耗量，通常以 q 表示。单位炸药消耗量不仅影响岩石破碎的块度、岩块飞散的距离和爆堆形状，而且还影响炮眼利用率和巷道轮廓质量及围岩稳定性等。因此，合理确定单位炸药消耗量具有十分重要的意义。实践中确定单位炸药消耗量一般有两种方法：经验公式法和查定额表法。

(1) 经验公式法

修正的普氏公式如下：

$$q=1.1k_0\sqrt{f/S} \tag{7-1}$$

式中 q——单位炸药消耗量，kg/m^3；

f——岩石坚固性系数；

S——井巷断面积，m^2；

k_0——考虑炸药爆力的校正系数，$k_0=525/p$（p 为爆力，mL）。

(2) 查定额表法

巷道掘进爆破的单位炸药消耗量定额如表 7-3 所示。

表 7-3 巷道掘进爆破单位炸药消耗量定额 单位：kg/m^3

岩石坚固性系数 f	巷道断面积/m^2					
	4～6	6～8	8～10	10～12	12～15	15～20
2～3	1.00～1.10	0.80～0.90	0.70～0.85	0.70～0.80	0.60～0.75	0.60～0.70
4～6	1.40～1.60	1.20～1.35	1.10～1.20	1.00～1.10	0.90～1.00	0.85～0.95
8～10	2.10～2.20	1.80～1.95	1.60～1.75	1.60～1.70	1.30～1.45	1.30～1.40
12～14	2.40～2.70	2.30～2.40	2.00～2.10	1.85～1.95	1.70～1.80	1.60～1.70
15～20	2.90～3.00	2.50～2.65	2.30～2.40	2.05～2.15	1.90～2.00	1.80～1.90

2. 装药量

确定了单位炸药消耗量后，根据每一掘进循环爆破的岩石体积，按下式计算出每循环所使用的总药量：

$$Q=qv=qSl_b\eta \tag{7-2}$$

式中 S——掘井巷道的掘进面积，m^2；

l_b——每循环炮眼深度，m；

η——爆破效率。

上面计算的 q 和 Q 值是平均值，至于各个炮眼具体装多少药，则应根据各炮眼应起的作用及爆破条件的不同再加以分配。掏槽眼最重要，而且爆破条件最差，应分配较多的药量，辅助眼次之，周边眼最少，但在周边眼药量分配时也应根据不同部位加以区别，如底眼的装药量要和掏槽眼相当，帮眼较少，顶眼最少。根据作者个人的工程经验，各类型炮眼单位炸药消耗量的分配按表 7-4 取值，可取得比较好的爆破效果和经济效果。

表 7-4 不同类型炮孔单位炸药消耗量分配表 单位：kg/m³

岩石坚固性系数 f	掏槽眼	辅助掏槽眼	崩落眼	周边眼	底眼
2～3	2.00～2.50	1.40～1.50	1.30～1.40	0.30～0.40	1.40～1.50
4～6	2.50～3.50	1.50～1.60	1.40～1.60	0.40～0.50	1.50～1.70
8～10	3.00～4.00	1.60～1.70	1.50～1.70	0.50～0.60	1.70～1.80
12～14	3.50～4.50	1.70～1.80	1.60～1.80	0.60～0.80	1.70～1.80
15～20	4.50～5.50	2.00～2.50	1.80～2.00	0.80～1.00	2.00～2.50

3. 炮眼直径

炮眼直径的大小直接影响钻眼速度、工作面的炮眼数目、单位炸药消耗量、爆落岩石的块度和巷道轮廓的平整性。炮眼直径增加，意味着药卷直径也增加，有利于爆轰稳定性的提高，爆速增大。但是，炮眼直径过大，不仅钻速降低，而且因炮眼数目减少影响药量均匀分布，使岩石破碎质量变差。研究表明：钻头每减少 1.0 mm，单位钻速可提高 3%～4%。直径 42 mm 的钻头钻凿面积为 1 385 mm²，而直径 32 mm 的钻头钻凿面积只有 804 mm²，后者较前者减少了 42%。因此，在相同条件下，小钻头钻速比大钻头高。小直径钻头、小直径药卷加上小直径锚杆的所谓“三小”光爆锚喷技术是提高平巷掘进速度的一项行之有效的方法。在生产实践中，炮眼的大小一般是根据药卷直径、凿岩机具能力以及能顺利装药来确定的。目前，我国矿山多采用 35～45 mm 的炮眼直径。

4. 炮眼深度

炮眼深度是指孔底到工作面的垂直距离。而沿炮眼方向的实际深度叫炮眼长度。从钻眼爆破综合效果的角度看，炮眼深度在各爆破参数中居重要地位。因为其大小不仅影响着每个掘进工序的工作量和完成各工序的时间，而且影响爆破效果和掘进速度，它是决定每班掘进循环次数的主要因素。为了实现快速掘进，在提高机械化程度、改进掘进技术和完善劳动组织的前提下，应力求加大孔深而减少循环次数，这样能使工时得到充分利用，增加凿岩和装运时间，减少装药、爆破、通风和准备工作的时间。但是，随着孔深的增加，爆破受到的夹制作用也加大，爆破效率和爆破效果也就越难保证。在实际工作中，炮眼深度一般是根据掘进巷道断面大小、钻眼机具能力、任务要求和循环组织来确定的。目前，在我国巷道掘进中，以孔深 1.5～2.5 m 最为多见。

5. 炮眼数目

炮眼数目的多少直接影响凿岩工作量和爆破效果。孔数过少大块增多，井巷轮廓不平整，甚至出现爆破失败情况；孔数过多，将使凿岩工作量增加。炮眼数目的选定主要同井巷断面、岩石性质及炸药性能等因素有关。确定炮眼数目的基本原则是在保证爆破效果的前提下，尽可能地减少炮孔数目。通常可以按下式进行估算：

$$N=3.3\sqrt[3]{fS^2} \tag{7-3}$$

式中 N——炮眼数目，个；

f——岩石坚固性系数；

S——井巷掘进断面积，m^2。

上式没有考虑炸药性质、装药直径、炮眼深度等因素对炮眼数目的影响。炮眼数目也可以根据每循环所需炸药量和每个炮眼装药量来计算：

$$N=\frac{Q}{Q_b} \tag{7-4}$$

$$Q_b=\frac{\pi d_c^2}{4}\varphi l_b \rho_0 \tag{7-5}$$

式中 Q——每循环所需总药量，kg；

Q_b——每个炮眼的装药量，kg；

d_c——装药直径；

φ——装药系数；

l_b——炮眼深度；

ρ_0——炸药密度。

其中 φ 为每米炮眼装药长度，炮眼的装药系数要根据所爆岩体的岩石坚固性系数和不同炮眼来确定。根据生产经验，可按表 7-5 取值。

表 7-5 炮眼装药系数

炮眼名称	岩石坚固性系数 f					
	1～3	3～5	5～7	7～9	9～15	15～20
掏槽眼	0.50	0.55	0.60	0.65	0.70	0.80
崩落眼	0.40	0.45	0.50	0.55	0.60	0.70
周边眼	0.20	0.25	0.30	0.35	0.40	0.50

结合式(7-2)可得：

$$N=\frac{4qS\eta}{\pi d_c^2\varphi\rho_0}=\frac{1.27qS\eta}{d_c^2\varphi\rho_0} \tag{7-6}$$

由此可见，炮孔数目与单位炸药消耗量、岩石坚固性系数、井巷断面积、炸药性质、炮眼深度等因数有关。

6. 炮眼利用率

炮眼利用率是合理选择钻眼爆破参数的一个重要准则。炮眼利用率分为个别炮眼利用率和巷道全断面炮眼利用率。

前者定义为：

$$个别炮眼利用率=\frac{炮眼长度-炮窝长度}{炮眼长度}$$

后者定义为：

$$巷道全断面炮眼利用率=\frac{循环进尺}{炮眼深度}$$

通常所说的炮眼利用率是指巷道全断面炮眼利用率。试验表明，单位炸药消耗量、装药直径、炮眼数目、装药系数和炮眼深度等参数对炮眼利用率的大小产生影响。巷道掘进的最优炮眼利用率一般为0.85～0.95。

7.1.4 炮眼的布置

1. 炮眼布置的要求

在巷道掘进爆破时，炮眼的布置应符合下列要求：

(1) 爆破后断面和轮廓符合设计要求，壁面平整并能保持井巷围岩的稳定。

(2) 有较高的炮眼利用率。

(3) 爆破破碎块度均匀，爆堆集中，大块率少，有利于铲装和运输。

(4) 爆破要保证安全，无拒爆、拉炮现象，飞石距离小，不损坏支架或设备。

(5) 先爆炸的炮眼不能破坏后爆炸的炮眼，或影响其内装药爆轰的稳定性。

2. 炮眼布置的方法

(1) 工作面炮眼布置的总原则是“抓两头，带中间”。即首先选择适当的掏槽方式、掏槽孔位置和掏槽参数，其次是布置好周边眼，最后根据断面大小布置崩落眼。

(2) 掏槽眼的位置会影响岩石的抛掷距离和破碎块度，通常布置在断面的中央偏下，并考虑崩落眼的布置较为均匀。

(3) 周边眼一般布置在断面轮廓线上。按光面爆破要求，各炮眼要相互平行，眼底要落在同一平面上。底眼的最小抵抗线和炮眼间距通常与崩落眼相同，为保证爆破后在巷道底板上不留“根底”，底眼眼底一般可超过底板轮廓线。

(4) 布置好掏槽眼和周边眼后，再布置崩落眼。崩落眼是以槽腔为自由面层层布置的，并均匀地分布在被爆岩体上，并根据断面大小和形状调整最小抵抗线和炮孔密集系数(炮孔密集系数 $m=\dfrac{\text{孔间距}\ a}{\text{抵抗线}\ W\ \text{或炮孔排距}\ b}$)。崩落眼最小抵抗线可按下式确定：

$$W=r_c\sqrt{\frac{\pi\varphi\rho_0}{mq\eta}} \tag{7-7}$$

式中 φ——崩落眼的装药系数；

ρ_0——炮孔装药密度；

m——炮眼邻近系数；

q——崩落眼的单位炸药消耗量；

r_c——炮孔半径；

η——炮眼利用率。

同层内崩落眼间的间距为：

$$a=mW \tag{7-8}$$

为避免产生大块，一般取炮眼邻近系数 $m=0.8\sim1.0$。

(5) 炮孔的间排距一般要求孔距大于排距。

7.1.5 爆破说明书和爆破图表

爆破说明书和爆破图表是井巷工程施工组织设计中的一个重要组成部分，是指导、检查和总结爆破工作的技术文件。编制爆破说明书和爆破图表时，应根据岩石性质、地质条件、设备能力和施工队伍的技术水平等，合理选择爆破参数，尽量采用先进的爆破技术。

1. 爆破说明书

爆破说明书的主要内容包括：

(1) 爆破作业的原始资料。包括井巷名称、用途、位置、断面形状和尺寸，可能穿过岩层的性质、地质条件及瓦斯情况等。

(2) 选用的钻眼机具和爆破器材。包括凿岩机具的型号和性能以及工作面同时工作的台数，炸药、雷管的品种。

(3) 爆破参数的计算与确定。包括掏槽方式和掏槽爆破参数，光面爆破参数，崩落眼的爆破参数；根据参数的计算，确定炮眼直径、炮眼深度、单位炸药消耗量、炮眼数目等。

(4) 炮眼布置。包括掏槽眼、辅助眼和周边眼的数量，各炮眼的装药量与装药结构及填塞，各炮眼的起爆顺序和炮眼布置三视图。

(5) 爆破网路的计算和设计。

(6) 爆破施工组织及安全措施。

(7) 预期爆破效果。包括炮眼利用率、每循环进尺、每循环炸药消耗量、单位炸药消耗量、单位雷管消耗量等。

2. 爆破图表

根据爆破说明书绘制出爆破图表。在爆破图表中应有炮眼布置图和装药结构图；炮眼布置参数和装药参数表格，以及预期的爆破效果和经济指标。炮眼布置图如图 7-9 所示，爆破参数见表 7-6，预期爆破效果见表 7-7。

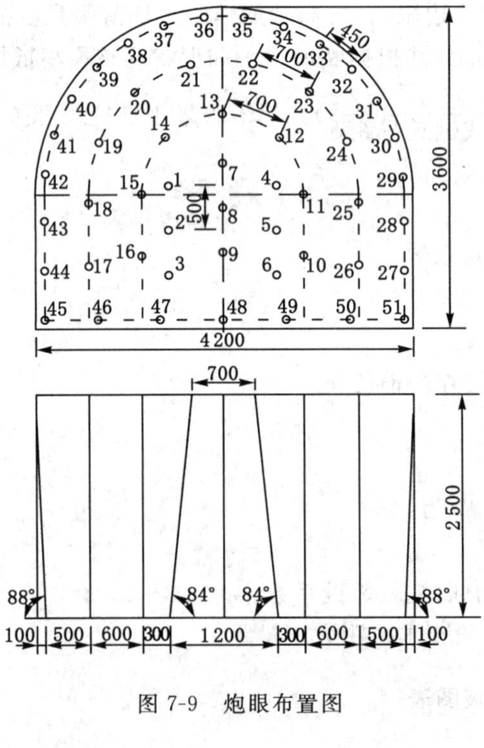

图 7-9　炮眼布置图

表 7-6 爆破参数

炮眼名称	序号	眼数/个	眼深/m	装药量					起爆顺序	连线方式	炮泥填塞长度
				每个炮眼			合计				
				卷数	质量/kg	装药系数	卷数	质量/kg			
空眼											
掏槽眼											
辅助眼											
崩落眼											
底眼											
帮眼											
顶眼											
合计											

表 7-7 预期爆破效果

项目名称	单位	数量	项目名称	单位	数量
井巷净断面积	m^2		炸药品种		
井巷掘进断面积	m^2		每循环雷管消耗量	个	
岩石普氏系数			每循环炸药消耗量	kg	
矿井瓦斯等级			炮眼利用率		
凿岩机	台		单位炸药消耗量	kg/m^3	
每循环炮眼数目	个		每循环进尺	m	
每循环炮眼总长	m		每循环出岩量	m^3	
每米井巷炮眼总长	m		每米井巷雷管消耗量	个	
雷管品种			每米井巷炸药消耗量	kg	

7.2 立(竖)井掘进爆破

竖井泛指竖井和盲井。所谓竖井就是服务于各种工程在地层中开凿的直通地面的竖直通道,盲井是不能直接通达地表的地下竖井。竖井通常由井颈、井身和井窝组成。在地下矿山,竖井(立井)是通向地表的主要通道,是提取矿石、岩石、升降人员、运输材料和设备以及通风、排水的咽喉。在长、大隧道的开挖工程中,为缩短工期往往需要掘进竖井,以增加工作面和改善通风条件。在水利、水电工程中,永久船闸输水系统,抽水蓄能电站也都需要掘进竖井。

竖井一般均采用圆形断面,其优点是承压性能好、通风阻力小和便于施工。炮眼呈同心圆布置。同心圆数目一般为 3～5 圈,其中最靠近开挖中心的 1～2 圈为掏槽眼,最外一圈为周边眼,其余为崩落眼。

7.2.1 立(竖)井工作面炮眼布置

1. 掏槽方式

在立(竖)井掘进爆破中,也和平巷掘进爆破一样采用斜眼和直眼掏槽方式,只是由于井筒一般采用轴对称圆形断面,因此,其掏槽眼布置也按轴对称布置,这样立(竖)井爆破的掏槽形式就有锥形掏槽、筒形掏槽或两者结合的复合掏槽形式。下面主要就锥形掏槽和桶形掏槽两种形式进行简要的介绍,至于其他参数选择和技术处理与平巷掘进爆破相似。

(1) 锥形掏槽。由数个共同向中心倾斜的炮眼组成,爆破后槽腔呈锥形。按锥形形状的不同,又可分为角锥形和圆锥形。圆锥形掏槽又可分为单锥形掏槽和多重锥形掏槽,本部分内容只介绍常用在井筒掘进掏槽中的圆锥形掏槽,其炮眼布置、技术特点及适用条件如表 7-8 所示。

表 7-8 圆锥形掏槽眼布置及其技术特征和使用条件

名称	布置图	技术特征及适用条件
锥形掏槽	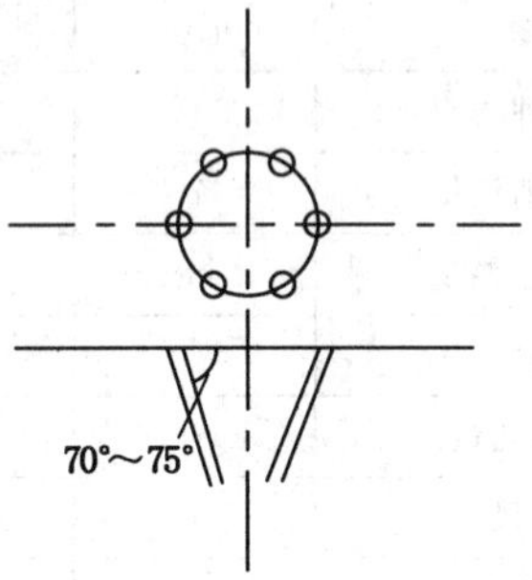	1. 圈径 1.8～2.0 m; 2. 炮眼倾角 70°～75°; 3. 炮眼数 6～8 个; 4. 装药系数 0.7～0.8; 5. 为防止爆破抛掷过高,可在中心打一空眼,深度为槽眼的 2/3; 6. 适用于眼深 3 m 以下
二级锥形掏槽	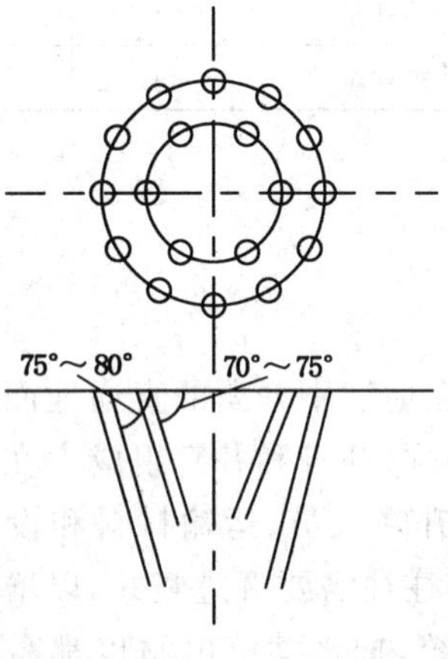	1. 圈径:第一圈 1.8～2.0 m,第二圈 2.5～3.0 m; 2. 炮眼倾角:第一圈 70°～75°,第二圈 75°～80°; 3. 第一圈槽眼的深度约为第二圈的 2/3; 4. 第一圈槽眼的数量约为第二圈的 40%～50%; 5. 装药系数 0.7 左右; 6. 适用于韧性大的岩石,眼深 3～5 m

(2) 筒形掏槽。目前,竖井掘进爆破中应用最广泛的掏槽形式是筒形掏槽。当炮眼深度较大时,可采用二级或三级筒形掏槽,每级逐渐加深,后级深度通常为前级深度的 1.5～1.6 倍。筒形掏槽又可分为单筒形掏槽和多重筒形掏槽,其炮眼布置、技术特征及适用条件见表 7-9。

表 7-9 筒形掏槽眼布置及其技术特征和适用条件

名称	布置图	技术特征及适用条件
一级筒形掏槽	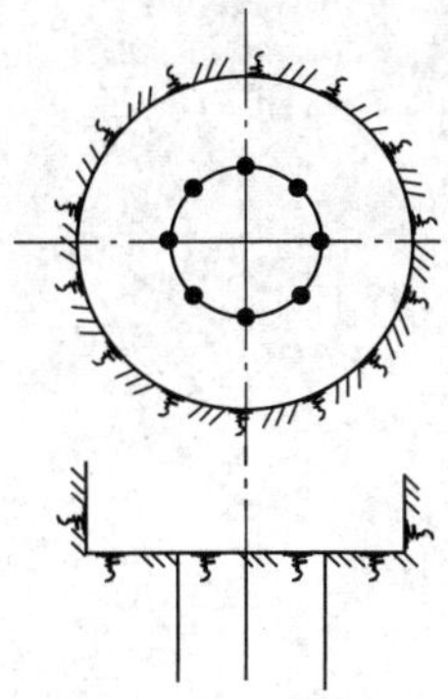	1. 圈径为 1.3～1.6 m（$f\leqslant 3$ 时），或 1.0～1.2 m（$f>3$ 时），如用伞钻时应考虑伞钻打眼的最小圈径，f 为岩石坚固性系数； 2. 炮眼数 3～6 个； 3. 装药系数为 0.5～0.55（$f\leqslant 3$ 时）、0.55～0.6（$f=3\sim 6$ 时）和 0.6～0.8（$f>6$ 时）； 4. 爆破抛掷低，槽腔内底部岩石抗力大，不易破碎，为此可在中心打 1～3 个空眼，深度为槽眼的 2/3； 5. 适用于眼深 2 m 以下的浅眼
二级筒形掏槽	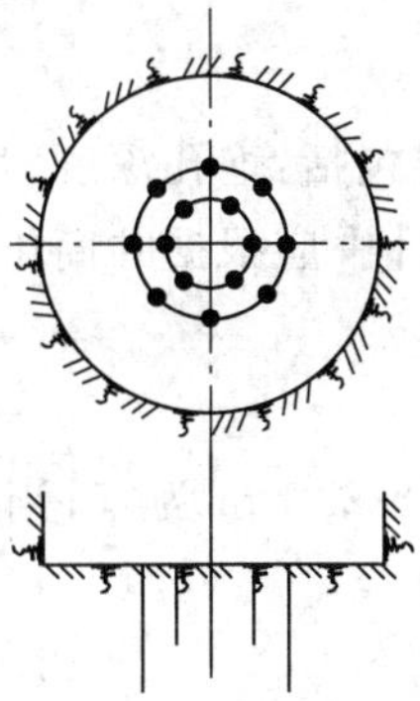	1. 圈径：第一圈同上，眼深可取第二圈的 50%～60%； 2. 第二圈径较第一圈径增大 200～500 mm； 3. 第二圈眼的数量为 7～9 个； 4. 第二圈眼装药系数为 0.4～0.5； 5. 适用于眼深大于 2 m、$f<3$ 的岩石
三级筒形掏槽	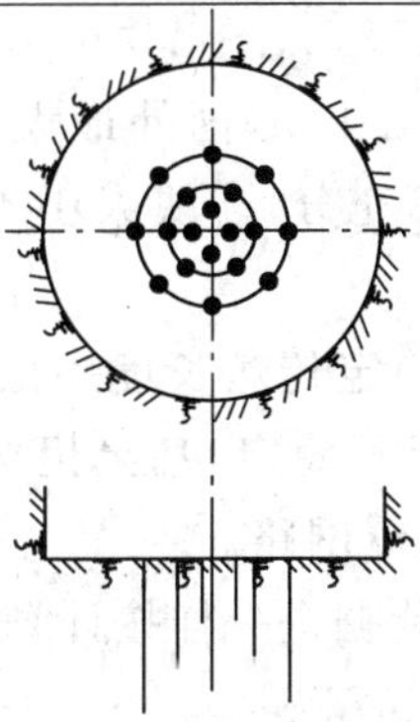	1. 第一圈、第二圈圈径同上，眼深第一圈为第二圈的 50%～60%，第二圈为第三圈的 50%～60%，装药系数同上； 2. 第三圈径较第二圈径增大 200～500 mm； 3. 第三圈眼的数量为 6～9 个； 4. 第三圈眼装药系数为 0.3～0.35； 5. 适用于眼深大于 2 m、$f>3$ 的岩石

2. 崩落眼和周边眼布置原则

如图 7-10 所示，崩落眼介于掏槽眼与周边眼之间，可布置多圈，其圈距一般取 0.6～1.0 m，按同心圈布置，眼距 0.8～1.2 m。

周边眼布置有如下两种方式：

（1）采用深孔光面爆破，将周边眼布置在井筒轮廓线上，眼距取 0.4～0.6 m。为便于打眼，眼孔略向外倾斜，眼底偏出轮廓线 0.05～0.1 m。

（2）采用非光面爆破时，则将炮眼布置在距井帮 0.15～0.3 m 的圆周上，眼距 0.6～0.8 m。眼孔向外倾斜，使眼底落在掘进面轮廓线上。与深眼光面爆破相比，井帮易出现凹凸不平，岩壁破碎，稳定性差。

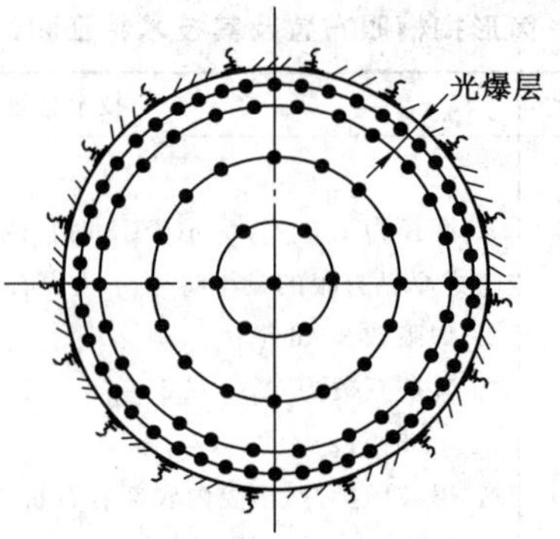

图 7-10 竖井炮孔布置图

7.2.2 立(竖)井爆破参数的确定

同巷道和隧道爆破类似，立(竖)井掘进爆破的爆破参数主要包括：炮孔深度、炮孔直径、抵抗线(或圈距)、孔距、装药系数、炮孔数目和炸药消耗量等，设计中应根据井筒施工的地质条件、岩石性质、施工机具和爆破材料等因素综合考虑确定。

1. 炮孔深度

立(竖)井掘进的炮孔深度，当采用手持钻机钻孔时，以 1.5～2.0 m 为宜；当采用伞钻钻孔时，为充分发挥机械设备的性能，以 3.0～5.0 m 为宜。

影响炮孔深度的因素主要有以下三方面：

(1) 钻孔机具。手持式凿岩机孔深以 2 m 为宜，伞式钻架孔深 3.5～4.0 m 效果最佳。

(2) 掏槽形式。目前我国大多采用直孔掏槽，最大孔深为 4.4 m，国外最大孔深也在 5 m 左右，当孔深超过 6 m 以后，钻速显著下降，孔底岩石破碎不充分，岩块大小不均，岩壁也难以平整。

(3) 炸药性能。对于药卷直径为 32 mm 的岩石硝铵炸药，稳定传爆长度一般为 1.5～2.0 m(相当于 2.5 m 左右的孔深)。若药卷过长，必然引起爆轰不稳定，甚至拒爆。因此，进行中深孔和深孔爆破时，应改善炸药的爆炸性能或采用复式起爆网路。

炮孔深度的确定，可在充分考虑上述影响因素的同时，与平巷掘进一样按计划要求的月进度来计算确定。

2. 炮孔直径与药径

炮孔直径在很大程度上取决于使用的钻孔机具和炸药性能。普通凿岩机的钻孔直径为 38～42 mm，重型凿岩机的钻孔直径为 45～55 mm。炮孔直径应比药包直径大 5 mm 以上，采用伞形钻架重型凿岩机时，一般在深孔爆破中采用直径 55 mm 的炮孔直径，对掏槽孔和崩落孔选用 45 mm 的炸药直径；对手持式风钻，可采用直径 42 mm 的常规钻头，对掏槽孔和崩落孔选用 35 mm 的炸药直径，周边孔根据光面爆破的要求选用 20～32 mm 的炸药直径。

3. 崩落孔有关参数

崩落孔的参数包括圈距、孔距和装药系数。

(1) 圈距 W

崩落孔的圈距 W 即崩落孔的最小抵抗线，它与岩石性质、炸药做功能力和药卷直径等因素有关，一般 $W=700\sim900$ mm。当岩石不太坚固或采用高威力大直径药卷时，W 取大值，反之则取小值。紧邻周边孔的一圈崩落孔应保证周边孔的圈距满足光面爆破要求的最小抵抗线值。表 7-10 列有炮孔圈距参考值。

表 7-10　炮孔圈距参考值

岩石坚固性系数	炸药做功能力/cm^3			
	250～295	300～345	350～395	≥400
	炮孔圈间距/m			
1～1.5	0.69～0.78	0.79～0.87	0.91～1.00	1.05～1.09
1.6～2	0.66～0.73	0.75～0.82	0.83～0.87	0.91～1.00
3～4	0.60～0.64	0.66～0.73	0.75～0.82	0.83～0.91
5～6	0.55～0.59	0.60～0.64	0.66～0.73	0.75～0.82
7～8	0.47～0.53	0.55～0.59	0.60～0.64	0.66～0.73
9～11	0.41～0.45	0.47～0.53	0.55～0.58	0.60～0.64
12～14	0.36～0.40	0.41～0.45	0.47～0.53	0.55～0.58
15～18	0.33～0.36	0.38～0.40	0.41～0.45	0.47～0.55

注：表中药包直径为 32 mm，当药包直径为 36～37 mm 时，圈距乘以 1.1 的换算系数；当药包直径为 45 mm 时，圈距乘以 1.43 的换算系数。

(2) 孔距 E

在圈距确定后，各圈崩落孔可按下列公式确定孔间距 E：

$$E=mW \tag{7-9}$$

式中　m——炮孔密集系数，一般为 1.0～1.2，紧邻周边眼的一圈崩落孔宜取 0.8～1.0；

W——崩落孔的最小抵抗线(圈距)。

(3) 装药系数

装药系数一般为 0.45～0.60，岩石坚固性系数低或高威力大直径药卷时取小值，反之取大值。

4. 周边孔参数

采用普通爆破法时，周边孔的参数可以参照崩落孔参数布置，一般 $E=560\sim940$ mm，$W=600\sim700$ mm，其装药系数与崩落孔相近或略低于崩落孔。

5. 装药结构

掏槽孔、崩落孔和周边孔的爆破条件和爆破作用各不相同，应当依据它们的特点选用不同威力的炸药或不同的装药结构，合理地利用炸药的爆炸能量以获得预期的爆破效果。

掏槽孔和崩落孔应根据岩石的坚固程度选用威力较高的炸药，连续装药结构，掏槽孔的装药系数一般为 0.6～0.8，崩落孔的装药系数一般为 0.5～0.7。

周边孔则应选用低威力但能稳定爆轰的炸药，如有条件应采用光面爆破专用炸药，根据经验，采用间隔装药、导爆索辅助起爆炸药，光面爆破的效果好；在无小直径药卷的情况下，要用低威力炸药，采用间隔装药或留空气柱(或水炮泥)的装药结构，装药系数小于 0.5。

6. 单位炸药消耗量

影响单位炸药消耗量的主要因素有：岩石坚固性、岩石结构特性、炸药威力等。由于井筒断面面积较大，单位炸药消耗量与断面面积大小关系不大。

单位炸药消耗量的确定方法如下：

(1) 参照国家颁布的预算定额选定。

(2) 试算法。根据以往经验，先布置炮孔，并选择各类炮孔的装药系数，依次求出各炮孔的装药量、每循环的炸药量和单位炸药消耗量。

(3) 类比法。参照类似工程选取。

7.3 隧道掘进爆破

7.3.1 隧道爆破施工特点

隧道是铁路、公路等建设的重点和关键工程。随着交通建设的发展和科学技术的进步，隧道开挖方法也得到迅猛发展。隧道开挖方法比较常用的有传统的钻爆法、盾构法和掘进机法。由于钻爆法对地质条件适应性强，开挖成本低，特别适于坚硬岩石隧道、破碎岩体隧道及大量中短隧道施工，它是隧道开挖最常用的施工方法。

钻爆法又称矿山法，它是以钻孔和爆破作业为主要工序的开挖施工方法。尽管机掘法已经在国内外很多长大隧道中获得了应用，但在今后相当长的一段时间里，钻爆法仍将是岩石隧道掘进，特别是在坚硬岩石隧道，破碎岩石隧道和大量的中、短隧道掘进施工中的主要施工手段。

铁路、公路交通等隧道爆破与矿山巷道掘进爆破，两者的开挖原则基本相同，但隧道爆破施工还具有以下特点：

(1) 断面尺寸大。隧道的高度和跨度一般超过 6.0 m，双线铁路和高速公路隧道跨度更是以大断面和超大断面为主(表 7-11 所示为国际隧道协会对隧道断面的划分)，爆破中更加重视对围岩的保护。

表 7-11　国际隧道协会对隧道断面的划分

分类	断面积/m^2	分类	断面积/m^2
超小断面	<0.3	大断面	50.0～100.0
小断面	3.0～10.0	超大断面	>100.0
中等断面	10.0～50.0		

(2) 地质条件复杂。尤其浅埋隧道(埋深小于 2.0 倍隧道跨度)岩石风化破碎，受地表水、裂隙水影响较大，岩石节理、裂隙、软弱夹层、滴漏水直接影响钻孔和爆破效果。

(3) 服务年限长，造价昂贵。为了在运营中减少维修，避免中断交通，施工中必须保证良好的质量。

(4) 隧道爆破钻孔质量和精度要求高，孔位、方向和深度要准确，使爆破断面达到设计标准。超、欠挖在允许范围之内，确保隧道方向的准确性。

7.3.2 隧道开挖方法

(1) 全断面开挖法

全断面开挖法是在地质条件较好隧道的施工中，以凿岩台车钻孔、装药、填塞、起爆网路连接，一次完成整个断面开挖，并以装渣、运输机械完成出渣作业的方法。

全断面开挖法施工场地宽敞，工作面空间大，能充分发挥机械的效能，便于大型机械作业，并只有一道开挖工序，干扰少，工序集中，开挖工效高，施工进度快，且最大限度地减少了开挖过程中对隧道围岩的扰动，开挖断面大，受岩石夹制作用小，有利于较大规模爆破作业，能充分发挥隧道深孔钻爆的作用，管理方便，通风排水及管线布置简单，运输方便。国内铁路系统如秦岭隧道采用全断面开挖法，成功地实现了平均月掘进 350 m 以上，最高达 450 m 以上。实践表明，全断面开挖法是隧道掘进中合理先进的开挖方法，如图 7-11 所示。

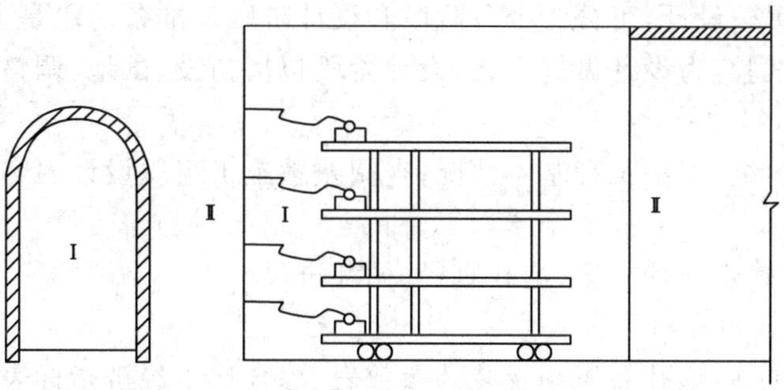

图 7-11　全断面开挖法

(2) 半断面开挖法

半断面开挖法是以上半断面或弧形导坑快速贯通或掘进到一定里程后停止前进，然后 用大型机械一次扩大为全断面的开挖方法。半断面和弧形导坑开挖法可以实现快速掘进，从而起到提早探明地质、提早处理特殊地质、提早贯通以利通风排水的作用；将全断面分两次爆破，可以达到降低振动影响，创造临空面，减少正洞钻孔数量，改善爆破效果，提高掘进速度等效果。半断面开挖法在工期紧、地质条件复杂的中短长隧道施工中被广泛应用，见图 7-12。

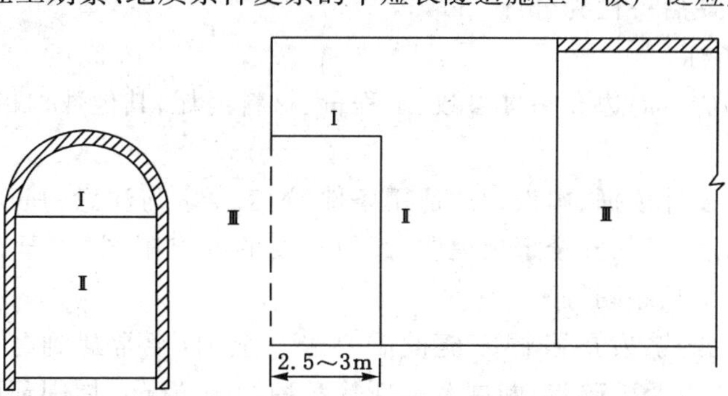

图 7-12　半断面开挖法

(3) 分部开挖法

分部开挖法是在隧道断面上，先以小型断面进行导坑掘进，然后分多部，逐步刷大到设计断面数的开挖方法。分部开挖各部的位置、尺寸顺序及开挖间距需根据围岩情况、机械配备、施工习惯等灵活掌握。但必须遵守以下原则：

① 各部开挖后周边轮廓都应尽量圆顺，以避免应力集中。

② 各部底标高与钢拱架接头一致，以便接腿，一般取 2.5～3.0 m，开挖比较方便。

③ 分部开挖时，要保证隧道周边围岩稳定，及时做好临时支护工作。

④ 各部尺寸大小应能满足风、水、电等管线布设的需要。

分部开挖法由于工序繁多，对围岩多次扰动，开挖面长时间暴露，隧道塌方经常发生；并且作业空间狭小，半机械化作业，施工环境差，工效低，因此目前隧道施工中很少采用。

7.3.3 隧道爆破设计

1. 隧道爆破设计程序

一个好的隧道爆破设计，可分为准备阶段和设计阶段。准备阶段是了解工程基本情况，在现场做一些小型试验，为设计做好准备；设计阶段包括初设、试炮、调整参数、推广应用。

(1) 准备阶段

查阅工程设计图纸，了解工程基本情况；查阅熟悉施工组织设计内容和要求。

(2) 设计阶段

综合上述情况，确定开挖方案、炮孔直径、循环进尺。

2. 隧道爆破设计内容

设计文件内容包括：炮孔布置图及装药参数表、综合技术经济指标表、编制说明等。

(1) 炮孔布置图

通常应有开挖断面的正面炮孔布置图，其内容有：炮孔间距、抵抗线、总的断面尺寸、起爆顺序、装药量等，一般为对称布置，故可一侧标注起爆顺序与单孔装药量。掏槽孔一般应单独画出施工大样详图。炮孔布置较为复杂时，应增加掏槽部位炮孔布置的水平剖面图，并应标明钻孔方向、角度与钻孔深度。

(2) 装药参数表

装药参数表包括炮孔名称与编号、炮孔参数、单孔装药量、段装药量、雷管段号、装药结构和必要的说明等，最后一栏为合计。

(3) 技术经济指标

技术经济指标包括：周边孔钻爆参数、工程量、材料消耗、其他数据指标。

(4) 设计说明

设计说明包括：设计依据、本设计的适用条件、施工要求与注意的问题、机具材料的有关说明、设计未尽问题的说明、安全事项说明、其他必要的补充附图(主要有装药结构图、爆破网路连接图、钻孔分工顺序图等)。

交通隧道随国民经济发展及国家建设需要遍及全国，经常遇到各种类型的地质条件(软岩、硬岩、中硬岩，以及破碎带、断层及瓦斯等各种特殊情况)，周围环境各式各样。因此，隧道爆破设计应根据不同地质和环境情况、不同机械设备、不同技术水平和不同习惯进行科学设计，并在施工中不断调整和完善，以提高爆破效果。

7.4 井巷控制爆破

在岩石爆破工程中，利用爆炸能量破岩时，若采用一般的爆破方法，通常难免对围岩造成较大的超、欠挖和较大的损伤或破坏。例如，巷道掘进爆破时，一方面爆炸能量使围岩原有裂隙和节理发生扩展与产生新的裂隙，围岩的承载能力下降而降低了其稳定性；另一方面，由于爆炸能量的不均匀性使围岩出现较大的超挖或欠挖，这不但使巷道的成型质量较差，而且使巷道在地应力的作用下出现应力集中，造成巷道的局部破坏等。因此，在进行工程爆破时，要解决两个同等重要的问题：① 要用最有效的办法将设计范围内的岩石进行适度的破碎，必要时，再将破碎后的岩石进行抛掷，以达到工程目的；② 要用最有效的办法降低爆破对开挖范围以外岩石的破坏（损伤），最大限度地保持岩石原有的强度和稳定性，以利于爆破后围岩的长期稳定。

为了解决上述问题，就应根据工程要求，采取一定的技术措施，合理地利用炸药爆炸能量，达到既满足工程技术要求，又能把爆破所造成的各种危害控制在规定的范围内，这样的爆破技术称为控制爆破技术。本节主要介绍微差爆破、光面爆破。

7.4.1 微差爆破

微差爆破是指相邻炮孔或药包群之间，利用毫秒延期雷管或其他毫秒延期起爆装置，实现炮眼按预定顺序且起爆时间间隔以毫秒计的延期爆破方法，也称毫秒爆破。

普通延期爆破其延期时间是以秒计量，由于延期时间较长，不能在有瓦斯和煤尘爆炸危险的工作面中使用。而微差爆破除了具有秒延期的优点外，还克服了上述缺点，因此当前被广泛应用于瓦斯矿井和有煤尘爆炸危险的采掘工作面实现延期爆破。

由于起爆时间间隔为毫秒级，使各装药爆破所产生的爆炸应力场发生相互干涉，从而产生以下一系列良好效果：

（1）由于应力波的相互干涉和运动中的碰撞，使爆破破碎岩石的作用增强，降低了岩石的块度，提高了岩石的破碎质量。与普通爆破相比，采用微差爆破可以降低单位炸药消耗量，或者在装药量相同的条件下，可以增大炮眼间距和最小抵抗线。试验资料已经证实，采用微差爆破如果每个炮眼的装药量不变，那么炮眼间距和最小抵抗线可以相应增加10%～20%。

（2）减小了抛掷作用，因而能防止崩倒棚子或损坏其他设备，而且爆堆集中，有利于提高铲、装、运的生产效率。

（3）能有效降低爆破产生的地震效应，减少地震对巷道围岩，特别是爆破地点附近已施工好的巷道围岩的破坏。同时还使爆破空气冲击波和飞石的危害作用大大降低。

（4）在有瓦斯和煤尘的工作面采用微差爆破，可实现全断面一次爆破，缩短了爆破和通风时间，提高了掘进速度和大型设备的利用率，并有利于工人健康。若采用齐发爆破，工人必须连续几次进入帮顶容易冒落的工作面进行爆破操作作业，操作者面临一定的危险性，有时第一次爆破完毕后，未装药炮孔遭到一定程度的破坏，使得第二次装药困难，有的炮眼甚至不能装药，降低了炮眼的利用效率。

实现微差爆破的方法：在矿山生产中普遍采用的控制微差间隔时间的方法有毫秒电雷

管起爆系统、导爆索和继爆管起爆系统、毫秒导爆管雷管系统等。有时为了对起爆间隔时间加强控制，可在孔外用微差起爆器来实施微差起爆。但是，导爆索和继爆管起爆系统和毫秒导爆管雷管系统不能在有瓦斯和煤尘爆炸危险的煤矿使用。毫秒起爆器法由于这种方法可靠性差，连线复杂，一般也只用在要求不高的露天爆破中。

1. 微差爆破的破岩机理

微差爆破目前已得到广泛的应用，爆破效果也得到了公认，但对其作用机理的认识尚不统一，国内外诸多学者提出了许多观点，目前，关于微差爆破破碎岩石的过程和机理大致有以下几种假设：

（1）残余应力假设

该假设认为，先期起爆的炮眼相当于单孔漏斗爆破，爆破时激起的爆破应力波在岩体内形成动态应力场，并产生径向裂隙向外扩展，使漏斗内岩体与原岩分离，同时还在漏斗周围形成较多微细破碎裂缝，其后高温高压的爆生气体渗入裂缝内，在较长时间内使岩体处于准静应力状态，导致裂缝进一步扩展。后期起爆的炮眼若在先起爆的炮眼所产生的静态应力场尚未消失之前起爆，就可利用先起爆炮眼在岩体内产生的残余应力来改善岩石的破碎质量。

（2）自由面假设

该假设认为，先起爆的炮眼在岩体内已造成某种程度的破坏，形成了一定宽度的裂缝和爆破漏斗。新形成的爆破漏斗侧边以及漏斗体外的细微裂缝成为后起爆炮孔爆破的新自由面，后起爆的炮眼在新的条件下起爆，其最小抵抗线和爆破作用方向都已经改变，减轻了后起爆炮孔的爆破阻力和夹制作用，增强了入射压力波和反射拉伸波在新自由面方向的破碎岩石的作用，因此爆炸能量能较充分地加以利用，有利于减小抛掷距离和爆堆宽度。

（3）应力波干涉假设

若两相邻装药间隔若干毫秒爆炸，先起爆的装药在岩体内形成的应力场尚未消失，而后起爆装药又立即起爆，使两者所产生的应力波相互叠加，增强了应力波的作用，加强了破碎效果。

（4）岩块碰撞假设

在微差爆破过程中，当先起爆的炮眼崩起的岩石抛离岩体尚未回落时，后续起爆炮眼爆下的岩石也朝刚形成的新自由面方向飞散，使爆落下来的岩块在运动过程中发生相互碰撞，利用动能使其再次发生破碎，导致运动速度降低，因而使岩渣的抛掷距离减小，爆堆集中，且减少了飞石的距离，增加了爆破的安全性。

由于相邻装药的起爆顺序是相间布置，以毫秒间隔时间起爆，爆破产生的地震波在时间和空间上被分散开，错开了主震相的相位，即使是初震相和余震相也可能叠加，但不会超过原来的峰值振幅，所以微差爆破可以降低地震效应。根据对微差爆破所做的地震观测研究资料判断，其地震作用比一般爆破降低 1/3～2/3。而且由爆轰波在一般情况下分解出来的表面波（也称瑞利波）在微差爆破中几乎不存在，表面波是沿着岩石表面传播的，其传播轨迹呈椭圆形，椭圆的长轴垂直于岩石面，短轴刚好和岩石面平行，这样，表面波在传播过程中使围岩表面质点做垂直于自由面的振动，质点的位移虽然不是很大，但振动时间较长，振动中使质点产生不可逆位移，多次爆破产生的位移叠加起来，就可以使围岩失稳而垮落。因此，表面波对井下围岩的稳定有破坏作用，应该控制它的传播，在其他条件相同时，微差爆破可以大幅度消减表面波的有害作用。

2. 微差爆破间隔时间

选择合理的爆破间隔时间，是实现微差爆破的关键，但到目前为止，由于微差爆破破岩机理尚未定论，还不能完全从理论上计算，还需要在实践中不断摸索总结。

按应力波干涉假设，波克罗夫斯基给出的能增强破碎效果的合理间隔延期时间为：

$$\Delta t=\frac{\sqrt{a^2+4W^2}}{c_p} \tag{7-10}$$

式中 a——炮眼间距，m；

W——最小抵抗线，m；

c_p——应力波传播速度，m/s。

兰格福斯总结瑞典应用的经验，提出了以下能达到最优破碎的合理延期时间经验公式：

$$\Delta t=3.3KW \tag{7-11}$$

式中 K——影响系数，$K=1\sim2$。

相对于露天爆破来说，井巷爆破的炮孔较浅，抵抗线较小，每次起爆的药量也较小。因此，微差间隔时间要比露天爆破时小。一些资料统计表明，一般微差时间多在15～75 ms之间，当只存在一个自由面、眼深在2.5～3.0 m甚至更大时，有时采用100 ms，可见其变化范围很大。对于井巷微差爆破合理间隔时间如何确定，还需进一步研究。

3. 微差爆破的安全性

在有瓦斯和煤尘爆炸危险的工作面进行爆破工作，以瞬发爆破最安全。采用秒延期雷管实现延期爆破时，因其延期时间较长，在爆破过程中从岩体内泄出的瓦斯有可能达到爆炸界限，从而造成引燃瓦斯的事故。因此，《煤矿安全规程》严格规定，在有瓦斯和煤尘爆炸危险的工作面不得使用秒延期爆破。这样，只能全断面分次爆破。大量的试验结果表明，瞬发雷管分次爆破，尽管爆破人员采取了强制通风措施，使风流中的瓦斯浓度迅速下降，但在槽腔及其炮窝内，由于风流进不去，瓦斯浓度往往高达1%～10%，所以在第二、三、四次爆破时，特别是在高瓦斯矿井中是相当危险的。在国外，仅英国的统计资料中，由于第二次瞬发爆破而引发的瓦斯爆炸事故在总的爆破事故中占75%以上。我国这类事故的比例约占65%。

采用微差爆破情况就完全不同了，用微差爆破实现延期爆破时，由于延期时间是以毫秒计量，只要总延期时间控制在一定范围以内，煤(岩)体内的瓦斯还没有完全释放出来，爆破工作已经实施完毕。爆破后炮窝内瓦斯浓度也可能很大，但因不再进行爆破，没有火源，就不会发生引爆瓦斯的危险，达到安全爆破的目的。

为了安全起见，各国对在有瓦斯爆炸危险的工作面内采用毫秒延期爆破时的总延期时间都有明确规定，但规定的数值并不完全相同。

英国在1961年颁布的《煤矿安全规程》中规定：除岩石掘进和竖井开凿外，其他煤层采掘工作面使用毫秒延期雷管的总延期时间不得超过100 ms。

苏联在《爆破安全规程》中规定：除煤和瓦斯突出危险煤层外，在煤层工作面毫秒延期爆破的总延期时间控制在135 ms以内。

德国、波兰、美国、日本、法国、捷克等采煤大国毫秒延期爆破的总延期时间都控制在100 ms。

比利时和荷兰毫秒延期爆破延期时间规定得最严格，规程要求总延期时间应控制在75 ms以内。

我国经过长期的实验，参考国外大量资料，在2003年修改《爆破安全规程》时规定，总延期时间不得超过130 ms。其理由如下：

(1) 煤巷和半煤岩巷断面一般都较小，实现延期爆破时，工作面采用五段延期爆破基本上都能满足爆破的要求。我国目前生产的毫秒延期电雷管间隔时间为25 ms，五段雷管的最大秒量为115 ms(名义秒量为100 ms，偏差±15 ms)。

(2) 大量实测数据证实，爆破后360 ms，瓦斯浓度刚好接近我国《煤矿安全规程》规定的禁止爆破时的浓度要求1%(只有一次在断层附近曾达1.6%)。而我们把微差爆破的总延期时间控制在130 ms以内，只相当于达到上述禁止爆破瓦斯浓度1%延期秒量360 ms的三分之一多点，安全系数是足够的，而且距离瓦斯爆炸浓度下限5.5%就更远了。因此，总延期时间只要控制在130 ms以内，并严格遵守其他相关的安全规定，爆破安全是能够保证的。我国从1970年开始，在各主要矿区的高、低瓦斯矿井的各种采掘工作面中使用了数亿发毫秒延期雷管，从未发生过瓦斯爆炸事故。实践证明，在瓦斯矿井的采掘工作面利用毫秒延期雷管全断面一次起爆实现延期爆破，是完全安全可靠的。

7.4.2 光面爆破

光面爆破是在井巷掘进爆破过程中，控制周边开挖轮廓，避免炸药爆炸能量对围岩过度破坏和损伤的一种控制爆破技术。它的实质是沿开挖边界布置密集平行炮孔，采用不耦合装药或装填低威力炸药，在主爆区炮孔爆破之后起爆，以形成平整轮廓面的爆破作业，它只限于井巷断面周边一层岩石(主要是巷道顶部和帮部)，所以，光面爆破又称为轮廓爆破或周边爆破。

在井巷掘进爆破中采用光面爆破具有以下几方面的优点：

(1) 能减少超挖量，特别是松软岩层中更能显示其优点。

(2) 爆破后成形规整，提高了开挖面的平整度和质量。

(3) 爆破后开挖面的围岩产生的爆震裂缝大量减少，提高了边坡或井巷围岩的稳定性和自承能力，减少了支护工作量和材料消耗。

(4) 能加快开挖工作的速度，降低成本，保证了施工和工程的安全。

1. 光面爆破作用机理

光面爆破是沿开挖轮廓线布置间距较小的平行炮孔，在这些光面炮孔中采用不耦合装药，然后同时起爆，爆破后就会沿着这些炮孔的连心线形成定向裂缝，最后沿着这些炮孔的轴线形成平整的光面。这些定向裂缝是怎样形成的呢？由于岩石爆破过程的复杂性以及理论研究的不成熟，对于光面爆破的成缝机理各家的观点尚不一致。关于光面爆破的裂缝成缝机理主要有以下两种观点。

(1) 应力波叠加原理

应力波叠加原理认为，当两个相邻炮孔中的炸药同时起爆时，每个炮孔炸药爆炸所产生的压缩应力波是以炮孔为中心呈放射状向外传播的柱面波。沿着半径方向传播的柱面波，在两孔连心线的中点相会，并产生应力波叠加。在汇合处，两个应力波产生的合力垂直于两个爆破孔轴线的连接面，方向向外，如图7-13所示。在这个连接面中间虚线的两侧，岩面各向相反的方向移动，因此，两个炮孔轴线的连接面承受拉应力，当合成的拉应力超过岩石的抗拉强度时，便会在两炮孔的中间点首先产生裂缝，然后，沿着连心线向两炮孔方向发展，最后形成一条断裂面。

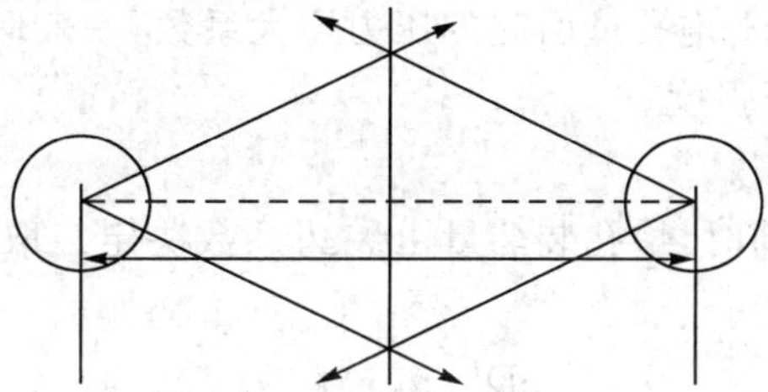

图 7-13　应力波叠加作用示意图

根据应力波叠加原理的分析，要使上述理论成立，就必须达到两方面的要求：第一，相邻两炮孔应同时起爆，以保证应力波在两孔连心线中点产生叠加；第二，应力波叠加后，相邻两孔中点产生的拉应力成倍增加，裂缝因此从中点首先产生，并向两孔方向发展。但事实上，由于起爆器材存在的误差，是很难保证两相邻炮孔同时起爆的，因此也就难以保证上述应力波在连心线中点的叠加。在生产实践中，单纯用应力波叠加的理论来进行分析，是很难完全解释清楚的。

(2) 应力波与爆轰气体共同作用原理

该理论认为，炮眼内的装药爆炸后，应力波的主要作用是在各炮眼周围产生分布较密的径向初始裂隙，不管两炮孔是同时起爆，还是存在一定程度的起爆时差，相邻炮孔应互为最小抵抗线方向，该方向是应力波产生裂隙优先发展方向，因此，相邻炮孔连心线方向的初始裂隙长于其他方向的初始裂隙。在爆轰气体准静态"气楔"的作用下，由于最长的径向裂隙扩展所需的能量最小，所以该处的裂缝将优先扩展。因此，连心线方向也就成为裂缝继续扩展的优先方向，而其他方向的裂隙发展甚微，从而保证了裂缝沿着连心线使岩体裂开。

2. 光面爆破参数

为了获得良好的光面爆破效果，一般可选用低密度、低爆速、高爆力的炸药，以减少炸药爆轰波冲击破碎的动作用能力，增强爆生气体的准静态作用，此外，还必须选择合理的爆破参数。

(1) 炮孔装药量的计算

光面爆破的炮孔装药量是通过炮孔装药不藕和系数或装药系数(即单位长度炮孔的装药长度)来控制的。

① 不耦合系数。

不耦合系数选取的原则是使炮孔装药爆炸后，作用在炮孔壁上的压力低于岩壁动抗压强度而高于动抗拉强度。

已知在不耦合装药条件下，炮眼壁上产生的冲击压力为：

$$p_2=\frac{\rho D^2}{8}\left(\frac{d_c}{d_b}\right)^6 n \tag{7-12}$$

令 $p_2 \leqslant K_b\sigma_c$，可求得装药不耦合系数为：

$$K_d=\frac{d_b}{d_c}\geqslant\left(\frac{n\rho D^2}{8K_b\sigma_c}\right)^{\frac{1}{6}} \tag{7-13}$$

式中　ρ,D——炸药的密度和爆速；

d_b,d_c——炮孔直径和装药直径；

K_b——体积应力状态下岩石抗压强度增大系数，一般取 $K_b=10$；

n——爆炸冲击波撞击炮孔壁引起的压力增大系数，一般取 $n=8\sim11$；

σ_c——岩石单轴抗压强度。

② 装药系数。

当采用空气柱间隔装药时，炮孔装药量由装药系数决定。取空气柱间隔装药作用于炮孔壁上的压力为：

$$p_2=\frac{\rho D^2}{8}\left(\frac{d_c}{d_b}\right)^6\left(\frac{l_c}{l_c+l_a}\right)n \tag{7-14}$$

若忽略炮泥长度（炮泥长度一般为 0.2～0.3 m），则 $l_c+l_a=l_b$，l_b 为炮孔长度。令 $p_2\leqslant K_b\sigma_c$，由式(7-14)可求得：

$$l_L=\frac{l_c}{l_b}\leqslant\frac{8K_b\sigma_c}{n\rho D^2}\left(\frac{d_b}{d_c}\right)^6 \tag{7-15}$$

式中　l_c,l_a——装药长度和空气柱长度；

l_L——装药系数。

因而，炮孔装药线密度 q_l 为：

$$q_l=\frac{\pi}{4}\rho d_b^2 l_L \tag{7-16}$$

实践表明，装药系数的大小因炸药和岩层性质不同而不同，一般取 1.5～2.5 时效果较好。

(2) 炮眼间距

在不耦合装药的前提下，光面爆破应满足炮眼内静压力 p 小于爆破岩体的极限动抗压强度，而大于岩体的极限动抗拉强度的条件，即：

$$[\sigma_p]aL\leqslant p[\sigma_c]dL$$

则可得：

$$a\leqslant\frac{[\sigma_c]}{[\sigma_p]}d \tag{7-17}$$

式中　$[\sigma_p],[\sigma_c]$——岩体的极限动抗拉强度和动抗压强度；

p——炮孔内炸药爆炸静压力；

d——炮眼直径；

L——炮眼深度。

从上述推导来看，周边眼间距与岩体的动抗拉强度、动抗压强度以及炮眼直径有关。一般取动抗压强度与动抗拉强度之比为 10～18，则光面爆破的眼间距为 $a=(10\sim18)d$。若岩体较软且比较完整，则 a 取大值；若岩体坚硬且节理裂隙比较发育，则 a 取小值。

(3) 邻近系数

邻近系数(m)即炮眼间距与最小抵抗线的比值，也叫密集系数。若 m 值过大，即最小抵抗线小于炮眼间距，爆破后有可能在光面炮眼间的岩壁表面留下岩埂，造成欠挖；若 m 值过小，则会在新壁面上造成超挖。实践表明，当 $m=0.8\sim1.0$ 时，爆破后的光面效果较好，硬岩中取大值，软岩中取小值。

(4) 最小抵抗线

光面爆破的最小抵抗线是指周边眼至邻近崩落眼的垂直距离,也叫光爆层厚度。最小抵抗线和周边眼间距有着密切的关系,通常以周边眼的密集系数 $m(m=\frac{a}{W})$表示,其大小对光面爆破的效果有较大影响。通常要使应力波在两相邻炮眼间的传播距离小于应力波至临空面的传播距离,即 $a\leqslant W$。实践表明,$m=0.8\sim1.0$ 比较适合。

(5) 起爆时间间隔

模型试验和实际爆破表明:周边眼同时起爆时,贯穿裂缝发育最好,形成的光面平整;微差起爆次之;秒延期起爆最差。

同时起爆时,由于爆炸应力波的叠加效应,使炮眼间的裂隙较长,然后在爆生气体准静态压力作用下,贯穿裂缝形成较快,一旦裂缝形成,使其周围岩体内的应力下降,从而抑制了其他方向裂隙的形成和发展,因此,爆破形成的壁面就平整。若周边眼起爆时差超过 0.1 s 时,各炮眼就如同单独起爆一样,炮眼周围将产生较多的裂隙,并形成凹凸不平的壁面。所以,在光面爆破中应尽可能减小周边眼的起爆时差,一般来说,周边眼间的起爆时差控制在 30～40 ms 内,就能达到比较好的光面爆破效果。

复习思考题

1. 爆破工作面上一般布置哪些炮眼？各起什么作用？
2. 井巷掘进爆破中掏槽方式有哪些？各有何优缺点？
3. 试简述单位炸药消耗量确定方法的适用条件？
4. 试简述隧道开挖方法？
5. 试简述井巷微差爆破与光面爆破的概念及其破岩原理？

8 露天爆破

8.1 露天台阶爆破

台阶爆破(梯段爆破)技术是露天矿生产和大规模土石方开挖工程的一个主要施工方法。由于台阶爆破可与装运机械配套施工,机械化水平高,施工速度快、效率高、安全性好,已在露天开采、铁路和公路路堑工程、水电工程及基坑开挖等工程中得到广泛应用。据统计,我国近年来露天开采的产量比重为:铁矿石 90%,有色金属矿石 52%,化工原料 70.7%,建筑材料近 100%,因此露天台阶爆破已成为现代爆破工程应用最广的爆破技术。

台阶爆破分为浅眼爆破(炮眼直径不超过 50 mm,炮眼深度不超过 5 m)和深孔爆破(炮眼直径大于 75 mm,炮眼深度大于 5 m)两种。

8.1.1 台阶要素及布孔方式

1. 台阶要素

深孔爆破通常是在一个事先修好的台阶上进行钻孔作业,这个台阶也称梯段,所以台阶深孔爆破也称作梯段深孔爆破。深孔爆破的台阶要素主要包括:台阶高度、前排钻孔底盘抵抗线、钻孔深度、钻孔超深、堵塞长度、装药长度、钻孔间距、钻孔排距、安全距离、台阶坡面角等,其要素之间的关系及布孔方式如图 8-1 所示。

与浅孔爆破相比,深孔爆破具有一次爆破量大,每米炮孔出矿量大,单位炸药消耗量低,钻孔机械化和钻孔效率高等优点。因此,在适合的条件下,应尽量采用深孔爆破。目前我国露天岩(矿)普遍采用牙轮钻机或潜孔钻机钻凿深孔,直径为 150～200 mm 或 250～310 mm,孔深一般为 12～18 m。

爆破是露天岩(矿)生产过程的一个重要的先行环节。爆破质量的优劣,对后续环节,如装载、运输、破碎的生产效率起着决定性的作用。因此,对于深孔爆破的一些参数,如炮孔直径、炮孔深度、炮孔的间距和排距、超深、底盘抵抗线、填塞高度等,一定要根据岩石性质、设备特性和所采用的炸药性能等因素进行综合分析计算,并结合生产实践经验正确选取,以保证获得良好的爆破质量。

2. 布孔方式

(1) 钻孔形式

台阶爆破的钻孔一般分为垂直钻孔和倾斜钻孔两种形式。垂直钻孔和倾斜钻孔的优缺点比较见表 8-1。从表中可以看出,倾斜钻孔在爆破效果方面较垂直钻孔有较多的优点,但钻凿过程中的操作比较复杂,在相同台阶高度情况下倾斜钻孔比垂直钻孔要长,而且装药时容易堵孔,给装药带来一定的困难。

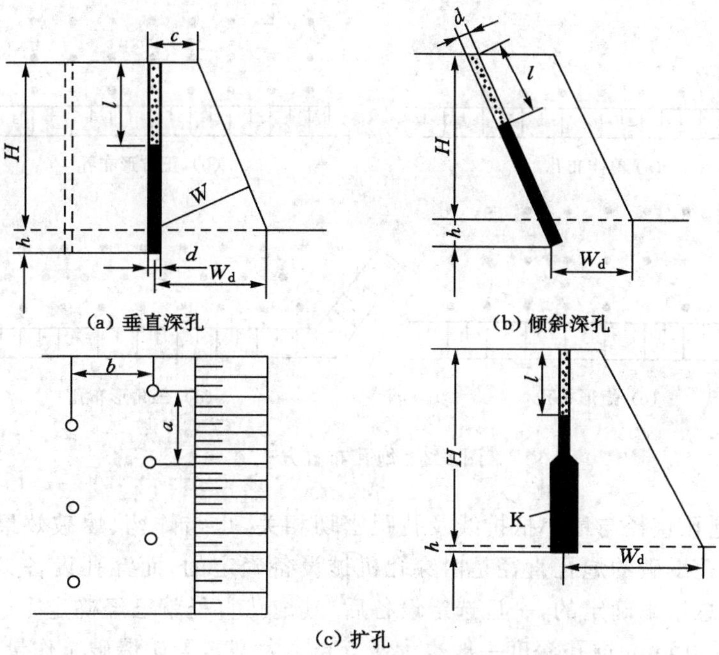

H—台阶高度；W—最小抵抗线；W_d—底盘抵抗线；h—钻孔超深；

a—钻孔间距；K—扩孔；b—钻孔排距；l—堵塞长度；c—安全距离；d—炮孔直径。

图 8-1　露天深孔爆破

表 8-1　垂直钻孔与倾斜钻孔比较

垂直钻孔	倾斜钻孔
钻孔角度易控制，误差较小； 钻孔施工方便，不易塌孔，钻速较快； 抵抗线变化大，底部抵抗线大，能量分布不均，易产生大块和根底； 爆破后冲和台阶拉裂范围较大，台阶坡面稳固性较差	钻孔角度控制难度大，误差相对较大； 施工技术要求高，易发生塌孔、卡钻事故； 抵抗线比较一致，能量分布较均匀，爆破块度易控制； 爆破后冲和拉裂范围较小，台阶坡面容易保持平整和稳定

（2）布孔方式

台阶爆破的布孔方式分为单排布孔和多排布孔两种，多排布孔又分为矩形布孔、正方形布孔和三角形（梅花形）布孔三种，如图 8-2 所示。

从能量均匀分布的观点看，在实际生产中常采用三角形布孔，而正方形和矩形布孔多用于开槽爆破中。在相同的条件下，与多排孔爆破相比较，尽管单排孔爆破可取得较好的爆破方量，但是其大块率高，爆破效果不好；由于广泛采用微差爆破技术，使得多排孔爆破不但能增加一次爆破的方量和规模，而且通过爆下的岩石挤压、碰撞作用，降低了大块率，改善了爆破质量和效果，爆堆也相对集中，有利于提高装岩效率。

8.1.2　台阶爆破参数的确定

1. 炮孔直径的确定

浅眼爆破：炮孔直径一般为 38～50 mm，炮孔深度一般也小于 5 m。

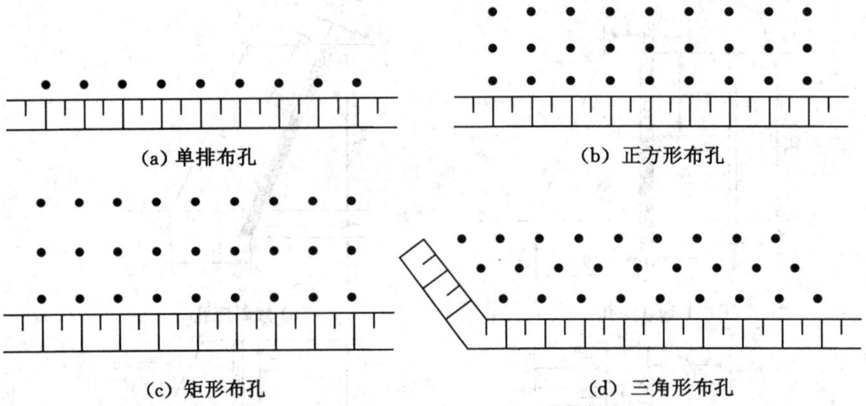

图 8-2　炮孔布置方式

深孔爆破：炮孔直径与最小抵抗线及孔距密切相关，也与炸药、爆破效果、爆破规模、钻孔效率有关。深孔爆破的炮孔直径是由穿孔机械设备确定的，而穿孔设备又是根据爆破规模和年爆破工作总量来确定的，一旦选定设备后，其炮孔直径就已经确定了。深孔爆破的炮孔直径一般大于 50 mm，炮孔深度一般也大于 5 m。大型露天矿爆破工作量很大，势必需要采用大型机械设备，此时就必须采用大孔径的炮孔，来适应大规模爆破的需求。我国大型露天矿多采用牙轮钻机，孔径 250～310 mm；中小型金属露天矿以及化工、建材等非金属矿山则采用潜孔钻机，孔径 100～200 mm；铁路、公路路基土石方开挖常用的钻孔孔径为 76～170 mm。

2. 台阶高度的确定

台阶高度是深孔爆破的重要技术参数之一，合理选择台阶高度关系到爆破的效果和岩渣的装运效率以及挖掘机械的安全。因此，确定台阶高度必须满足下列要求：

(1) 给机械设备(挖掘机、自卸汽车等)创造高效率的工作条件。

(2) 保证辅助工作量最小。

(3) 达到最好的技术经济指标。

(4) 满足安全工作要求。

露天矿台阶高度根据生产规模不同，一般取 10～15 m；在铁路施工中，根据施工特点和所采用钻孔机械、挖掘机械的技术水平，一般取 8～12 m 较为合适。有人认为经济的台阶高度为 12～18 m，随着钻眼机具和施工机械的发展，国外已有向高台阶发展的趋势，苏联某露天矿台阶高度已达 10～35 m，爆破质量和经济技术指标大幅度提高。

3. 底盘抵抗线的确定

底盘抵抗线是指由第一排装药孔中心到台阶坡脚的最短距离。在露天深孔爆破中，底盘抵抗线的大小是与爆破效果密切相关的参数，底盘抵抗线过大会造成残留根底多、大块率高、炮孔后冲击作用较大；底盘抵抗线过小则浪费炸药、增大钻孔工作量，而且极易形成加强抛掷爆破，使岩渣不易集中，影响爆破和装岩效率等经济指标，同时爆破有害效应增大。底盘抵抗线与炸药威力、岩石可爆性、岩石破碎要求、钻孔直径和台阶高度以及坡面角等因素有关。这些因素及其相互影响程度的复杂性，很难用一个数学公式表示，需依据具体条件，通过工程类比计算，在实践中不断调整底盘抵抗线，以便达到最佳的爆破和经济效果。

下面根据不同条件来确定底盘抵抗线的计算式：

（1）根据钻孔作业安全条件确定

$$W_{底}=H\cot\alpha+c \tag{8-1}$$

式中 H——台阶坡面高度，m；

α——台阶坡面角，(°)；

c——孔边距，一般取 $c=2.5\sim3$ m。

（2）巴隆公式：按照体积法（即药包质量与爆破岩石体积成正比）计算

$$W_{底}=D\sqrt{\frac{0.785\Delta\tau L}{mqH}} \tag{8-2}$$

式中 D——炮孔直径，dm；

Δ——装药密度，kg/dm^3；

q——单位炸药消耗量，kg/m^3；

m——炮孔密集系数，一般取 $m=0.8\sim1.2$；

τ——装药系数，当 $H<10$ m 时，$\tau=0.6$，当 $H=10\sim15$ m 时，$\tau=0.5$，当 $H=15\sim20$ m 时，$\tau=0.4$，当 $H>20$ m 时，$\tau=0.35$；

L——钻孔长度，m。

（3）按钻孔直径确定

$$W_{底}=(32\sim38)D \tag{8-3}$$

4. 孔距和排距的确定

孔距 a 是指同排的相邻两个炮孔中心线间的距离；排距 b 是指多排孔爆破时，相邻两排炮孔间的距离。孔距和排距是一个相关的参数。当最小抵抗线 W 和 a 确定后，即可根据密集系数（不论是矩形布孔还是梅花形布孔，其孔距与抵抗线（或排距）之比称为炮孔密集系数，一般用 m 表示，即 $m=\frac{a}{W}$）计算孔距和排距：

$$a=mb \tag{8-4}$$

在露天台阶深孔爆破中，炮孔密集系数 m 是一个很重要的参数，一般取 $m=0.8\sim1.4$。随着岩石爆破研究的不断深入和实践经验的丰富，大孔径爆破技术发展迅速，即在孔网面积不变的情况下，适当减少底盘抵抗线或排距而增加孔距，可显著改善爆破效果。在国内，炮孔密集系数值已增大到 4～6 或更大；在国外，炮孔密集系数甚至提高到 8 以上。

5. 炮孔超深与孔深的确定

炮孔超深 Δh 是指钻孔超出台阶底盘标高的那一段孔深，其作用是克服台阶底部阻力，避免或减少残留根底，以形成平整的底部。若炮孔超深过大不但造成钻孔和炸药的浪费，而且使下一个台阶的顶板遭到破坏，给下一个台阶的钻孔造成困难；若炮孔超深不足，将会产生根底而影响岩渣的装运工作。根据经验，一般炮孔超深按下式确定：

$$\Delta h=(0.15\sim0.35)W \tag{8-5}$$

炮孔超深与岩石的坚硬程度、炮孔直径、底盘抵抗线、坡面角和底部装药情况有关，如果岩石坚硬、可爆性差、坡面角大和底部装药量少时，则炮孔超深取大值；反之则取小值。也可按孔径的 8～12 倍来确定。

确定超深时，还可以参考表 8-2 进行选取。但表中所列数据适用于钻孔直径为 150 mm

的情形。如果钻孔直径 d 不是 150 mm,需将表中的数据乘以 $d/150$ 即可。进行排孔爆破时,第二排以后的超深值还需加大 0.3～0.5 m。

表 8-2 超深 Δh 取值 单位:m

H/m	f 值			
	1～3	3～6	6～8	10～20
7	0.60	0.70	0.85	1.00
10	0.70	0.85	1.00	1.25
15	0.85	1.00	1.25	1.50
20	1.00	1.25	1.50	1.75
25	1.25	1.50	1.75	2.00

孔深是超深与台阶高度之和,即 $L=H+\Delta h$。

6. 孔边距的确定

孔边距是指从深孔孔中心到坡顶边线的距离,也称安全距离,它的大小与岩石性质有关,对穿孔设备的安全影响较大,并且与垂直孔爆破的底盘抵抗线密切相关。在垂直深孔爆破时,往往要求在保证穿孔机械安全的前提下,尽量减小孔边距的大小,保证底盘抵抗线能取一个比较合理的值。实际施工中,一般取 $c=2.5$～3.0。

7. 单位炸药消耗量的确定

影响单位炸药消耗量的因素很多,确定时主要考虑下列有关因素:

(1) 岩石的可爆性因素。这与岩石的物理力学性质和结构特征有关,如岩石越硬,其整体性越好,单位炸药消耗量就越高。

(2) 炸药的威力因素。在炸药与岩石相匹配的情况下,炸药的威力越高,单位岩石破碎所需的炸药量就越少。

(3) 岩石破碎的块度要求因素。设计要根据工程对岩石破碎块度的要求对穿孔参数进行调整,还要对单位炸药消耗量进行调整,如果要求破碎块度小则单位炸药消耗量就大,反之则小。

(4) 爆堆抛掷程度要求因素。如果对爆堆需要有抛掷要求时,其单位炸药消耗量也会不同。

(5) 被爆岩体的自由面因素。若被爆岩体的自由面数越多,其单位炸药消耗量也越小。

因此,单位炸药消耗量的大小要根据上述因素综合确定。

8.1.3 台阶爆破施工工艺

露天深孔爆破施工工艺包括钻孔、装药、堵塞、敷设网路与起爆。整个工艺过程的施工质量将会直接影响爆破安全与效果,因此,每一道工序都必须遵守《爆破安全规程》(GB 6722)与操作技术规程的有关规定。

1. 钻孔

钻孔前按照爆破设计图在地面上定出孔位,严格按设计孔位、深度、倾角钻孔;钻孔的孔口不要打成喇叭状;钻孔时要随时将孔口岩渣和碎石清除干净并整平,防止掉入孔内;钻孔结束后及时将岩粉吹除干净；钻孔误差不大于孔深的1%；钻孔完毕，用专制孔盖将孔口封好，并用塑料布覆盖，防止雨水将岩粉冲入孔内。

2. 装药

装药方法有人工装药法和机械装药法之分。人工装药法劳动强度大，装药效率低，装药质量差，特别是水孔装药会产生药柱不连续问题，影响炸药的稳定爆轰。因此，人工装药逐步被机械装药所代替。无论是人工装药还是机械装药，都必须严格控制每个孔的装药量，并在装药过程中检查装药高度。如果在装药过程中发现堵塞时，应停止装药并及时处理，在未装入雷管或起爆药柱等敏感的爆破器材以前，可用木制长杆处理，严禁用钻具处理装药堵塞的钻孔。

装药结构按装药种类分单一装药结构和组合装药结构。单一装药结构是在孔内装同一品种和密度的炸药；组合装药结构是在孔底装高威力炸药，在孔上部装威力较低的炸药。按装药形式则有连续装药结构、间隔装药结构和耦合或不耦合装药结构。

装药一般采用单一连续装药结构。当底盘夹制作用较大时，宜采用组合装药结构。当炮孔穿过强度悬殊的软、硬岩层或大破碎带、贯通大气的宽裂缝时，则宜采用间隔装药结构，将药包装在较坚硬的部位，而软弱部位则应进行填塞，有时为了改善台阶上部的破碎质量，可采用提高装药高度的办法，将装药结构分成两段，上部的装药量仅为炮孔总装药量的1/4～1/3，中间用填塞材料分开，此时孔口堵塞长度不得小于最小抵抗线长度。

3. 炮孔的填塞长度及填塞

炮孔填塞长度是指装药后炮孔的剩余部分，即用作填塞物充填的长度。填塞长度是与爆破效果密切相关的参数，在一般情况下，填塞长度主要按下式取值：

$$L_2=(0.7\sim1.0)W \quad 或 \quad L_2=(20\sim30)D \tag{8-6}$$

式中 L_2——炮孔填塞长度，m；

W——最小抵抗线，m；

D——炮孔直径，m。

填塞长度受填塞料质量的影响。国内深孔爆破多用钻屑作为填塞料，国外则建议用粒径4～9 mm的砂和砾石作为填塞料，研究表明此类填塞料封闭爆生气体的效果最佳，并建议应避免使用细钻屑作为填塞料。当填塞料不合适或填塞长度不够时，就会出现爆生气体从炮孔孔口冲出，影响爆破效果，既可能产生大块和根底，又可能造成飞石伤人事故。因此，填塞长度必须按设计施工，确保填塞长度和质量是衡量施工质量的重要标志之一。

8.1.4 露天台阶爆破技术的发展

1. 大区多排孔毫秒延期爆破技术

毫秒延期爆破是指相邻炮孔或排间孔以及深孔内以毫秒级的时间间隔顺序起爆的一种爆破技术。大区和多排孔是表示毫秒延期爆破的规模。在矿山多用爆破区域范围(爆破量)来衡量爆破规模的大小；在铁路、公路土石方工程中利用爆破排数来衡量。

(1) 大区多排孔毫秒爆破的特点

① 爆破规模大、爆破技术复杂、难度大。

② 参加爆破施工的人数较多，工期较长，对施工组织和管理要求高。

③ 由于爆破规模大，爆破有害效应(爆破振动、空气冲击波、噪声、飞石等)相对更严重

些，要求采取更加严密的防护措施。

(2) 毫秒延期间隔时间的确定

确定合理的毫秒延期间隔时间是实现毫秒爆破的关键。但是，如何确定，采用什么样的公式计算，目前尚缺乏统一的认识。以下计算公式仅供参考。

① 以形成新自由面所需要的时间确定毫秒延期间隔时间。

根据大量统计资料，从起爆到岩石被破坏和发生位移的时间，大约是应力波传到自由面所需时间的 5～10 倍，即岩石的破坏和移动时间与最小抵抗线(或底盘抵抗线)成正比，

$$\Delta t = KW \tag{8-7}$$

式中 Δt——毫秒延期间隔时间，ms；

K——与岩石性质、结构构造和爆破条件有关的系数，在露天台阶爆破条件下，K 值取 2～5；

W——最小抵抗线或底盘抵抗线，m。

② 考虑岩石性质和底盘抵抗线的经验公式：

$$\Delta t = K_1 W(24 - f) \tag{8-8}$$

式中 Δt——毫秒延期间隔时间，ms；

K_1——岩石裂隙系数，裂隙少的岩石取 0.5，中等裂隙岩石取 0.75，裂隙发育的岩石取 0.9；

W——底盘抵抗线，m；

f——岩石坚固性系数。

③ 长沙矿山研究院提出的经验公式：

$$\Delta t = (20 \sim 40)W/f \tag{8-9}$$

式中 f——岩石坚固性系数；

W——底盘抵抗线，m，清渣爆破时，W 取其实际抵抗线，压渣爆破时，W 取底盘抵抗线与压渣折合抵抗线之和。

④ 按岩石破裂过程时间累加的经验公式：

$$\Delta t = \frac{2W}{v_p} + K_1 \frac{W}{C_p} + \frac{S}{v} \tag{8-10}$$

式中 Δt——秒延期时间，s；

W——岩石抵抗线，m；

v_p——岩体中弹性纵波速度，m/s；

K_1——系数，表示岩体受高压气体作用后在抵抗线方向裂缝发展的过程，一般可取2～3；

C_p——裂缝扩展速度，它与岩石性质、炸药特性以及爆破方式等因素有关，一般中硬岩石在 1 000～1 500 m/s，坚硬岩石在 2 000 m/s 左右，软岩在 1 000 m/s 以下；

S——破裂面移动距离，一般取 0.1～0.3 m；

v——破裂体运动的平均速度，m/s，对于松动爆破而言，其值为 10～20 m/s。

通常，露天深孔台阶爆破时，毫秒延期间隔时间为 15～75 ms，常用 25～50 ms，随着排数的增加，排间毫秒延期间隔时间依次加长。

2. 大孔距、小抵抗线毫秒延期爆破技术

大孔距、小抵抗线爆破是在保持炮孔负担面积不变的前提下，加大孔距、减小抵抗线，即增大密集系数的一种爆破技术。该项技术早期由瑞典 U. 兰格福斯提出，20 世纪 80 年代开始我国也进行了研究和推广，至今已取得明显的效果。国内外研究表明：该项爆破技术无论在改善爆破质量，还是在降低单耗、增大延米爆破量方面都表现出了巨大的潜力。

(1) 大孔距、小抵抗线爆破机理

① 增大爆破漏斗角，形成弧形自由面，为岩石受拉伸破坏创造了有利条件。在炮孔负担面积不变的情况下，减小最小抵抗线，则爆破漏斗角随之增大(图 8-3)。由于每个爆破漏斗角增大，从而为后排孔爆破创造了一个弧形且含有微裂隙的自由面。试验表明，弧形自由面比平面自由面的反射拉伸应力作用范围大，有利于促进爆破漏斗边缘径向裂隙的扩展，破碎效果好。

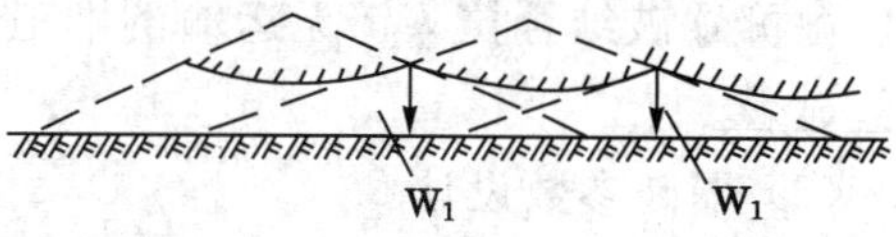

图 8-3 爆破漏斗角

② 防止爆炸气体过早泄出，提高了炸药能量利用率。由于孔距增大，爆炸气体不致由于相邻炮孔之间的裂隙过早地贯通而逸散，提高了炸药能量利用率。

③ 炮孔间应力叠加作用减弱，使单孔的径向裂隙、环状裂隙得到充分发育，有利于改善岩石的破碎质量。

④ 增强辅助破碎作用。由于抵抗线减小，弧形自由面的存在，既可使拉伸碎片获得较大的抛掷速度，又可延缓爆炸气体过早逸散，使其有较大的能量推移破碎的岩体，有利于岩块的相互碰撞，增强了辅助破碎作用。

(2) 密集系数(m)值的选取

关于密集系数(m)值的选取，目前尚无统一的计算公式，可根据类似工程的成功实例或试验选取。一般认为 $m=2\sim6$ 都可取得良好的爆破效果，个别情况 $m=6\sim8$ 也是可行的。但是在工程实施过程中，有两点需要特别注意：

① 保证穿孔质量(孔位、孔深)。

② 定好第一排孔的 m 值至关重要，通常，先定好第一排炮孔的参数，确保不留根底；然后再依次布置第二排、第三排等炮孔。

3. 露天煤矿高台阶抛掷爆破

20 世纪 60 年代初期，抛掷爆破在美国的 Mc Coy Coal 矿进行了尝试，该矿覆盖物厚 18～24 m，抛掷爆破把 40%的覆盖物抛到采空区；20 世纪 80 年代初期，美国、澳大利亚等国家又对此项技术进行研究，形成了抛掷爆破-拉斗铲、抛掷爆破-推土机、抛掷爆破-电铲-卡车等多种剥离工艺，台阶高度一般为 40～50 m，有时高达 60～70 m。采用高台阶抛掷爆破技术，可将 30%～60%的覆盖物直接抛掷到采空区，不再进行二次处理，剥离费用降低了 30%以上。

(1) 有效抛掷率的定义及计算方法

抛掷爆破指在露天采矿中利用炸药的能量，将岩石或土层抛向采空区，以减少机械式装岩工作量的爆破方法。

有效抛掷率 E_p 是指有效抛掷量(V_B)占剥离岩石总量(V_B+V_C)的百分比，如式(8-11)所示。

$$E_p=\frac{V_B}{V_B+V_C}\times 100\% \tag{8-11}$$

式中 E_p——有效抛掷率；

V_B——抛掷到采空区且不需要二次运输的岩石体积，m^3；

V_C——抛掷爆破破碎岩石需要二次运输的岩石体积，m^3。

有效抛掷率越大，抛掷爆破效率越高，高台阶抛掷爆破的经济效果越好。

抛掷爆破结合拉斗铲无运输倒堆工艺，能显著提高生产效率，降低采矿生产费用，经济效益显著。

(2) 爆破参数设计

① 孔径。目前国外一般露天矿使用的孔径分为小孔（50～100 mm）、中孔（100～254 mm）、大孔（254～355 mm）和特大孔（355～445 mm）四种；国内露天矿，一般孔径为 200～310 mm。

② 台阶高度与采宽。在抛掷爆破中存在一个适合于抛掷爆破的台阶高度与采宽比（H/W_c），当 H/W_c 不合适时，就会降低抛掷爆破效率和经济性。目前世界上成功使用台阶抛掷爆破，并获得较大经济效益的矿山通常采用的 H/W_c 为 0.7～1，即：

$$\frac{H}{W_c}=\varepsilon \tag{8-12}$$

式中 ε——抛掷爆破台阶全高与采区宽度比，$\varepsilon=0.7\sim1$；

H——爆破台阶全高，m；

W_c——采区宽度，m。

当其中一个值选定，那么相应的另外一个值可根据上式确定。

③ 最小抵抗线。在给定孔径和炸药类型的情况下，最小抵抗线的大小最好能达到最大的抛射速度和理想的破碎块度。最小抵抗线 W 的计算式如下：

$$W=KD/1\ 000 \tag{8-13}$$

$$W=a/k \tag{8-14}$$

$$W=1.087q_l^{1/2} \tag{8-15}$$

式中 K——系数，取 $K=30\sim40$；

D——炮孔直径，mm；

a——孔距，m；

k——系数，取 $k=1\sim6$；

q_l——线装药密度，kg/m。

④ 填塞长度（l）。

$$l=(0.9\sim1.0)W \tag{8-16}$$

或

$$l=(20\sim30)D \tag{8-17}$$

填塞长度与填塞质量、填塞材料密切相关。填塞质量好、填塞物的密度大时，可适当减小填塞长度。

⑤ 单位炸药消耗量。综合北美露天煤矿抛掷爆破经验，建议抛掷爆破单位炸药消耗量选 0.60～0.75 kg/m^3。

⑥ 孔距与排距。排距 b 的计算方法与普通露天矿深孔爆破相同，对于给定的地质条

件、岩石类型，经过大量现场试验，可获得最佳爆破参数。排距确定后，孔距可由排距和炮孔的密集系数计算出来。

⑦ 孔间及排间延期时间选择。国外的大量现场试验研究发现，要获得较好的抛掷爆破效果，排间延期间隔 $t_p=(2\sim3)b$ ms，其中 b 为排距，单位是英尺（1 m=3.281 英尺）。覆盖物较软时，延期间隔大些，抛掷效果较好。

综合国内外高台阶抛掷爆破的经验，孔间延期间隔 $t_k=10\sim25$ ms，排间延期间隔 $t_p=75\sim200$ ms。黑岱沟露天矿抛掷爆破采用逐孔斜线起爆方法，孔间延期间隔 $t_k=9\sim17$ ms，效果最佳的 t_k 为 $9\sim13$ ms；排间延期间隔 $t_p=100\sim200$ ms，其中第一排至第二排为 100 ms，第二排至第三排为 150 ms，第三排至第八排为 200 ms，第八排至第九排为 150 ms，第九排至第十排为 100 ms，预裂孔先于主爆孔起爆，如图 8-4 所示。

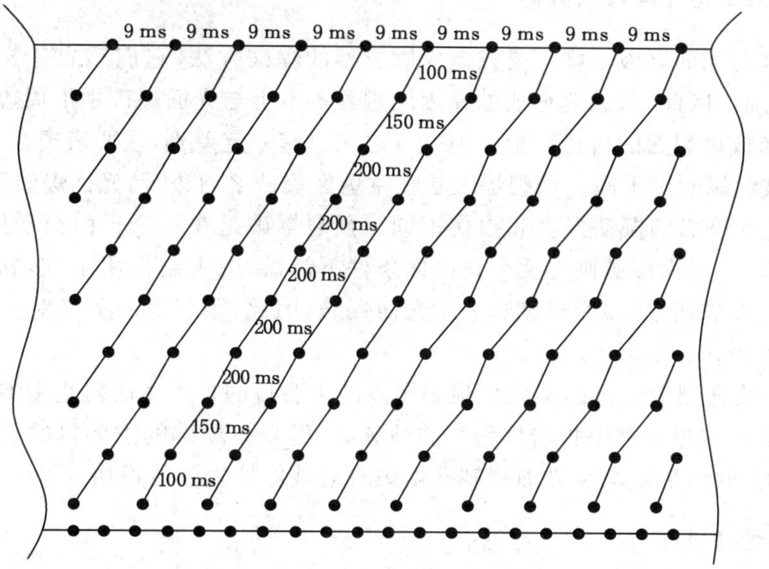

图 8-4 起爆顺序与延期间隔示意图

⑧ 欠深。为了保护下部煤层，炮孔距煤层顶板需要留出一定的距离，也就是要留有欠深，欠深一般取 1～3 m，如图 8-5 所示。

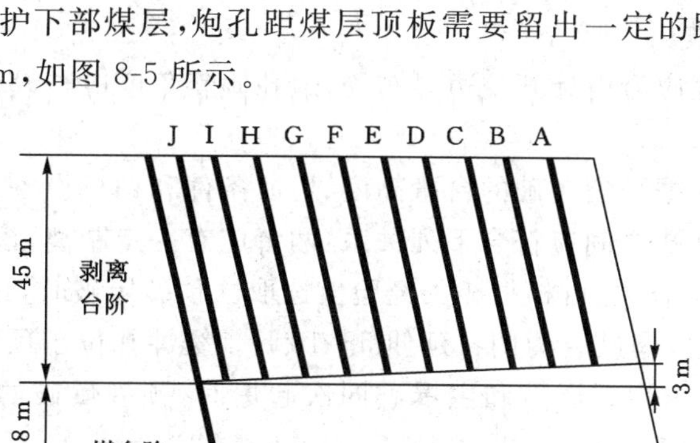

图 8-5 保护煤层钻孔欠深

8.2 预裂爆破技术

预裂爆破是在光面爆破基础上发展起来的一种控制爆破技术。它是沿着设计轮廓线，打一排减小孔间距的平行炮孔，减小装药量，采用不耦合装药，在开挖区主爆破孔爆破前，将这些轮廓线上的炮孔首先起爆，沿设计轮廓线先形成平整的预裂缝的爆破技术。

预裂爆破所形成的预裂缝能在一定范围内，减小主爆破孔组的爆破地震效应，阻止主爆破孔组的爆震裂缝的发展，提高岩体边坡的稳定。因此，预裂爆破目前已广泛应用于露天矿边坡、水工建筑、交通路堑与船坞码头的爆破施工中。

8.2.1 预裂爆破与光面爆破异同

预裂爆破与光面爆破一样都是控制轮廓成型的爆破方法，它们都能有效地控制开挖面的超、欠挖情况。因此，预裂缝形成的原因及过程基本上与光面爆破中沿周边眼中心连线产生贯通裂缝形成破裂面的机理相似。但二者之间也有一定差别，主要表现在以下几方面：

(1) 爆破起爆顺序不同。预裂爆破是在主爆区爆破之前进行，光面爆破则在其后进行。

(2) 爆破对围岩的振动强度和损伤不同。预裂爆破是在一个自由面条件下爆破，所受夹制作用很大，而光面爆破则在两个自由面条件下爆破，受夹制作用小，形成同样长度贯通裂缝时所需的爆破药量，预裂爆破远大于光面爆破，因此，预裂爆破势必对缝两侧岩体产生较强的震动和损伤。

(3) 产生贯通裂缝的目的不同。预裂爆破的主要目的是产生能阻止主炮孔爆破时的爆破震动波和爆破裂隙对被保护岩体伤害的预裂缝，而光面爆破的主要目的是在把光爆层岩体爆落下来的同时，尽量减少光面爆破孔爆破时对被保护岩体的损伤。

8.2.2 预裂爆破设计

1. 一般规定

(1) 对于拉槽路堑或坡面前方开挖层比较宽的路堑，以及需要设置隔震带的爆破区，边坡开挖宜采用预裂爆破。

(2) 预裂爆破炮孔应沿设计开挖边界布置，炮孔倾斜角度应与设计边坡坡度一致，炮孔底应处在同一高程上。

(3) 炮孔直径可根据预裂爆破的台阶高度、地质条件和钻机设备确定。

(4) 预裂孔与主炮孔之间应符合下列关系：两者应有一定距离，该距离与主炮孔药包直径及单段最大起爆药量有关，可根据相关经验值选取。预裂爆破时，预裂孔的布孔界限应超出主体爆破区，宜向主体爆破区两侧各延伸 5～10 m。缓冲孔位于预裂孔和主炮孔之间，设1～2 排，如图 8-6 所示。预裂爆破和主爆破同次起爆时，预裂爆破的炮孔应在主爆破前起爆，超前时间不宜小于 75 ms。

2. 预裂爆破参数

(1) 炮眼直径(D)

炮眼直径是根据工程性质及其爆破质量的要求和设备条件等选择的。小直径钻孔对围岩破坏范围小，预裂形状容易控制，易于取得较好效果。因此，国外采用小孔径预裂爆破较

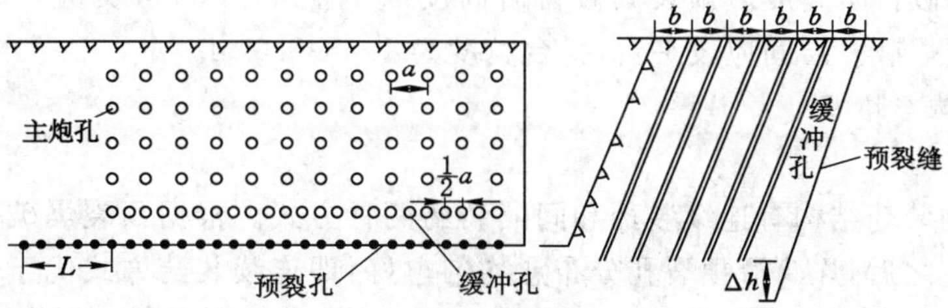

图 8-6 主爆孔、缓冲孔和预裂孔及预裂孔的超深(Δh)示意图

多,国内深孔预裂爆破的孔径为 60～120 mm,大孔径的也有一些应用,例如孔径 170～200 mm 时,仍然可以获得较好的效果,但不经济。

(2) 炮孔间距(a)

孔距是直接影响预裂带壁面光滑程度的重要参数,孔距小则预裂带壁面光滑平整。在实际工程中,一般采用的孔距为孔径的 8～12 倍,最高为 17 倍。原则是硬岩孔距取大值,软岩取小值。

(3) 预裂孔与缓冲孔的排距(b)

预裂孔与缓冲孔的排距应避免裂缝朝缓冲孔贯通,所以 $b>a$。一般取 $a=(0.7\sim0.8)b$。

(4) 预裂孔的孔深与超深

正常情况下,预裂爆破形成的预裂面比主炮孔孔底要超深 0.5～1.0 m。如果此超深对基岩的破坏为工程所不允许,则应当适当提高孔底高程,或者孔底高程不变,在孔底 0.5～1.0 m 处不装药,用柔性材料做垫层,或直接充填岩粉。

(5) 不耦合系数

采用不耦合装药结构的目的是要降低炸药爆炸的初始压力,使孔壁周围的岩石不受破坏。实验研究表明,不耦合系数将随岩石极限抗压强度的增加而下降。其经验公式为:

$$K=1+18.32\sigma_c^{-0.26} \tag{8-18}$$

式中 K——不耦合系数,在实际使用中取 2～5;

σ_c——岩石的抗压强度。

3. 计算中的注意事项

在爆破计算中应该注意的事项如下:

(1) 炸药性能。不同品种的炸药,它的爆破效果不一样,应根据工地实际使用的炸药品种进行必要的换算。

(2) 线装药密度。线装药密度是指炮孔每延米平均装药量,在实际装药过程中,应根据不同装药结构进行处理。采用分段装药时,即底部为加强装药段、中部为正常装药段、顶部为减弱装药和填塞段,在保证填塞长度条件下,取加强装药段长度 $L_3=0.2L$(L 为装药段总长度),中部正常装药段长度 $L_2=0.5L$,顶部减弱装药和填塞段 $L_1=0.3L$。

(3) 炮孔直径与孔深关系。孔径和孔深关系,一般条件下,炮孔深度浅,孔径小;炮孔深度大,孔径大。浅孔爆破取孔径 $D=45\sim50$ mm,深孔爆破取 $D=80\sim100$ mm,或者更大值,如 $D=250$ mm 或 310 mm

(4) 预裂爆破台阶高度。预裂爆破台阶高度以小于等于 15 m 为宜,当开挖深度大于 15 m 时,宜分层爆破。层间应设平台,平台宽度为 1.5～2.0 m。

4. 装药结构与堵塞

(1) 装药结构

预裂爆破的装药结构有连续装药和间隔装药两种方式。根据预裂爆破作用原理可知,在装药密度确定之后,炸药沿预裂孔分布愈均匀愈好,即连续装药方式优于间隔装药方式。只是由于炮孔底部夹制作用较大,不易造成所要求的预裂缝,故通常需要将孔底线装药密度增大 3～4 倍。但是当装药量一定时,连续装药使得炮孔孔口没有装药的长度较大,上部预裂裂纹效果受到一定的影响。

间隔装药可以将药包每间隔 20～30 cm 放一个,这样整个孔的药量能分布均匀,使预裂缝沿炮孔长度发育良好,取得很好的预裂爆破效果。但是,这种装药结构一方面由于装药处的不耦合系数较小,使得每个装药处的岩壁破坏较为严重,另一方面还需要借助导爆索连接来传递爆轰起爆相邻的药包,使得施工过程较为复杂。

(2) 堵塞

良好的炮孔堵塞是保持高压爆炸气体所必需的。在预裂爆破的堵塞过程中,首先将牛皮纸团或编织袋放入堵塞段的下部,再回填钻屑,这样既可以保证堵塞质量又可以使装药段保持空气间隔或不耦合装药。

堵塞长度和装药高度要适当,如果堵塞过短而装药太高,有造成孔口成为爆破漏斗的危险;如果堵塞过长而装药过低,则难以使顶部岩体形成完整的预裂缝。研究表明,堵塞长度与炮孔直径有关,当堵塞长度为炮孔直径的 12～20 倍时,能取得良好的爆破效果。

8.2.3 预裂爆破质量评价

1. 质量验收内容

(1) 主控项目:半壁孔率、坡面平整度和边坡坡率。

(2) 一般项目:预裂爆破裂缝宽度、坡面观感。

2. 主控项目质量验收检测数量和检测方法

(1) 检测数量

半壁孔率指标检测数量:按不同的地质区段(或同一地质区每 100 m 分 2 段)分别进行全面统计计算。

坡面平整度和边坡坡率指标检测数量:每开挖层每 100 m 等间距检测 6 个断面,检测断面应在两个残留炮孔中间。

(2) 检测方法

半壁孔率检测方法:采用观察、米尺测量手段检测,量尺误差应小于 0.2 m。

坡面平整度和边坡坡率指标检测方法:在确定检测断面前方架设全站仪,从坡脚开始垂直向上每隔 1 m 测量一个坡面坐标,计算出坡面平均坡率,再根据平均坡率线计算各测点的偏差,即坡面凹凸差,凹陷取正值,凸起取负值。

3. 质量评价标准

(1) 不同岩性边坡预裂爆破后坡面半壁孔率的质量标准,如表 8-3 所示。

表 8-3 按半壁孔率验收预裂爆破的质量标准

质量等级	硬岩(Ⅰ、Ⅱ级)	中硬岩(Ⅲ级)	软岩(Ⅳ、Ⅴ级)
合格	$\eta \geqslant 80\%$	$\eta \geqslant 60\%$	$\eta \geqslant 30\%$

注：半壁孔率 $\eta = \sum l_0 \Big/ \sum L_0 \times 100\%$。$\sum L_0$ 为检测区段坡面上的总钻孔延米数；$\sum l_0$ 为检测区段炮孔在坡面上残留炮孔痕迹的长度总和。

(2) 预裂爆破形成的边坡坡面应平顺，坡面平整度(凹凸差)小于±150 mm 为合格。局部地质原因的超标凹凸差，应据实确定。

(3) 预裂爆破形成的边坡坡率应符合表 8-4 规定的质量标准。

表 8-4 预裂爆破边坡坡率评价标准

项目	允许偏差	质量等级
倾斜坡面坡率 φ	±2°	合格
垂直坡面坡率 φ	正坡 2°，不允许倒坡	合格

8.3 硐室爆破

硐室爆破是将大量炸药集中装填于按设计开挖的药室中，达到一次起爆完成大量土石方开挖、抛填任务的爆破技术。由于一次爆破的用药量和爆落的土石方量较大，通常称为“大爆破”。硐室爆破具有工期短，爆破量大，施工设备简单，受地形和气候条件的影响较小，用于抛掷爆破时可大大减少岩土的装运量等许多优点。但是它也存在一些不可避免的缺点，如施工时的劳动条件差，爆破震动及破坏影响范围较大，爆破块度极不均匀，大块率高，单位炸药消耗量大等。

8.3.1 硐室爆破的分类及其适用条件

1. 硐室爆破的分类

硐室爆破的分类方法比较多，较为常见的有以下几种：

(1) 按地理条件分类

硐室爆破按地理条件分为露天硐室爆破、地下硐室爆破、水下硐室爆破。

(2) 按药包形状和布置形式分类

① 集中药包爆破。集中药包的尺寸应满足长径比小于 4。

② 条形药包爆破。当药包长径比大于 4 时称为条形药包或叫延长药包。

③ 混合药包爆破。在一次硐室爆破中，既有集中药包又有条形药包；有时将一个集中药包分成两个保持一定距离的集中或条形子药包，称为分集药包，以利于提高炸药的有效能量利用率。

④ 平面药包爆破。以等效作用的集中或条形药室按一定极限间距布成一个装药平面，平面药包爆破多用于定向抛掷筑坝等工程。

(3) 按爆破作用分类

① 松动爆破。仅仅使岩石松动、破碎，而破碎岩块不产生抛掷的爆破。松动爆破的炸药消耗量最小，能有效控制爆破堆积范围和飞石距离，爆破的有害效应最小。

② 抛掷爆破。爆破作用范围内的岩石不仅破碎，而且部分破碎岩块被抛掷出爆破漏斗以外，以减少土石方的装运工作量。平坦地形的强抛掷爆破又称扬弃爆破。

③ 定向抛掷爆破。根据具体的地形条件和工程要求，利用最小抵抗线原理，通过控制多个药包的爆炸作用方向和先后顺序，将大量岩土按设计方向抛掷到指定地点并堆积成一定形状。

④ 崩塌爆破和抛坍爆破。当地面自然坡度大于60°时，利用爆破作用将岩石松动，然后使破碎的岩石在重力作用下塌落的爆破方法称为崩塌爆破；在自然坡度大于30°的多面临空地形条件下，利用爆破作用使岩石破碎到一定程度，充分利用斜坡以上岩石内的潜在势能，使破碎的岩块抛坍出去，形成可见漏斗坑的爆破方法称为抛坍爆破。

2. 硐室爆破的适用条件

在实际工作中，使用硐室爆破来加快露天矿基岩剥离、开堑修路、堆筑堤坝、开山平地等。其一般适用于以下条件：

(1) 因山势较陡、高差大、土石方工程量大，机械设备上山较困难。

(2) 控制工期的重点工程。例如，铁路、公路的高填深挖路段，露天采矿的覆盖岩层揭除和平整场地等。

(3) 交通要道旁的石方工程，为防止长时间干扰交通的爆破。

(4) 在峡谷、河床两侧有高陡山地可取得大量土石方时，可运用定向爆破技术修筑堤坝。

(5) 填海建港、河道开挖、围堰截流、防汛抢险爆破。

8.3.2 硐室爆破设计原则与设计内容

1. 设计原则和基本要求

(1) 应根据上级机关批准的任务书和必要的基础资料及图纸进行编制。

(2) 遵循多快好省的原则，确定合理的方案。

(3) 贯彻安全生产方针，提出可靠的安全技术措施，确保施工安全和爆区周围建(构)筑物与设备不受损害。

(4) 采用各种先进的技术和手段，合理地选择爆破参数，以达到良好的爆破效果。

(5) 爆破应符合挖掘工艺要求，保证爆破方量和破碎质量，爆堆分布均匀，底板平整，以利于装运，同时要保护边坡不受损坏。

(6) 对大型或特殊的爆破工程，其技术方案和主要参数应通过试验确定。

2. 设计基础资料

硐室爆破工程必须具备以下四个方面的基础资料：

(1) 工程任务资料

包括工程目的、任务、技术要求，有关工程设计的合同、文件、会议纪要以及上级部门的批复和决定。

(2) 地形地质资料

① 爆破漏斗区及爆岩堆积区的1∶500地形图；

② 比例为1∶1 000～1∶5 000的大区域地形图，其范围包括爆破影响区内所有可能引起破坏的建(构)筑物、高压线、铁路、公路和航线；

③ 1∶500或1∶1 000的爆区地质平面图及主要地质剖面图；

④ 工程地质勘测报告书及附图。

(3) 周围环境调查资料

① 爆破影响范围内建筑物、工业设施的完好程度及其重要程度；

② 爆区附近隐蔽工程的分布情况；

③ 影响爆破作业安全的高压线、电台、电视塔的位置及其功率；

④ 近期天气条件等。

(4) 试验资料

① 爆破器材说明书、合格证及检测报告；

② 爆破漏斗试验报告；

③ 爆破起爆网路试验资料；

④ 杂散电流检测报告；

⑤ 针对爆破工程中的特殊问题(如边坡问题、地震影响问题、堆积参数问题等)所做的试验炮的分析报告。

3. 设计工作的内容

(1) 爆破工程概况。包括工程目的、要求、进度、规模及预期效果。

(2) 地形及地质工程概况。包括爆破区和堆积区的地形、地貌、工程地质及水文地质有关内容，这些条件与爆破的关系以及爆破影响区域内的特殊地质构造(如滑坡、危坡、大型断层等)。

(3) 爆破方案。选择爆破方案的原则是:根据整体工程和地形、地貌等客观条件对爆破技术要求，合理地确定爆破范围和规模、爆破类型、药室形式和起爆方式，并对多方案优缺点进行比较，论证所选方案的合理性、存在的问题与解决的办法。

(4) 装药量的计算。说明各参数的选择依据及药量的计算方法，并列表说明计算结果。

(5) 爆破漏斗计算。包括压碎半径、上下破裂线及侧向开度、可见漏斗深度、爆破方量及抛掷方量计算等。

(6) 抛掷堆积计算。包括最远抛距、堆积三角形最高点抛距、堆积范围、最大堆积高度、爆后底板地形。

(7) 平巷及药室设计。确定平巷、横巷的断面，药室形状及所有控制点的坐标，并计算出硐外和各种硐室的开挖工程量。

(8) 堵塞设计。设计装药结构及炸药防潮防水措施，确定堵塞方法、堵塞材料及其要求，计算堵塞长度及其工程量。

(9) 起爆网路设计。包括起爆方法、网路形式及其敷设要求，计算电爆网路参数，列出所需主要爆破器材加工表。

(10) 安全设计。计算爆破地震波、空气冲击波、个别飞石和有毒气体的影响范围，确定安全距离，定出警戒范围及岗哨分布，对危险区内的建(构)筑物安全状况的评价及其防护措施。

(11) 科研观测设计。大中型爆破工程均需要进行科研观测，如爆破地震波监测、高速摄影对爆体鼓包运动的观测等。这些在设计文件中应列出项目、目的、工程量、承担单位及其预算经费。

(12) 试验爆破设计。一些大型爆破工程或难度较大的爆破工程，往往要考虑进行一次较大规模的试验爆破来最后确定爆破参数，试验爆破的设计除按一般工程设计的基本要求外，还应当考虑一些观测手段或设置一些参照物，以便在爆破后很快量化处理那些参数，获得大爆破设计中所需的参数和资料。

(13) 施工组织设计。应当包括施工现场布置，开挖施工的组织，装药、堵塞、起爆期间的指挥系统与组织，工程进度安排以及爆破后安全处理等。

(14) 所需仪器、机具及材料表。

(15) 工程投资概算。

(16) 主要技术经济指标。包括单位炸药消耗量、爆破方量成本、抛方成本，以及整个土石方工程(建成后)的成本、时间效益和社会效益分析等。

(17) 主要附图。包括地质平面及剖面图、药包布置平面及剖面图、爆破漏斗及爆堆计算剖面图、导硐及药室开挖施工图、起爆网路图、装药及堵塞施工图、爆破危险范围及警戒点分布图、科研观测布置图。

8.3.3 药包布置方法

药包布置是硐室爆破设计的核心，它具有整体性和灵活性，并与爆破要求、爆区地形、地质条件密切相关，是一个修正寻优、循环设计的过程。药包布置的整体性体现为多排多层药包分段起爆的设计理念，如果其中一个药包布置不当，将改变相邻药包和后排药包的边界条件，导致不良的爆破效果。药包布置的灵活性体现为任一爆破工程的设计方案都可以根据爆破任务的基本要求，结合爆区的地形、地质条件和周围环境要求，灵活选用不同的药包形式，进行多种方案的药包布置，图 8-7 所示。常用药包布置形式及其适用条件见表 8-5。

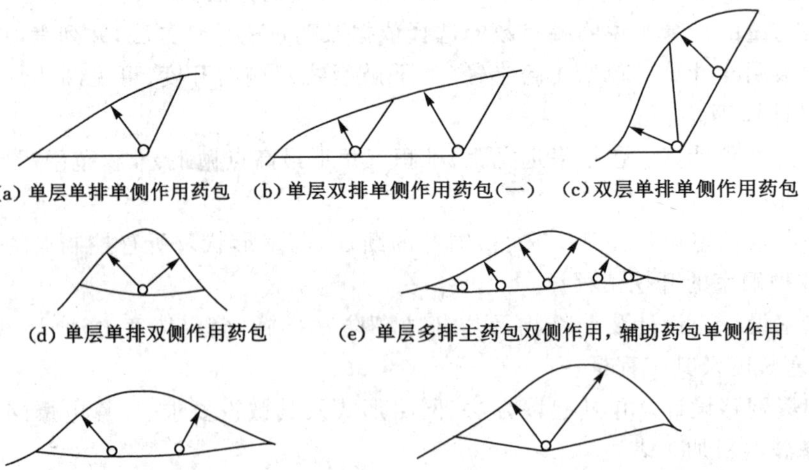

(a) 单层单排单侧作用药包　(b) 单层双排单侧作用药包(一)　(c) 双层单排单侧作用药包

(d) 单层单排双侧作用药包　(e) 单层多排主药包双侧作用，辅助药包单侧作用

(f) 单层双排单侧作用药包(二)　(g) 单层单排双侧不对称作用药包

图 8-7　药包布置方式

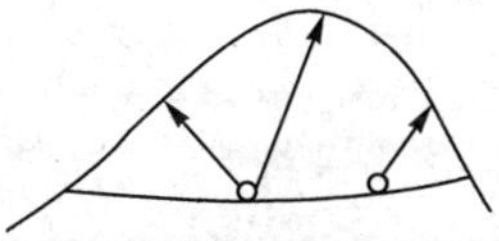

(h) 单层双排双侧作用不等量药包

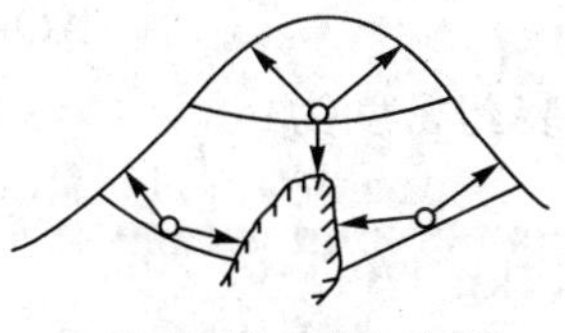

(i) 多重作用的复合药包

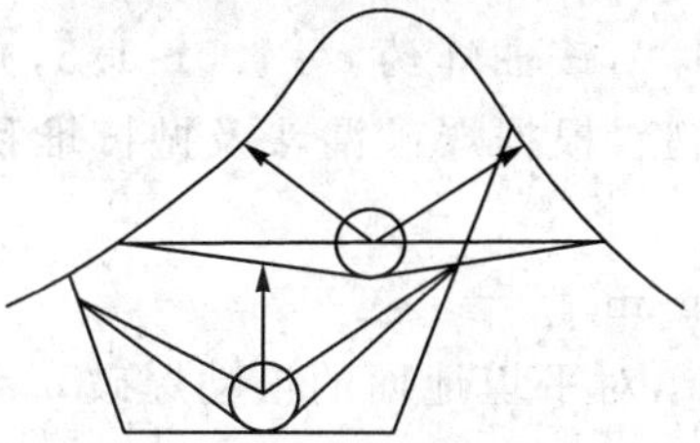

(j) 断层破碎带附近药包

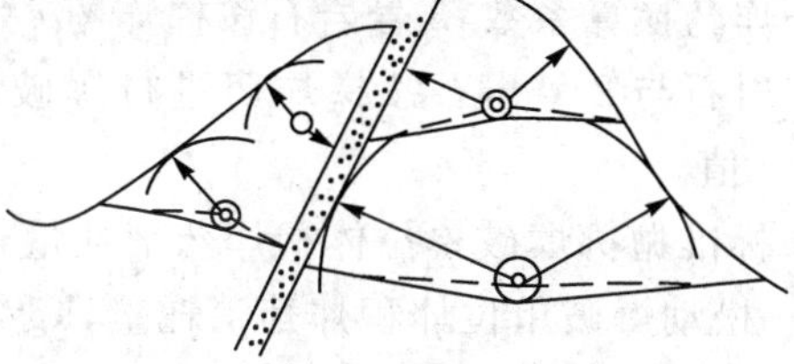

(k) 双层单排延迟爆破药包

图 8-7(续)

表 8-5　硐室爆破常用药包布置形式及其适用条件

爆破作用方向	药包布置形式	适用条件
单侧作用	单层单排布置	缓坡地形、高差小
	单层双排布置	同上,要求爆后形成宽平台
	双层单排布置	陡坡地形、高差大
双侧作用	单排布置	山脊地形
	多排布置,主药包双侧作用,辅助药包单侧作用	坡度平缓的山包
	并列单侧作用	顶部较宽的山包或山脊
	单排布置,一侧起松动作用,另一侧抛掷	两侧地形坡度不同的山脊或山包
	并列不等量药包,单侧作用	两侧地形坡度不同的山脊或山包
多向作用	单一药包	孤立山头,多面临空,地形坡度较陡
	单一主药包多向作用,辅助药包群单向作用	孤立山头,多面临空,地形较缓,山头高差较大
多重作用	复合布置	一切复杂的地质和地形条件

8.3.4　爆破参数的选择和设计计算

1. 装药量计算

(1) 加强松动爆破及抛掷爆破

① 集中药包装药量为:

$$Q=eqW^3(0.4+0.6n^3) \tag{8-19}$$

② 条形药包线装药密度为:

$$q_1=eqW^2(0.4+0.6n^3)/m \tag{8-20}$$

(2) 松动爆破

① 集中药包装药量为:

$$Q=eq'W^3 \tag{8-21}$$

② 条形药包线装药密度为：

$$q_1=eq'W^2 \tag{8-22}$$

式中 Q——装药量，kg。

q_1——条形药包线装药密度，kg/m。

e——炸药换算系数，2 号岩石铵梯炸药 $e=1.0$，铵油炸药 $e=1.0\sim1.5$，亦可对被爆岩石与 2 号岩石铵梯炸药进行爆破试验，根据爆破漏斗及抛掷堆积的对比选 e 值。

q——标准抛掷爆破单位体积炸药消耗量，kg/m³。

q'——松动爆破单位体积炸药消耗量，kg/m³，对平坦地面的松动爆破 $q'=0.44q$，多面临空或陡崖崩塌松动爆破 $q'=(0.125\sim0.44)q$，大型矿山完整岩体的剥离松动爆破 $q'=(0.44\sim0.65)q$。

m——间距系数，一般取 1.0～1.2。

W——最小抵抗线，m，该值取决于爆破规模和爆区地形，一般情况下不宜大于30 m，较合理值为 15～20 m，同排条形药包最小抵抗线允许误差范围±7%。

n——爆破作用指数，n 值的选择如下：

① 加强松动爆破，要求大块率在 10%以内，且爆堆高度大于 15 m 时，可参照表 8-6 选取 n 值。

表 8-6　加强松动爆破的 n 值

最小抵抗线/m	20.0～22.5	22.5～25.0	25.0～27.5	27.5～30.0	30.0～32.5	32.5～35.0	35.0～37.5
n	0.70	0.75	0.80	0.85	0.90	0.95	1.00

② 平地抛掷爆破，按要求的抛掷率 E 选 n 值，计算公式为 $n=E/0.55+0.5$。

③ 斜坡地面抛掷爆破，当只要求抛出漏斗范围的百分率数时，可参照表 8-7 选取 n 值；当要求抛掷堆积形态时，则按抛掷距离的要求选取 n 值。

表 8-7　我国露天矿大爆破实际的 n 值

地形坡度/(°)	爆破类型	药包布置方式	抛掷率/%	爆破作用指数 n
35～40	抛掷爆破	单排单侧	73.5	1.20
30～45	抛掷爆破	单排多层单侧	75.5	1.20
35～45	抛掷爆破	单排单侧及单层双排	76.8	1.10～1.50
25～40	抛掷爆破	单层双排单侧	47.3	1.05
30～45	抛掷爆破	单层双排单侧	51.2	1.10
45～60	加强松动爆破	单排双侧	49.6	0.95
35～45	加强松动爆破	单排双侧	61.7	1.00
30～45	加强松动爆破	单排双侧	58.0	1.00
30～45	抛掷爆破	单排双侧	73.0	1.30
40～45	抛掷爆破	单排双侧	87.1	1.60
37～45	抛掷爆破	单排双侧	32.5	0.80～0.90

2. 药包间距的确定

药包间距通常根据最小抵抗线和爆破作用指数来确定。合理的药包间距，不但能保证两药包之间不留岩坎，还能充分利用炸药能量，发挥药包的共同作用。

(1) 集中药包间距的计算。不同地形和地质条件下集中药包间距的计算式见表 8-8。

表 8-8 集中药包间距的计算公式

爆破类型	地形	岩性	间距的计算式
松动爆破	平坦	土、岩石	$a=(0.8\sim1.0)W$
	斜坡、台阶		$a=(1.0\sim1.2)W$
加强松动、抛掷爆破	平坦	岩石	$a=0.5W(1+n)$
		软岩、土	$a=W\sqrt[3]{0.4+0.6n^3}$
	斜坡	硬岩	$a=W\sqrt[3]{0.4+0.6n^3}$
		软岩	$a=nW$
		黄土	$a=4nW/3$
	多面临空、陡崖	土、岩石	$a=(0.8\sim0.9)W\sqrt{1+n^3}$
斜坡抛掷爆破，同排同时起爆，相邻药室间距			$0.5W(1+n)\leqslant a\leqslant nW$
斜坡抛掷爆破，同排同时起爆，上、下层间距			$nW\leqslant b\leqslant 0.9W\sqrt{1+n^2}$
分集药包间距			$a=0.5W$
集中药包爆破层间距			$b=(1.2\sim2.0)W_{cp}^{*}$

* W_{cp}为上、下层集中药包 W 的平均值。

(2) 条形药包间距的计算。同排并列条形药包，主要考虑相邻药包的端部间距 a'，一般情况下在最小抵抗线为 20 m 左右时，取 4～6 m。也可按表 8-9 的经验数值选取。

表 8-9 条形药包间距计算公式

起爆方式	间距 a' 的计算公式
两个条形药包同时起爆时	$a'=(W_1+W_2)/6$
两个条形药包以毫秒间隔起爆	$a'=(1/6\sim1/4)(W_1+W_2)$
两个条形药包以秒间隔起爆	$a'=(1/3\sim1/2)(W_1+W_2)$
条形药包与集中药包同时起爆	$a'=W_2'/2$
条形药包与集中药包以毫秒间隔起爆	$a'=(0.5\sim0.7)W_2'$
条形药包与集中药包以秒间隔起爆	$a'=(0.7\sim1.0)W_2'$

注：表中 W_1、W_2 分别为两个同排条形药包的最小抵抗线，W'_2 为集中药包最小抵抗线。

(3) 斜坡爆破时药包的层间距离 b 值与多层集中药包相同。抛掷爆破取小值，松动崩塌爆破取大值。

互相垂直的条形药包之间的距离，可按表 8-9 中条形药包与集中药包之间的距离计算。当多个条形药包端头交汇时，应采用端头条形药包互相交错的布药形式，防止布药的空白区域。

3. 延时时间的确定

硐室爆破各药包起爆时差选取的合理与否对爆破质量影响十分明显，但至今对延时时间的选取仍没有统一认识。近年来研究人员提出了大量的经验值和经验计算公式，这些公式大致都遵循以下原则：

（1）按爆炸应力场叠加增强的原则。

（2）按形成新自由面的原则。

（3）按提高爆破质量的原则。

（4）按地震效应为最小的原则。

（5）按工程类比法确定的原则。

合理的延时爆破设计应同时考虑起爆顺序、药包之间的相对位置、地质结构、岩土松散系数和工程经验等因素，并依据现有爆破器材合理搭配。硐室爆破药室之间起爆的时间间隔可按表 8-10 选取。

表 8-10　爆破规模与时间间隔的关系

硐室爆破类型	最小抵抗线/m	同排相邻药包起爆时间间隔/ms	前后排药包起爆时间间隔/ms
大型硐室爆破	＞15～30	＞50～80	＞100～300
中型硐室爆破	8～15	＞25～50	＞60～110
小型硐室爆破	5～8	＞10～25	＞35～75

4. 爆破漏斗的计算

硐室爆破爆破漏斗结构示意图如图 8-8 所示。其爆破漏斗主要参数有：压碎圈半径、上破裂半径、下破裂半径、可见漏斗深度等。

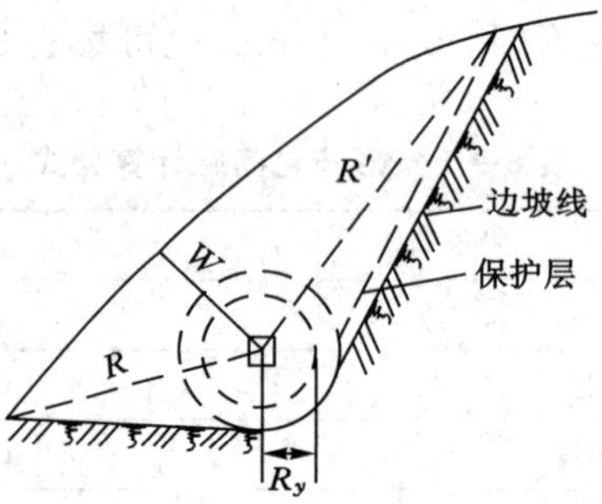

图 8-8　斜坡单药包抛掷爆破爆破漏斗示意图

（1）压碎圈半径 R_y

① 集中药包的压碎圈半径为：

$$R_y = 0.062\sqrt[3]{\frac{Q\mu_y}{\rho}} \tag{8-23}$$

② 条形药包的压碎圈半径为：

$$R_y = 0.56\sqrt{\frac{q_1\mu_y}{\rho}} \tag{8-24}$$

式中 Q——集中药包装药量，kg；

q_l——条形药包的线装药密度，kg/m；

μ_y——岩石压缩系数，按表 8-11 选取；

ρ——装药密度，kg/m^3，一般袋装硝铵炸药取 800 kg/m^3，袋间有散装药取 850 kg/m^3，散装炸药取 900 kg/m^3。

表 8-11 岩石压碎系数取值 μ_y

土岩类别	黏土	坚硬土	松软岩	软岩	坚硬岩
单轴抗压强度/MPa	5	6	8～20	30～50	60 以上
压碎系数	250	150	50	20	10

(2) 爆破漏斗下破裂半径 R

① 斜坡地形的爆破漏斗下破裂半径为：

$$R=\sqrt{1+n^2}W \tag{8-25}$$

② 山头双侧作用时爆破漏斗下破裂半径为：

$$R=\sqrt{1+\frac{n^2}{2}}W \tag{8-26}$$

(3) 爆破漏斗上破裂半径 R'

① 斜坡地形的爆破漏斗上破裂半径为：

$$R'=\sqrt{1+\beta n^2}W \tag{8-27}$$

② 坡度变化较大时爆破漏斗上破裂半径为：

$$R'=\frac{W}{2}(\sqrt{1+n^2}+\sqrt{1+\beta n^2}) \tag{8-28}$$

式中 β——根据地形坡度和土岩性质而定的破坏系数，对坚硬致密岩石取 $\beta=1+0.016(\alpha/10)^3$，对土、松软岩、中硬岩取 $\beta=1+0.04(\alpha/10)^3$；

α——地形坡度。

根据上述公式计算的 R_y、R、R' 的数据，绘制出爆破漏斗破裂范围，如图 8-9 所示。

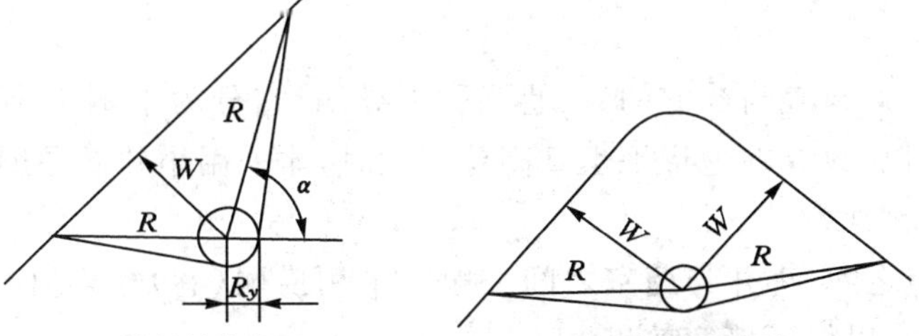

(a) 单侧斜坡地面 (b) 双侧斜坡地面

图 8-9 爆破漏斗剖面图

(4) 可见爆破漏斗深度 P

抛掷爆破时，在土石方被抛出后，即形成新的地面线，这样新的地面线与原地面线之间的最大距离称为可见漏斗深度，如图 8-10 所示。可见漏斗深度对预测爆破效果、计算爆破方量是很重要的。它的计算一般按下列情况进行。

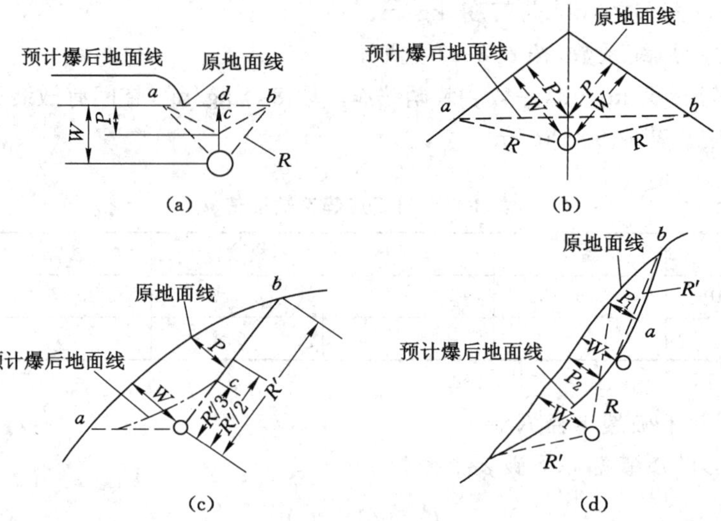

图 8-10 可见漏斗深度计算示意图

① 平坦地面抛掷爆破[图 8-10(a)]：

$$P=0.33W(2n-1) \tag{8-29}$$

② 斜坡地面单层药包抛掷爆破[图 8-10(c)]：

$$P=(0.32n+0.28)W \tag{8-30}$$

③ 斜坡地面多层药包，上层先爆，下层延期起爆[图 8-10(d)]：

$$P=0.2(4n-1)W \tag{8-31}$$

④ 多临空面抛掷爆破[图 8-10(b)]：

$$P=(0.6n+0.2)W \tag{8-32}$$

⑤ 陡坡地形崩塌爆破：

$$P=0.2(4n+0.5)W \tag{8-33}$$

8.3.5 导硐与药室设计

1. 导硐设计

在大爆破中，连通地表与药室的井、巷统称为导硐，它分为平硐与小井两类。设计中一般都采用平硐做导硐，只有在地形平坦且高差不大时，才采用小井做导硐。

(1) 导硐布置的要求

① 平硐与药室之间、小井与药室之间一般都采用横硐(巷)相连，横硐的方向与主硐垂直，长度不小于 5 m，以保证堵塞效果。

② 小井掘进超过 3 m 后应采用电力起爆或导爆索起爆；小井深度大于 7 m、平硐掘进长度超过 20 m 时，应采用机械通风；小井深度大于 5 m 时，工作人员不准许使用绳梯上下。掘进时采用电灯照明时，其电压不应超过 36 V。

③ 平硐设计应考虑出渣和排水方便，由硐口向内应打成 3%～5%的上坡。

④ 硐口位置应尽量避免正对建筑物，并应选择在地形较缓、运输方便的地方。

⑤ 在海拔高、气压低、装药量大的情况下，平硐断面可适当加大，长度应尽量缩短。

(2) 导硐断面的确定

导硐的断面尺寸应根据药室的装药量、导硐的长度及施工条件等因素确定，以掘进和堵塞工程量最小、施工安全方便及工程进度快为原则。《爆破安全规程》(GB 6722)规定，导硐最小断面在装岩机械运输条件下可取 1.6 m×1.8 m；在人工装岩、手推车运输条件下可取 1.2 m×1.8 m。

导硐断面设计尺寸可按表 8-12 来确定。

表 8-12　导硐断面尺寸

单位：m

基本条件	平硐	横硐	小井	
	高×宽	高×宽	高×宽	直径
药室装药量大，机械凿岩，机械装岩	2.4×2.0	2.4×1.8		
药室装药量大，人工开挖，小车运输	1.8×1.6	1.5×1.2	1.2×1.0	1～1.2
药室装药量小，人工开挖、装运	1.5×1.2	1.3×1.0	1.2×1.0	1～1.2

2. 药室设计

药室是导硐的尽端为装填炸药而扩大的部分。对药室的要求：能容纳该药室的全部设计药量，药室的所在位置和标高与设计相符，药室本身安全稳定，对于药室内的地下涌水和渗水有可靠的防治措施。

(1) 药室体积确定

药室体积可按下式计算：

$$V_k = \frac{Q}{\rho_0} K_v \tag{8-34}$$

式中 V_k——药室开挖体积，m^3；

Q——药室的装药量，t；

ρ_0——装药密度，kg/m^3；

K_v——药室扩大系数，药室不支护和袋装炸药时，$K_v=1.2 \sim 1.3$，药室有支护和袋装炸药时，$K_v=1.4$。

(2) 药室形状

集中药包的药室形状主要根据装药量的大小确定。当装药量小于 50 t 时，通常开挖成正方形或长方形，药室高度 2～4 m，长宽尺寸按装药量要求确定；当装药量大于 50 t 时，考虑到药室跨度太大不安全，常将药室开凿成"T"字形、十字形、回字形、日字形等形状。

条形药包的药室常根据地形条件设计成直线形和折线形，药室断面通常与施工导硐断面或横巷断面相同。

8.3.6 装药设计

1. 集中药包装药结构

集中药包装药结构如图 8-11 所示。起爆体放在正中，其周围装填一定量感度较好的铵梯炸药(或乳化炸药)，以增强其起爆能力。起爆体结构如图 8-12 所示，箱子内装雷管、导爆索结和优质、密度均匀的炸药。雷管导线和导爆索从起爆体开口拉出箱外，并将其在开口处锁定，在拉动导线和导爆索时箱内雷管不应受力。箱体的作用是保持装药密度，防止拖拽或塌方造成雷管意外爆炸。为便于搬运，一般起爆体装药量为 15～20 kg。

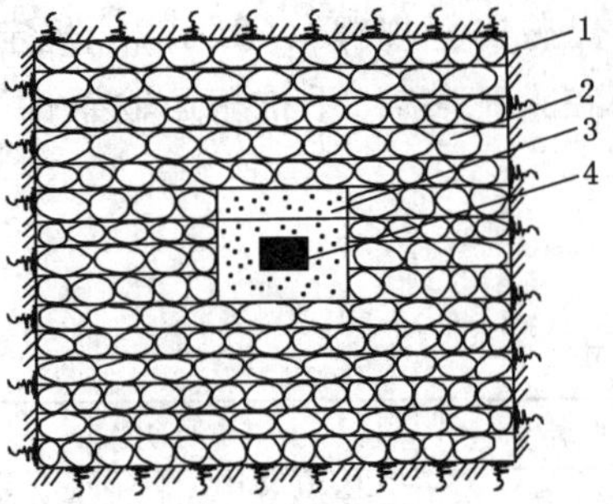

1—药室壁；2—外围装药；3—中心装药；4—起爆体。

图 8-11　集中药包装药结构示意图

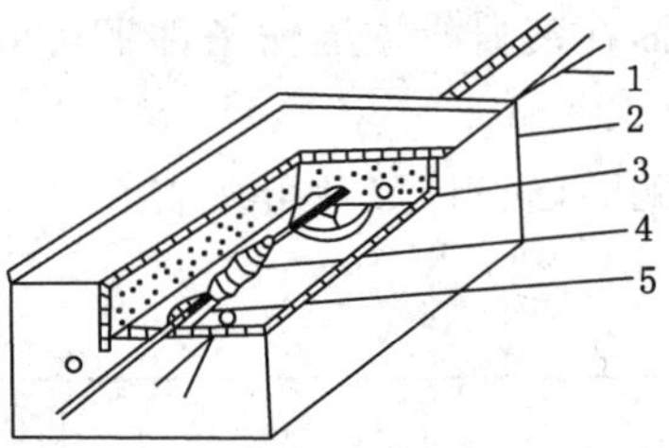

1—雷管导线；2—木箱；3—炸药；4—导爆索结；5—雷管。

图 8-12　起爆体结构示意图

2. 条形药包装药结构

条形药包的装药结构如图 8-13 所示。袋装铵油炸药沿药室外侧（即最小抵抗线方向）整齐码放，相互紧密接触，起爆体置于装药中心，整个药包断面的高度 h 和宽度 B 之比为 1∶0.7～1∶1。端部加药时，也是沿药室外侧主药包上部在加药长度内均匀布放，不能将其集中堆放于药包端头。条形装药两端及沿着装药长度设置几个副起爆体，各个主、副起爆体之间及同段各药室之间用双股导爆索串联。当条形药包长度超过 10 m 时，为可靠起爆，一般在药室两端（离端头 3～4 m）各放置一个主起爆体。

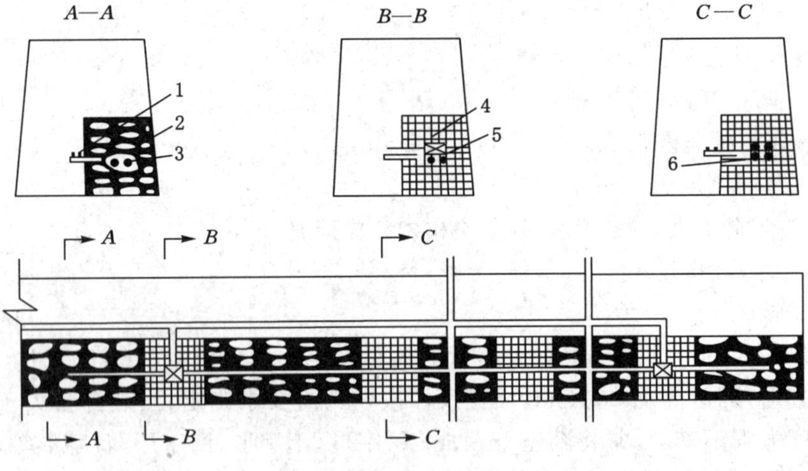

1—导线；2—铵油炸药；3—导爆索；4—铵梯炸药；5—起爆体；6—导爆索束。

图 8-13　条形药包装药结构示意图

8.3.7　起爆系统

起爆网路是硐室爆破保证安全起爆，达到设计要求的关键。《爆破安全规程》（GB 6722）规定，硐室爆破必须采用复式起爆网路。

1. 起爆网路

硐室爆破较常采用的复式起爆网路有:两套电起爆网路、电起爆与导爆索起爆网路、电起爆与非电导爆管起爆网路,在多雷电地区亦可采用两套导爆索起爆网路等。使用最广泛的是两套电起爆网路和电起爆与导爆索的复式起爆网路。

2. 起爆网路的要求

(1) 硐室爆破需要设置主起爆体和副起爆体,主起爆体一般用木箱加工,内装导爆索结、起爆雷管(副起爆体不装雷管,用导爆索和正起爆体连接)和质量好的 2 号岩石炸药。

(2) 同时起爆的药包多用导爆索相连接。

(3) 在堵塞段需用线槽保护电线和导爆索,线槽一般放在导硐下角,用土袋压好;线头都收在线头箱内,线头箱亦用土袋压好,在堵塞过程中,应定期检查起爆线路。

(4) 硐室爆破所使用的起爆网路均应进行原型试验,试验时所使用的器材、设备应与正式起爆时的相同,当试验完全成功后才能进行装药施工作业。

3. 起爆电源

硐室爆破不适宜使用起爆器起爆,因为起爆器电压高、电容量小,在硐内潮湿条件下,接头容易漏电,造成拒爆。一般采用 380 V 交流电源起爆,起爆电源的容量要满足设计要求,应保证通过每发电雷管的准爆电流,直流大于 2.5 A,交流大于 4.0 A。

4. 起爆站

硐室爆破的起爆工作应在专门设置的起爆站内进行。起爆站应设在安全地点,并需备有良好的通信设备,通信信号应清楚、准确。起爆站应在装药前建成,从连接网路开始就应设专人看管,站长全面负责站内工作。

8.3.8 警戒

爆破安全警戒工作应请当地公安部门配合,成立专门警戒小组,并指定负责人。爆破前警戒工作主要是对设计确定的危险区进行实地勘察,全面掌握爆区警戒范围的情况,核定警戒点和警戒标志的位置,确保能够封闭一切通道。各个岗哨应由指挥部统一编号,岗哨之间和岗哨与指挥部之间应建立通信联络,警戒人员应将本岗位警戒监视情况随时向指挥部报告。

警戒人员应在起爆前至少 1 h 到达指定地点,按设计警戒点和规定时间封闭通往或经过爆区的通道,使所有通向爆区的道路处于被监视之下,并在爆破危险区边界设立明显的警戒标志(警示牌、路障等)。在道路路口和危险区入口应设立警戒岗哨,在危险区边界外围设立流动监视岗哨。警戒人员应持有警戒旗、哨笛或便携式扩音器,并佩戴袖标。

8.3.9 爆后检查

爆后检查工作由爆破工程技术负责人、起爆站站长和有经验的爆破员组成的检查小组实施,等待时间由设计确定,但至少不小于 15 min。

爆后检查的内容包括以下几方面:

(1) 是否完全起爆。硐室爆破发生盲炮的表征是爆破效果与设计有较大差异;爆堆形态和设计有较大的差别;现场发现残药和导爆索残段;爆堆中留有岩坎、陡壁等。

(2) 有无危险边坡、不稳定爆堆、滚石和超范围塌陷。

(3) 最敏感、最重要的保护对象是否安全。

(4) 当爆区附近有隧道、涵洞和地下采场时,应对这些部位进行有毒气体检查,在检查结果明确之前,应进行局域封锁。

如果发现或怀疑有拒爆药包,应向爆破工作领导人汇报,由其组织有关人员做进一步检查,如果发现有其他不安全因素,应尽快采取措施进行处理;在上述情况下不应发出解除警戒信号。

复习思考题

1. 中、深孔台阶爆破炮孔布置形式有哪些?各有哪些优缺点?

2. 何谓炮孔底盘抵抗线?底盘抵抗线选取的正确与否对台阶爆破质量有何影响?

3. 简述光面爆破成缝机理。

4. 光面爆破与预裂爆破有何区别?它们各有哪些优缺点?

5. 硐室爆破施工有何特点?

6. 试解释下列术语:

(1) 光面爆破。

(2) 预裂爆破。

(3) 不耦合系数。

(4) 微差爆破。

(5) 大爆破。

9 矿山地下爆破

9.1 煤矿井下爆破

煤矿井下爆破作业主要应用在井下硐室开挖、井巷掘进和炮采工作面及一些特殊情况下的工程处理等方面。因井下硐室开挖、井巷掘进两方面的内容已在其他章节做了介绍，炮采现阶段矿山已很少应用，这里都不再赘述。本部分主要介绍煤矿井下爆破特点、爆破器材要求和一些特殊情况下的工程处理方面的内容。

9.1.1 煤矿井下爆破特点及爆破器材要求

1. 煤矿井下爆破特点

(1) 爆破作业现场均存在瓦斯，当掘进工作面进入含瓦斯的煤层或岩层时，瓦斯就会从煤(岩)层中向巷道空间涌出或突(喷)出，当瓦斯浓度达到 5%～16%时，遇到火源或温度达到 650～750 ℃时就会燃烧或爆炸。

(2) 爆破作业现场存在大量的煤尘，煤尘悬浮在空气中，当粒径为 10 μm～0.1 mm、浓度达到 300～400 g/m^3、温度达到 750～1 105 ℃时就会发生爆炸。

(3) 瓦斯和煤尘爆炸事故常常会形成共生灾害，瓦斯爆炸很容易使煤尘扬起达到爆炸浓度，再由瓦斯爆炸形成的冲击波和高温火源点燃和引爆，再扬尘、再爆炸，导致更大规模的恶性爆炸事故。

(4) 井下有毒、有害气体有煤系地层自身产生的，也有爆破施工和化工品的大量使用产生的。井下作业空间狭窄，通风不畅，作业环境恶劣。

(5) 煤矿井下巷道的断面尺寸普遍较小，多在 14～25 m^2之间，巷道断面形状和支护形式多样，岩性变化大，有岩巷、半(煤)岩巷、煤巷等。

2. 煤矿井下爆破器材要求

煤矿井下爆破必须使用煤矿许用爆破器材，不同瓦斯等级的矿井应使用不同安全等级的煤矿许用爆破器材，具体规定如下。

(1) 煤矿井下爆破使用电雷管时，应遵守下列规定：

① 使用煤矿许用瞬发电雷管或煤矿许用毫秒延期电雷管。

② 使用煤矿许用毫秒延期电雷管时，从起爆到最后一段的延期时间不应超过 130 ms。

③ 不应使用导爆管或普通导爆索。

(2) 井下爆破作业，必须使用煤矿许用炸药，并应遵守下列规定：

① 低瓦斯矿井的岩石掘进工作面必须使用安全等级不低于一级的煤矿许用炸药。

② 低瓦斯矿井的煤层采掘工作面、半煤岩掘进工作面必须使用安全等级不低于二级的煤矿许用炸药。

③ 高瓦斯矿井、低瓦斯矿井的高瓦斯区域，必须使用安全等级不低于三级的煤矿许用炸药；有煤(岩)与瓦斯突出危险的工作面，必须使用安全等级不低于三级的煤矿许用含水炸药。

3. 爆破网路要求

根据我国《爆破安全规程》和《煤矿安全规程》的规定，在有瓦斯的煤矿井下爆破只能使用煤矿许用电雷管和电爆网路，煤矿井下必须使用具有“入井检验合格证”的专用起爆器作为起爆源，严禁使用动力电源起爆网路。爆破网路的设计应根据工作面所处的位置和环境、炮孔数目和起爆器的能力来确定。

(1) 煤矿用起爆器。煤矿井下爆破以 MFB 系列电容式起爆器使用最为广泛，常用的有 MFB-50、MFB-100、MFB-150 和 MFB-200 型，起爆能力为 50～200 发煤矿许用电雷管。

为了确保煤矿井下爆破安全，《煤矿安全规程》规定了“一炮三检”和“三人连锁爆破制”等特殊制度。科技人员研发出了能够(因瓦斯超限、警戒疏漏等)自动闭锁的起爆器，其带有三重闭锁装置，钥匙分别由爆破工、瓦斯检查工和班长携带，以强制执行“三人连锁爆破制”。

(2) 爆破网路中使用的母线必须符合标准，严禁用多根导线做爆破母线，也不得用两根材质、规格不同的导线做爆破母线。

(3) 网路连接。常用的电爆网路有串联、并联和混联三种，应合理选择电爆网路的连接方式，保证雷管全部准爆。

(4) 网路检测。为安全和准确起爆，需要对连接好的起爆网路进行检测。设计起爆网路时必须进行网路电阻计算，起爆前再做全电阻检测，从而判断网路雷管和连接是否正常。如果在测量对比网路的总电阻值时出入较大(大于 5%)，必须查找原因并排除故障后再连线起爆。

9.1.2 煤矿井下特殊情况的爆破要求

1. 巷道贯通时的爆破要求

在煤矿生产和建设过程中，为了加快掘进速度、缩短施工时间，往往需要对头掘进，因此出现了掘进中的巷道贯通问题。在巷道贯通时，由于瓦斯和通风条件的突变，如果贯通措施采取不力或者测量有误，就有可能因爆破造成伤人、崩坏设备、引起贯通点冒顶等事故，严重时甚至会引起瓦斯和煤尘的爆炸。因此，在贯通前，必须编制贯通作业规程和制定专门的安全措施，防止因爆破引起的事故。贯通掘进时一般应注意如下事项：

(1) 当两条巷道贯通掘进，在两个工作面相距 20 m 时，地质测量人员就要下达贯通通知书。此时必须停止一头作业，只准从一个工作面向前掘进。停止作业的掘进工作面仍要保持正常通风，并且每次爆破时要派专人进行警戒，不准人员进入贯通巷道。

(2) 贯通巷道如果暂停作业，此巷道要封闭，设禁止通行标志，不准人员进入。恢复掘进时，贯通的两个掘进工作面都需要排放瓦斯，只有在两个掘进工作面的瓦斯浓度都降到 1%以下时，才准爆破。

(3) 爆破前，要认真加固贯通点附近的巷道支架。

(4) 要设好警戒。特别是上山和顺槽的贯通爆破，在距贯通地点 20 m 时，必须在顺槽贯通位置里外两侧设好警戒。禁止人员在贯通区内进行其他作业和逗留，警戒人员必须在爆破工的亲自通知下才准撤岗。

(5) 透位不清,禁止爆破。超过贯通距离而不透时,要立即停止爆破,查明原因,重新采取贯通措施。

2. 石门揭开有煤和瓦斯突出危险煤层时的爆破要求

(1) 煤和瓦斯突出现象及其机理

煤和瓦斯突出现象是瓦斯涌出的一种特殊形式。其常常在一瞬间从煤层深处抛出大量的煤,并涌出大量瓦斯(有时甚至抛出岩石和涌出二氧化碳),并伴随有强烈的冲击力。煤和瓦斯突出现象一般发生在石门掘进穿透和揭露煤层处,一旦发生突出,抛出的大量煤炭瞬间即可堵塞巷道,破坏通风系统,随之排出的大量瓦斯可逆风流扩散数千米,有的甚至喷出井口,摧毁设备,造成人员伤亡,遇火后还会发生燃烧或爆炸,给安全带来极大的威胁。

我国是煤和瓦斯突出严重的国家之一,有煤和瓦斯突出危险的矿井占有相当大的比例,有些矿区,例如四川、贵州等地矿区,煤和瓦斯突出已成为矿区的主要灾害之一。因此,认识煤和瓦斯突出的机理,充分掌握其发生的规律,采取有效措施加以控制,是搞好安全生产极为重要的一个方面。

煤层发生突出的主要原因是煤层中存在高压瓦斯。处于原始状态的煤层,由于瓦斯含量高,且受到强大的地应力作用,使瓦斯压力不断升高,其储存的内能也随之增大。在煤层没有开掘时,上述状况处于相对稳定的平衡状态,但是,当石门揭开煤层时,一方面使该处的煤体由三向应力受力状态转变成二向应力受力状态,煤体的极限应力强度也发生了改变;另一方面此处煤体受到爆破的震动和石门围岩暴露面的影响,破坏了煤层内原始应力状态的平衡,促使煤层内呈吸附状态的瓦斯迅速大量地解吸成为游离状态,并迅速膨胀释放出大量能量,使煤体受到强烈的挤压,并沿巷道方向涌出,形成一股强烈的气流,夹带着被粉碎的煤体以极快的速度涌到巷道中间,发生突出现象,这就是煤和瓦斯突出的机理。在煤和瓦斯突出的整个过程中,我们可以清楚地看出瓦斯是起主导作用的,并且煤层瓦斯压力是发生突出的主要动力来源。一般情况下,瓦斯含量及其压力愈大,原始状态被破坏后,瓦斯的解吸和膨胀扩散速度愈快,则突出强度愈大。除此之外,突出强度还取决于煤层的物理力学性能,煤层愈松散,外力(矿压显现、爆破震动强度等)愈大,则解吸速度愈快,突出时的作用力就愈大,造成的突出强度也愈大。因此,开采深度愈大,煤层愈厚,倾角愈大,煤质愈疏松、干燥,地质构造活动剧烈的断层褶曲地区,就愈容易发生突出现象,而且一旦发生突出,其强度都较大。中华人民共和国成立以来发生过的煤与瓦斯突出就达七八千次,突出煤量超过千吨的大突出就有四五十次之多。

(2) 煤和瓦斯突出的预兆和防治

石门穿透有煤和瓦斯突出危险的煤层时,煤体受到外力冲击诱导,很容易发生突出现象。虽然煤和瓦斯突出的速度很快,但也有一定规律可循。一般突出前都有些预兆,我们可以根据这些预兆采取相应的措施来控制突出的规模,甚至避免其发生。一般突出预兆有以下几个方面:

① 有响煤炮现象,即煤层内发出劈裂声或闷雷声。

② 煤壁发生震动、塌落、片帮和掉渣。

③ 顶板压力增加,支架发出折裂声,有时甚至出现底鼓现象。

④ 煤质变松,钻眼时易塌孔。

⑤ 煤层构造发生变化,出现煤的纹理不清。

⑥ 工作面瓦斯涌出量增加，温度降低，使人感到头晕。

目前在石门揭穿有煤和瓦斯突出危险的煤层时，不论选择什么措施，最后一般都是用远距离震动爆破或松动爆破作为揭开煤层的方法。

《煤矿安全规程》规定：石门揭穿突出煤层，在突出危险程度较大的煤层中必须采用抽采瓦斯、水力冲孔、水力冲刷、排放钻孔或金属骨架等预防突出措施，并配以震动爆破揭穿煤层。但是石门在揭穿突出煤层以前，必须遵守下列规定：

① 掘进工作面距煤层法线距离 10 m（地质构造复杂、岩石破碎的区域 20 m）以外，至少打 2 个前探钻孔，以便确切掌握煤层赋存条件、地质构造、瓦斯情况等。

② 在掘进工作面距煤层法线距离 5 m 以外，至少打 2 个穿透煤层全厚或见煤深度不少于 15 m 的钻孔，测定煤层瓦斯压力或预测突出危险性。测定煤层瓦斯压力时，钻孔应布置在岩层比较完整的地方。对近距离煤层群，层间距小于 5 m 或层间岩石破碎时，可测定煤层群的综合瓦斯压力。

③ 掘进工作面与煤层之间必须保持一定的岩柱，其尺寸应根据防治突出措施要求、岩石性质、煤层倾角等确定。工作面距煤层法线距离的最小值为：抽采或排放钻孔 3 m，金属骨架 2 m，水力冲孔 5 m，震动爆破揭穿急倾斜煤层 2 m，倾斜和缓倾斜煤层 1.5 m。如果岩石松软、破碎，还应适当增大法线距离。

④ 震动爆破工作面，必须具有独立、可靠、畅通的回风系统，爆破时回风系统内必须切断电源，严禁人员作业和通过。在其进风侧的巷道中，应设置两道坚固的反向风门。与回风系统相连的风门、风桥等通风设施必须坚固可靠，防止突出后的瓦斯涌入其他区域。

3. 震动爆破要求

震动爆破是一种诱导突出的方法。它是在工作面布置较多的炮眼，装药量较大，在爆破时，利用爆破产生的强大震动，使地应力作用下含有高压瓦斯的煤体突然暴露减压，为其突出创造有利条件。该方法在突出危险煤层中一般都能诱导突出。由于爆破前撤离了人员，并做好了有关的预防工作，因此避免了事故的发生。由此可知，震动爆破是诱导突出而不是抑制突出的方法。

(1) 震动爆破的机理

震动爆破是通过一次爆破突然使煤体全部暴露卸去外部压力（主要是地压力）诱导煤和瓦斯突出。这样在工作面前方的煤体中形成了一定长度的泄压带，在泄压带内应力得到充分释放，瓦斯也相应泄出，这对石门掘进时的安全是有利的。如果震动爆破未能诱导突出，则强大的震动力可以使煤体破碎产生裂隙，也有助于消除围岩应力的不均衡状态，缓解应力集中程度或排放瓦斯，这对防治突出也是有利的。这就是震动爆破能诱导和控制突出强度的机理。

我国在揭穿有煤和瓦斯突出危险的煤层时，采用震动爆破已有几十年的历史。北票、南桐、焦作等矿区，都积累了许多经验。很明显，从诱导突出的观点出发，震动爆破时炮眼越多，装药量越大，爆破造成的岩石震动也越大，发生突出的可能性也越大。但是这样往往使原来可以不突出的煤层形成了突出，原来小突出变成了大突出。震动爆破诱导发生的突出，一般抛出的煤和瓦斯量都很大，不但清理困难，而且瓦斯逆流对通风系统的破坏和危害也较大。所以有些学者提出，在石门揭穿煤层时应寻求减少爆破震动力的方法，以避免巨大的爆破震动诱导出强烈的突出。为此应缩短炮眼的深度和减小装药量，以抑制突出的强度，甚至防治突出的发生。我国某些矿区基于上述理论，在揭穿突出危险煤层时，采用毫秒延期电雷管，并适当减少装药量，降低爆破的震动效应，以期控制突出规模和降低突出煤量，取得了良好的效果。

根据国外一些国家对震动爆破后巷道中瓦斯浓度的实测情况，在震动爆破后 200 ms 以内，巷道中的瓦斯浓度接近爆破前的情况；爆破后 2 s 以内，巷道中瓦斯浓度增加，但尚未达到爆炸界限；在 2 s 后瓦斯浓度增长较快，如果发生突出，4～6 s 后瓦斯达到爆炸界限；在 30～48 s 之后，瓦斯浓度达到最大值。即使具有较好的通风条件，瓦斯超限的持续时间也很长。因此，在有煤和瓦斯突出的矿井中，可以采用微差爆破，但是毫秒延期电雷管必须是煤矿许用型，而且延期时间要控制在 130 ms 以内。

(2) 震动爆破参数

震动爆破必须将所有的炮眼一次起爆，崩开石门全断面内的岩柱，使石门全断面见煤，这样才能使煤体的应力和瓦斯得到全部释放，以避免在露出部分煤体的情况下刷大另一部分时，人员打眼爆破等引发延时突出而造成事故。

震动爆破的炮眼布置原则一般是：

① 炮眼个数要比一般性开挖爆破多 2～3 倍，具体眼数应视岩柱情况而定。

② 煤炮眼和岩石炮眼的比例大致为 1∶2，煤炮眼与岩石炮眼要交错布置，顺序起爆。

③ 煤炮眼的深度一般应超过煤层，如煤层很厚，可进入煤层 2～3 m。岩石炮眼眼底应距煤层 0.1～0.2 m，不得透煤，如已打透的炮眼应在眼底堵塞适当长度的炮泥。

④ 炮眼间距，一般的原则是底部较小，顶部较大；周边较小，中间较大。特别是周边炮眼间距要适当减小，这是为了保证爆破后巷道周边完整，避免在修正周边形状时，发生延时突出。

炮眼数目可用下式计算：

$$N=5\sqrt{S}\cdot\sqrt[3]{f^2} \tag{9-1}$$

式中 S——掘进巷道断面积，m^2；

f——岩柱的坚固性系数。

根据我国的实践经验，爆破单位装药量，采用瞬发雷管爆破时为 3～4.5 kg/m^3，采用微差爆破时为 2～3 kg/m^3。装药后全部炮眼必须填满炮泥。爆破时只能使用三级以上高性能的煤矿许用炸药。对于排放瓦斯的钻孔必须用黄泥填塞，其填塞长度要超过震动爆破的装药深度。

(3) 震动爆破中应注意的安全事项

① 采用震动爆破揭穿突出煤层前，必须编制专门设计，采取综合防治突出措施，报企业技术负责人审批。

② 震动爆破必须采用铜脚线的毫秒延期电雷管，雷管总延期时间不得超过 130 ms，严禁跳段使用。电雷管使用前必须进行导通试验。电雷管的连接必须使通过每一电雷管的电流达到其引爆电流的 2 倍。爆破母线必须采用专用电缆，并尽可能减少接头，有条件的可采用遥控发爆器。

③ 应采用挡栏设施以人为降低震动爆破诱发突出的强度。一般的做法是：在距工作面 4～5 m 的地方预留高度不小于 1.5 m 的矸石堆或用坑木垒起高至顶板的木垛，以减少煤的外涌，同时也可减少因爆破引起的倒棚。为了防止突出后瓦斯逆流和蔓延而窜入其他巷道

危及安全，可在有关的巷道中安设坚固的反向风门，在瓦斯大量涌出时，控制瓦斯的流动方向，阻止瓦斯蔓延。

④ 震动爆破应一次全断面揭穿或揭开煤层。如果未能一次揭穿煤层，在掘进剩余部分[包括掘进煤层和进入底（顶）板 2 m 范围内]时，必须按震动爆破的安全要求进行爆破作业。采取金属骨架措施揭穿煤层后，严禁拆除或回收骨架。揭穿或揭开煤层后，在石门附近 30 m 范围内掘进煤巷时，必须加强支护。设计中应包括爆破参数、爆破器材及起爆要求、爆破地点、反向风门的位置、避灾路线，以及停电、撤人和警戒的范围等。爆破前还应加强震动地点附近的支护，爆破工作应由矿技术负责人统一指挥，并有矿山救护队在指定地点值班。爆破半小时后，由矿山救护队进入工作面检查，根据检查的结果确定恢复送电、通风、排放瓦斯等具体措施。

爆破后要对原始资料（岩性、岩柱厚度、眼数、眼深、眼位、药量、连线方式、爆破效果、突出强度等）做详细记录，以便总结和分析，并为下一次爆破揭煤提供参考。

⑤ 震动爆破必须所有炮眼一次起爆，崩开石门全断面的岩柱。如果第一次震动爆破没有全断面揭开煤层时，第二次爆破工作仍需按震动爆破的有关要求执行，直至全部揭开并过完门坎（门坎是指倾斜和缓倾斜煤层，在从底板方向揭穿煤层时，由于巷道底部的岩柱长度相当大，爆破后巷道下部仍留有的部分岩柱）若干米后为止。妥善地处理门坎是震动爆破的一个极为重要的问题。由于石门穿入煤层后，巷道周边的煤体仍处于高应力状态，煤体中的高压瓦斯也未能充分释放，在刷大周边的爆破中，即所谓的过门坎的过程中，由于爆破的震动，还可能引起突出。因此在石门进入煤层后，特别在处理门坎的过程中，要着重注意观察突出征兆、加强支护等。如需采用爆破作业时，仍应采取相应的预防突出措施。

⑥ 震动爆破前要严格掌握煤层瓦斯压力，只有在煤层瓦斯压力小于 10 个标准大气压时，才能采取震动爆破揭穿煤层。在测定煤层瓦斯压力时，一定要选择坚硬致密的岩层中未发生喷煤、喷瓦斯的钻孔进行。根据我国各矿区多次测定煤层瓦斯压力的经验，当测压孔开孔位置距煤层较近且岩层松软时，测得的瓦斯压力一般都偏低。这是因为靠近煤层的岩层松软，其中的微小裂隙引起煤体瓦斯的排放，不易保持高压，所以测得的瓦斯压力值偏低，给人以假象，但当直接采取震动爆破时由于瓦斯的实际压力较高，往往会发生强度较大的突出。1985 年，南桐一井在实测瓦斯压力仅 7.6 kg/cm^3 的情况下，采用震动爆破后，发生了强度为 1 473 t 的大突出，这正说明了准确测量瓦斯压力是控制突出强度十分关键的问题。

⑦ 震动爆破只准一次装药、一次爆破，打眼与装药不准平行作业。炮孔填塞炮泥时必须全部炮眼堵满，如发现炮眼内有瓦斯涌出等异常现象时，应撤离人员。爆破前，必须检查有关的通风设施，在切断电源后，立即进行起爆，人员撤离的范围必须在爆破设计中根据突出的危险程度和通风系统的实际情况明确规定。在有严重突出危险的石门揭煤时，起爆工作应在地面进行，地面井口附近也要撤离无关人员，切断电源、火源，以防大量瓦斯喷出井口，造成燃烧和爆炸事故。

⑧ 在爆破揭开煤层后，应该停 1～2 d 再恢复正常工作，以便使煤体的应力和瓦斯都得到一定时间的释放，对于急倾斜薄煤层，过“煤门”比较简单，一般只要加固煤体、加强支架就可以了。但对于缓倾斜厚煤层，过“煤门”的距离长，则应采取一些措施。例如，向工作面前方和两侧打若干瓦斯泄压钻孔，使石门前方和周边的煤体应力和瓦斯得到释放，然后再进行掘进工作，否则在“煤门”附近不得使用冲击式工具以减少震动对突出的诱导作用。如果需

要爆破，仍应按震动爆破的有关规定进行。特别是撤出人员工作一定要认真执行，不能麻痹。在过完"煤门"进入岩层一定距离内，进行爆破作业时，还应注意遵守有关的安全措施，因为此时煤体仍处于高应力状态，爆破产生的巨大震动力极易诱导突出的延时发生。

⑨ 煤和瓦斯突出以后，要制定专门的善后处理安全措施。突出后的工作面需经过充分通风，使空气组分符合规定标准后，才允许人员下井。假如用通风方法未能使瓦斯含量降到2%以下或更低，则有关处理工作要由佩戴呼吸器的矿山救护队员去完成。在瓦斯达到爆炸浓度的条件下工作时，应特别注意个人使用矿灯的完好性，不准在井下使用闪光灯。工作过程中，通风检查及矿井安全检查人员应始终在场，负责检查瓦斯、观察突出预兆，遇到危险时要立即把人员撤到安全地点。另外，在进行善后处理工作时，井下相关巷道的工作要一律停止。

4. 松动爆破要求

松动爆破和震动爆破诱导瓦斯突出的机理相反，松动爆破是防止和抑制瓦斯突出的一项措施。在国外许多国家都把松动爆破作为煤层防突的主要措施。在我国的大型煤矿中，有多个矿井采用过这种办法。湖南的涟源、邵阳，四川的南桐等矿区在应用中都取得了许多宝贵的经验。

松动爆破是在煤巷掘进工作面前方的煤体中打若干个一定深度的炮眼，通过爆破作用松动煤体，使煤体产生变形，在变形的过程中，煤体在一定范围内产生裂隙，使煤层透气性加大，瓦斯从煤体中析出，通过裂隙流向巷道空间，从而释放了卸压距离以外的爆破影响范围内煤体里的瓦斯，使瓦斯压力下降，工作面前方应力集中区域前移，加大了卸压煤柱尺寸。国内外统计资料表明，采用松动爆破处理后的煤体，应力集中区域向前移动到爆破炮眼前2.6～4.2 m，这样就降低了工作面前方煤体中的潜在能量，使松动爆破后的巷道再进行掘进爆破时，其煤体暴露部分的瓦斯压力减小，同时由于煤柱产生裂隙，瓦斯排放后使煤体硬度增加，产生突出的阻力加大。在以上诸因素的综合作用下，对瓦斯突出起到了抑制和消除的作用，从而降低了突出的可能性。

松动爆破的具体做法是，在掘进工作面前方钻松动爆破炮眼，眼径和普通炮眼一样为40～50 mm，深度7～10 m，数目根据情况选定2～6个，钻眼完毕后，将炮眼用水或压气清洗干净，每个眼的装药量为3～6 kg。爆破后在炮眼装药部分的周边形成直径50～200 mm的破碎圈，在破碎圈内煤呈碎屑状，失去承载地压的能力，成为排放瓦斯的通道。为了扩大松动范围，应尽量增加炮眼内装药部分长度，但封泥长度不得小于2 m，以提高爆破效果并防止发生爆破打铳。在破碎圈外形成半径1 m左右的松动圈，其大小取决于煤质的坚硬程度，在该圈内煤层呈半破碎状态，它也是瓦斯透出的通道，并使爆破后工作面前方的应力集中区域向前移动3 m以上。这样使后面的工作面掘进中减少了发生突出的可能性，从而起到了预防突出的效果。

松动爆破的特点是设备简单、操作容易、效果明显，多年来使用的实践已证明，松动爆破是中、小突出强度煤层的主要防突措施之一。松动爆破中应注意的安全问题如下：

(1) 采用松动爆破时，超前掘进工作面的距离不得小于5 m，这样松动爆破有效的炮眼深度就不得小于7 m。这是因为松动爆破后需留有5 m的安全距离，剩下正常起作用的爆破有效长度只有2 m，不能再小了。另外根据经验炮眼数目不得少于2个，这主要是考虑到卸压影响范围，单个炮眼爆破时自由空间太小，爆破产生的裂隙和松动圈半径有限。爆破后卸压效果不好，多个炮眼起爆可以使裂隙相互贯通，松动圈连在一起形成一个卸压条带，从而达到预防突出的效果。

（2）松动爆破时，起爆地点必须在新鲜风流中，一般距工作面的距离不得小于200 m。爆破后至少要等20 min才可进入工作面，而且要停6～8 h以后再进行其他作业。工作面应安设瓦斯自动报警装置，随时报告工作面瓦斯情况。

这里需要特别指出的是，松动爆破对预防岩石和二氧化碳的突出是十分有效的措施之一。岩石和二氧化碳的突出事例，国内外都有过报道。在国外，波兰曾发生过多次这类事故，而且突出的强度一般都很大。我国吉林、甘肃的某些矿区也发生过强度在千吨以上、二氧化碳在几十万立方米的岩石和二氧化碳突出事例。对于这类突出的预防，国内外普遍都采用松动微差爆破的方法，以抑制和控制岩石的突出频率和强度，一般都取得了较理想的效果。

综上所述，松动爆破作为预防突出的措施之一，有一定的推广价值。但是它也存在着不能预排瓦斯、炮眼的有效长度较短等缺点。而且其预防突出的机理和工艺也有待进一步的研究和改善。

《煤矿安全规程》规定：在掘进上山时不应采取松动爆破、水力冲孔、水力疏松等措施。

5. 穿透积水区的爆破要求

井巷在掘进过程中，由于地质情况不明和测量工作的不准确，爆破作业有时会穿透积水区从而造成恶性的透水事故。

积水区主要有两类，一类是老坑积水。老坑是指井下采空区和报废巷道的总称。由于老坑里面没有排水和通风设备，往往积存着大量的水、瓦斯和其他有毒气体。另一类是含水地层，包括溶洞、含水断层以及和地面水系（河流、湖泊、水库等）相通的断层和裂隙等。

爆破作业误穿积水区是十分危险的，往往会造成重大事故。积水涌出后会淹没矿井，冲毁设备，严重威胁人身安全，因此我们必须认真对待。在接近积水区时必须坚持"有疑必探、先探后掘、边探边掘"的原则，制定探放水措施，并严格执行。一般在透水前，采掘工作面有以下预兆：

（1）煤层发潮变软、颜色变暗、煤壁挂汗。

（2）巷道中忽然变冷，产生雾气。

（3）顶板淋水加大、出现压力水流或顶板鼓起。

（4）涌水量增大、出现异常或水叫声。

（5）打眼时发现岩石变软、片帮、来压、在炮眼中水有压力、水量增大以及顶钻等异常情况时，应立即停止钻眼，不要拔出钎杆，查明原因、撤出人员、采取措施。

在爆破作业时要特别注意可能发生的突然涌水事故，坚持"有疑必探、先探后掘、边探边掘"的探放水原则。探放水时一般是在工作面前方打探水孔，探水孔呈放射状布置，通常为3～5个。至于超前探距，要根据受水威胁程度，以及岩性、煤层厚度、硬度等条件而定，一般在10～20 m。控制的高度不得小于巷道高度的10倍。打眼用的钻机通常采用10～15马力的探水钻机或是煤电钻和岩石电钻改装的小型探水钻机。

爆破作业中，遇到下列情况要停止正常作业，进行探水：

（1）当掘进到老坑区、水淹井巷区域或接近含水层、透水断层、溶洞和陷落柱时，要停止爆破，进行探水。

(2) 接近水文地质复杂的区域，并有出水征兆或接近有出水可能的钻孔时，应立即探水。

(3) 打开隔离煤柱放水或接近可能和河流、湖泊、水库等相通的断层时，必须进行探水。

6. 煤仓堵塞后的爆破要求

井下煤仓是采区生产极为重要的一个缓冲设施，对矿井的均衡生产有着十分显著的影响，但是一旦因管理不当发生堵塞，就会导致整个矿井生产的中断。

(1) 煤仓堵塞的原因

① 煤仓里储料的运动，一般是依靠其重力来实现的。当其颗粒间及颗粒与仓壁摩擦力小于煤的重力时，煤就会通畅流出。当上述摩擦力大于和等于煤的重力时，煤就停止流动，而出现结拱堵仓现象。当入仓的煤掺有水以及煤的温度增加时，其黏结力增大，流动性则减小，结拱的危险性就增大。如果煤在仓内储放的时间较长，被压实结块，内摩擦角和黏聚力都会增加，使其失去流动性，从而发生结拱堵塞现象。

② 当仓内坠入旧坑木、金属支架以及大块煤矸时，都会引起卡塞，阻止煤的畅通流动，发生堵塞现象。

(2) 煤仓堵塞事故的处理

一般当煤在仓内流动不畅通或刚开始堵塞时，可通过对放煤闸门的震动使物料流动畅通；也可以用方木从处理孔伸入堵塞部位，用力捅开，使堵塞疏通。

堵塞不严重时，可以从上部向仓内适量放水，使水渗入煤颗粒之间的空隙中，当水在仓中达到饱和状态，则因煤中阻力降低，使堵塞部分在自重作用下滑落。但这种方法使用时应慎重，有可能因注水造成下口跑矿事故，摧垮下口支护，或掩埋装载设备堵塞巷道，甚至造成人身安全事故。

当堵塞严重时，根据《煤矿安全规程》的规定，如果确无其他方法处理卡在溜煤眼中的煤、矸时，经矿总工程师批准，可采用爆破法处理，但必须遵守下列规定：

① 必须采用经有关职能部门批准用于溜煤眼的煤矿许用刚性被筒炸药。

② 每次爆破只准使用一个煤矿许用电雷管，最大装药量不得超过 450 g。

③ 每次爆破前，必须检查溜煤眼内堵塞的上部和下部空气中的瓦斯，瓦斯浓度不得超过 1%。

④ 每次爆破前必须洒水降尘。

⑤ 在有危险的地点必须撤人、停电。

采用爆破手段处理煤仓堵塞时常用的方法有以下几种：

① 煤仓或溜煤眼下部堵塞时，首先用风筒单独引入新鲜风流，将积聚的瓦斯吹散稀释到 1%以下。然后将刚性被筒炸药绑扎在刹杆上，从煤仓下口送到堵塞地点引爆，使堵塞的地方松动垮落。

② 堵塞的部分在溜煤眼的上部时，可利用气球将药包送到堵塞处进行爆破。

③ 如果在煤仓上水平有巷道，可以采用深钻孔爆破法处理。即从煤仓上部测量出堵塞的相对位置，在巷道中选择适当地点，以准确的角度向堵塞处打一钻孔，然后将被筒炸药由钻孔送到堵塞处引爆炸药，使堵塞处松动垮落。

无论采用哪种方法处理，都要制定专门的安全技术措施，使用经过批准的刚性被筒炸药和煤矿许用电雷管，并要注意煤仓中含水和泥浆情况，及时关闭放煤闸门。操作人员在任何情况下都不得进入煤仓和溜煤眼内，也不准将头探入闸门内观察，以避免造成人员伤亡事故。电雷管在装入药包前必须进行导通试验，装药连线时，母线要扭结短路，并避免和运输、采掘设备等导电体接触，爆破前在煤仓附近 5 m 范围内要做好洒水工作，特别是对有瓦斯和煤尘爆炸危险的矿井，要经常清扫煤尘。爆破时，人员要撤到安全地点，设备要加以保护，并停电，以防砸坏。如果一次爆破没有处理好，可适当增加药量(但不能超过 450 g)用上述措施进行二次爆破。

(3) 防治煤仓堵塞的措施

① 煤仓和溜煤眼的上口应安设用钢轨或型钢制作的筛篦，以防大块煤、矸、旧木料及其他大件物品坠入煤仓和溜煤眼内。

② 煤仓的储煤量应该严格控制，不得存煤过多，也不能存放时间过长，以防结块成拱。

③ 煤仓的断面形状最好采用圆形，支护可采用料石、喷射混凝土等整体性支护结构。不应采用木支架、水泥支架，倾角小于 60°的溜煤眼底板部分必须铺设铁板或钢轨，并应经常检查和更换。

④ 煤仓和溜煤眼的一侧应用隔墙留出处理间，在隔墙上每隔 5～10 m 留有窗孔，窗孔处安设闸板，平时关闭，可用其处理和检查溜煤眼的堵塞情况。

⑤ 在煤仓下口可安设压力水喷口，当煤仓堵塞时，可利用压力水从下往上冲刷存煤。但严禁人员进入仓内，并必须有防止煤突然流下的措施，以保障人员安全。

9.2 金属矿山井下采场爆破

9.2.1 金属矿山采场爆破特点

金属矿床地下开采可分为开拓、采准、切割和回采四个步骤，每一个步骤均有将矿岩从母岩中分离剥落下来并进行破碎的过程。目前，对于中软以下的矿岩一般采用机械的方法进行剥离和破碎，对于中硬以上的矿岩基本还是采用爆破的方法。地下采矿爆破根据矿体赋存情况、设备能力和施工条件，按孔径不同可分为浅孔爆破和深孔爆破。

金属矿地下采矿爆破与露天爆破相比有其明显的特点：

(1) 工作空间比较狭小，爆破规模小，爆破频繁。

(2) 地质条件对地下工程影响更大，在施工过程中，岩体的性质和构造是选择开挖方式、开挖程序、爆破方式与支护手段的基本依据。

(3) 金属地下矿山采场爆破所采用的凿岩、采掘机械，由于受作业空间的限制，与露天矿山相比，其生产能力小，自动化程度较低。

金属地下矿山采场爆破与井巷掘进爆破相比，具有以下特点：具有两个以上的自由面；炮孔数量多，崩落面积和爆破量都比较大；爆破方案的选择和起爆网路的设计比较复杂，所以爆破时的组织工作显得更为重要。

9.2.2 金属矿山采场浅孔爆破

金属矿山采场浅孔爆破与井巷掘进爆破同样都属于浅孔爆破，不同的是采场浅孔爆破有两个自由面，爆破的面积和爆破量都比较大。

1. 炮孔布置

地下采场的炮孔按其方向来分，有上向炮孔和水平炮孔，如图 9-1 所示，其中，上向炮孔应用较多。爆破工作面以台阶形式向前推进，炮孔在工作面的布置有方形(矩形)排列和三角形排列(见图 9-2)。方形(矩形)排列一般用于矿石比较坚硬、矿岩不易分离、采幅较宽的矿体。三角形排列时，炸药在矿体中的分布比较均匀，崩落矿石块度的大小比较一致，当采幅较窄时效果更显著。

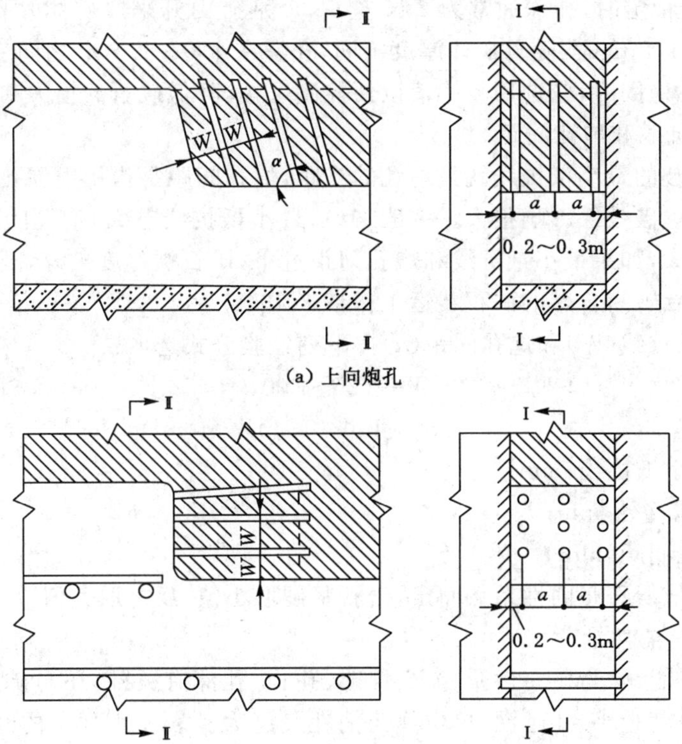

(a) 上向炮孔

(b) 水平炮孔

α—炮孔倾角；a—炮孔间距；W—最小抵抗线。

图 9-1 上向炮孔和水平炮孔

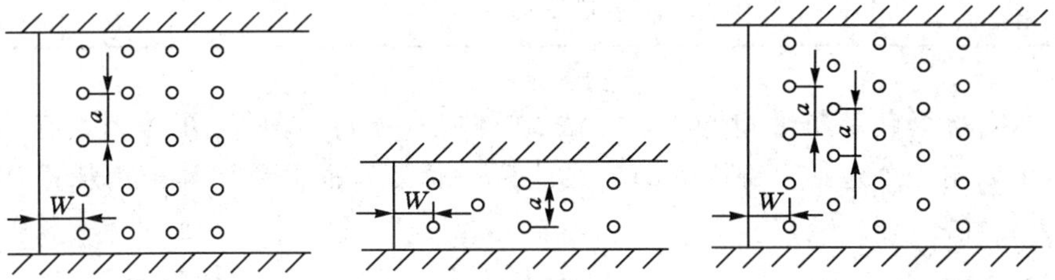

(a) 方形排列 (b) 窄幅三角形排列 (c) 宽幅三角形排列

图 9-2 浅孔爆破的炮孔布置

2. 爆破参数

(1) 炮孔直径

采场崩矿的炮孔直径和矿床赋存条件有关，并对回采工作有重要影响。我国矿山浅孔

爆破崩矿广泛采用 ϕ32 mm 药卷，其相应的炮孔直径为 38～42 mm。不少有色金属矿山使用 ϕ25～28 mm 的小直径药卷进行爆破，在控制采幅宽度、降低贫化损失等方面取得了比较显著的效果。当开采矿脉、稀有金属矿脉或贵重金属矿脉时，特别适宜用小直径炮孔爆破。

(2) 炮孔深度

炮孔深度与矿体围岩性质、厚度及边界形状等有关。它不仅决定着采场每循环的进尺、采高和回采强度，而且影响爆破效果和材料消耗。采用浅孔爆破留矿采矿法时，当矿体厚度大于 1.5 m、矿岩稳定时，孔深通常为 2 m 左右，个别矿山开采厚矿体时孔深达到 3～4 m；当矿体厚度小于 1.5 m 时，随着矿体厚度不同，孔深在 1.0～1.5 m 之间变化。当矿体较小且不规则、矿岩不稳固时，应选用较小值以便控制采幅，降低矿石的损失和贫化。

(3) 最小抵抗线和炮孔间距

采场浅孔爆破的最小抵抗线就是炮孔的排距，炮孔间距是指排内炮孔之间的距离，这两个参数的大小对爆破效果影响很大。一般来说，最小抵抗线越大，炮孔间距也越大，则爆下的矿石大块率增大，如果最小抵抗线和炮孔间距过小，矿石被过度破碎，既浪费了爆破材料，又给易氧化、易黏结、易自燃的矿石装运工作带来困难。

通常，最小抵抗线(W)和炮孔间距(a)按下列经验公式选取：

$$W=(25\sim30)d \tag{9-2}$$

$$a=(1.0\sim1.5)W \tag{9-3}$$

式中 W——最小抵抗线，mm；

d——炮孔直径，mm；

a——炮孔间距，mm。

公式中系数依岩石坚固性系数而定，岩石坚硬取小值，反之取大值。

(4) 单位炸药消耗量

单位炸药消耗量除与矿石性质、炸药性能、孔径、孔深有关外，还与矿床赋存条件有关。一般来说，矿体厚度越小、孔越深，单位炸药消耗量越大。表 9-1 列出的经验数值是在使用 2 号铵梯炸药时获得的。

表 9-1 地下采矿浅孔落矿时单位炸药消耗量

岩石坚固性系数 f	<8	8～10	10～15
单位炸药消耗量/(kg/m^3)	0.26～1.0	1.0～1.6	1.6～2.6

采矿时，一次爆破装药量 Q 与采矿方法、矿体赋存条件、爆破范围等因素有关。由于影响因素多，难以用一个包括全部因素的公式计算。通常只根据单位炸药消耗量和欲崩落矿石的体积进行计算，即：

$$Q=qB_mL_jL \tag{9-4}$$

式中 Q——一次爆破装药量，kg；

q——单位炸药消耗量，kg/m^3；

B_m——矿体厚度，m；

L_j——一次落矿总长度，m；

L——平均炮孔深度，m。

9.2.3　金属矿山采场深孔爆破

地下采场深孔爆破可分为两种，即中深孔爆破和深孔爆破。国内矿山通常把钎头直径为 51～75 mm 的接杆凿岩炮孔称为中深孔，而把钎头直径为 95～110 mm 的潜孔钻机钻凿的炮孔称为深孔。实际上随着凿岩设备、凿岩工具的改进，二者的界限有时并不显著，所以，通常把孔径大于 50 mm、孔深大于 5 m 的炮孔统称为深孔。深孔崩落矿石的特点是效率高、速度快、作业安全，其广泛应用于厚矿床的崩矿。在冶金矿山，深孔爆破常用于阶段崩落法、分段崩落法、阶段矿房法等采矿法和矿柱回采。

深孔爆破相对于浅孔爆破具有以下优点：

(1) 一次爆破量大，可大量采掘矿石或快速成井。

(2) 炸药单耗低，爆破次数少，劳动生产率高。

(3) 爆破工作集中，便于管理，安全性好。

(4) 工程速度快，有利于缩短工期，对于矿山而言，有利于地压管理和提高回采强度。

但深孔爆破也有如下一些缺点：

(1) 需要专门的钻孔设备，并对钻孔工作面有一定的要求。

(2) 对钻孔技术要求较高，容易超挖和欠挖。

(3) 由于炸药相对集中，块度不均匀，大块率较高，二次破碎工作量大。

1. 炮孔布置

深孔布置方式有平行布孔、扇形布孔及束状孔。平行布孔是在同一排面内，深孔互相平行，深孔间距在孔的全长上均相等，如图 9-3(a)所示。扇形布孔是在同一排面内，深孔排列成放射状，深孔间距自孔口到孔底逐渐增大，如图 9-3(b)所示。束状孔是以某点为圆心向外发散，应用较少。

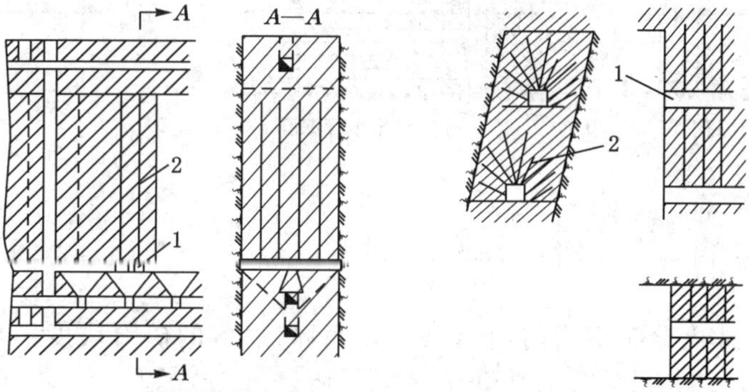

(a) 上向平行布孔　　　(b) 上向扇形布孔

1—凿岩巷道；2—深孔。

图 9-3　深孔布置

根据炮孔的方向不同，又可分为上向孔(见图 9-3)、下向孔(见图 9-4)、水平孔(见图 9-5)和倾斜孔(见图 9-6)四种。

扇形排列与平行排列相比，其优点是：① 每凿完一排炮孔才移动一次凿岩设备，辅助时间相对较少，可提高凿岩效率；② 对不规则矿体布置深孔十分灵活；③ 所需凿岩巷道少，准备时间短；④ 装药和爆破作业集中，节省时间，在巷道中作业条件好，也较安全。但也有其

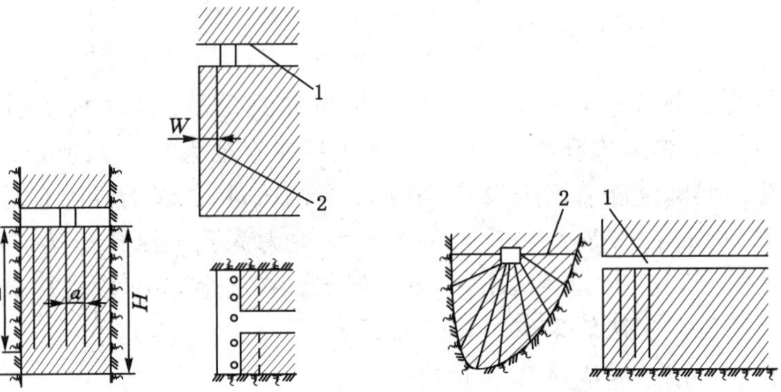

(a) 下向平行深孔　　(b) 下向扇形深孔

1—凿岩巷道；2—深孔；L—炮孔深度；H—矿体厚度；a—炮孔间距。

图 9-4　下向深孔布置

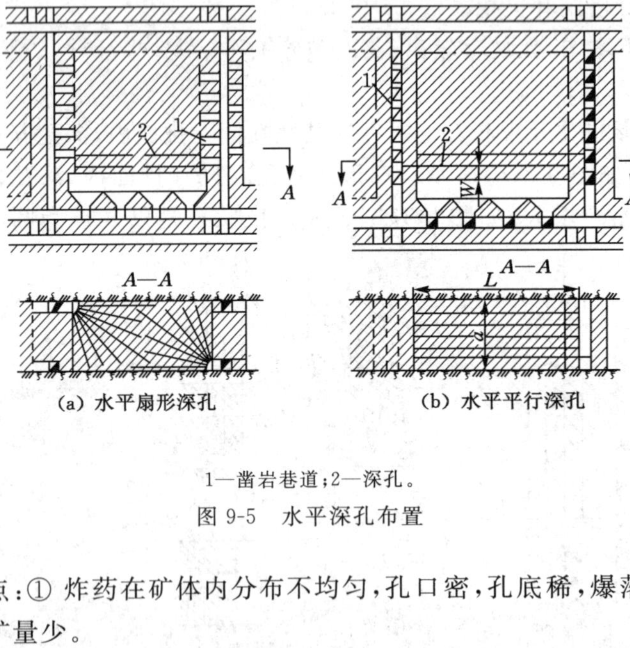

(a) 水平扇形深孔　　(b) 水平平行深孔

1—凿岩巷道；2—深孔。

图 9-5　水平深孔布置

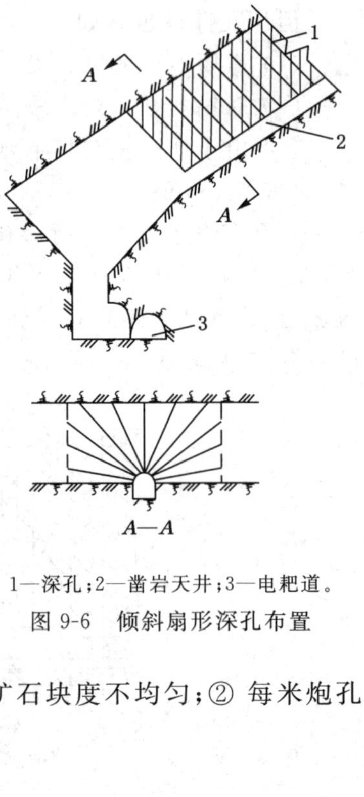

1—深孔；2—凿岩天井；3—电耙道。

图 9-6　倾斜扇形深孔布置

缺点：① 炸药在矿体内分布不均匀，孔口密，孔底稀，爆落的矿石块度不均匀；② 每米炮孔崩矿量少。

2. 爆破参数确定

(1) 炮孔直径

影响孔径的因素主要是使用的凿岩设备和工具、炸药的威力和岩石特征。采用接杆凿岩时，主要取决于连接套直径和必需的装药体积，孔径一般为 50～75 mm，以 55～65 mm 较多。采用潜孔凿岩时，孔径较大，多以 90～110 mm 居多。当岩石节理裂隙发育，炮孔容易变形时，应多采用大孔径。

(2) 炮孔深度

孔深对凿岩速度、采准工作量影响很大，随着孔深的增加，凿岩速度下降，深孔偏斜增大，施工质量变差。但是，孔深的增加使凿岩巷道之间的距离加大，因而采准工作量降低。选择炮孔深度时，主要考虑凿岩机类型、矿体赋存条件、矿岩性质、采矿方法和装药方式等因素。目前，使用 YG-80、YGZ-90 型和 BBC-120F 型凿岩机时，孔深一般为 10～15 m，最大不超过 18 m；使用 BA-100 和 YQ-100 潜孔凿岩机时，孔深一般为 10～20 m，最大不超过 30 m。

(3) 最小抵抗线、孔间距和密集系数

① 最小抵抗线

确定最小抵抗线，主要有以下三种方法。

a. 按巴隆公式计算：

$$W=r_c\sqrt{\frac{\pi\varphi\rho_0}{mq\eta}} \tag{9-5}$$

式中 φ——装药系数，取 0.70～0.85；

ρ_0——炮孔装药密度；

m——炮眼邻近系数，对于平行孔 $m=0.8\sim1.1$，对于扇形孔，孔底 $m=1.1\sim1.5$，孔口 $m=0.4\sim0.7$；

q——崩落眼的单位炸药消耗量；

r_c——炮孔半径；

η——炮眼利用率。

b. 根据最小抵抗线和孔径的比值选取。当单位炸药消耗量和密集系数一定时，最小抵抗线和孔径成正比。实践表明，最小抵抗线可按以下数值取值：

坚硬矿石 $W=(23\sim30)d$ (9-6)

中等坚硬矿石 $W=(30\sim35)d$ (9-7)

较软矿石 $W=(35\sim40)d$ (9-8)

当装药密度越高、炸药的威力越大时取大值，反之则取小值。

c. 根据矿山实际资料选取。矿山常用的最小抵抗线数值见表 9-2。

表 9-2 最小抵抗线与炮孔直径

d/mm	W/m	d/mm	W/m
50～60	1.2～1.6	70～80	1.8～2.5
60～70	1.5～2.0	90～120	2.5～4.0

② 孔间距

平行排列深孔的孔间距，是指相邻两孔间的轴线距离，对于扇形深孔来说，孔间距分为孔底距($b_{大}$)和孔口距($b_{小}$)。孔底距是指由装药长度较短的深孔孔底至相邻深孔的垂直距离，孔口距是指由填塞较长的深孔装药端至相邻深孔的垂直距离，见图 9-7。

在设计和布置扇形深孔排面时，为使炸药在矿石中分布均匀一些，用孔底距 $b_{大}$ 来控制孔底深度的密集程度，用孔口距 $b_{小}$ 来控制孔口部分的炸药分布，以避免此处炸药分布过多，爆后造成矿石过度粉碎。因此，孔间距由下式确定：

$$b=mW \tag{9-9}$$

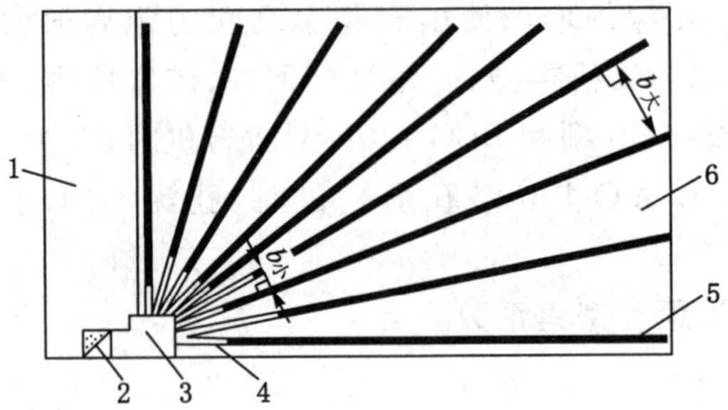

1—间柱；2—采区天井；3—凿岩硐室；4—炮孔未装药部分；5—炮孔装药部分；6—矿房。

图 9-7　扇形孔的孔口距和孔底距

式中　m——密集系数；

b——孔间距，m；

W——最小抵抗线，m。

③ 密集系数

密集系数的选取是根据经验来确定的。通常平行孔的密集系数为 0.8～1.1，以 0.9～1.1 较多。扇形孔孔底密集系数为 0.9～1.5，以 1.0～1.3 较多；孔口密集系数为 0.4～0.7。选取密集系数时，矿石越坚固，要求的块度越小，应取小值；否则，应取大值。

以上 3 个参数直接决定着深孔的孔网密度，其中，最小抵抗线反映了排与排之间的孔网密度，孔间距反映了排内深孔的孔网密度，而密集系数则反映了它们之间的相互关系。它们的选择正确与否直接关系到矿石的破碎质量，影响每米崩矿量、凿岩和出矿劳动生产率、爆破器材消耗、矿石的损失和贫化以及其他一些技术经济指标。

(4) 单位炸药消耗量

单位炸药消耗量的大小直接影响岩石的爆破效果，其值大小与岩石的可爆性、炸药性能和最小抵抗线有关。通常参考表 9-3 选取，也可根据爆破漏斗试验确定。

表 9-3　地下深孔单位炸药消耗量

岩石坚固性系数 f	3～5	5～8	8～12	12～16	>16
一次爆破单位炸药消耗量/(kg/m³)	0.2～0.35	0.35～0.5	0.5～0.8	0.8～1.1	1.1～1.5
二次爆破单位炸药消耗量所占比例/%	10～15	15～25	25～35	35～45	>45

(5) 装药量

平行深孔单孔装药量(Q)为：

$$Q=qbWL=qmW^2L \tag{9-10}$$

式中　L——炮孔长度，m；

m——密集系数；

b——炮孔间距，m；

W——最小抵抗线，m；

q——单位炸药消耗量，kg/m³。

扇形深孔每孔装药量因其孔深、孔距均不相同，通常先求出每排孔的装药量，然后按每排的总长度和总堵塞长度，求出每米孔的装药量，最后分别确定每孔装药量。每排孔装药量为：

$$Q_{排}=qWS \tag{9-11}$$

式中 $Q_{排}$——单排扇形深孔的总装药量，kg；

S——每排深孔的负担面积，m^2。

3. 施工工艺及要求

(1) 验孔。爆破前对深孔位置、方向、深度和钻孔完好情况进行验收，发现有不符合设计要求者，应采取补孔、重新设计装药结构等方法进行补救。

(2) 作业地点、安全状况检查。包括装药、起爆作业区的围岩稳定性，杂散电流，通道是否可靠，爆区附近设备、设施的安全防护和撤离场地，通风保证等。

(3) 爆破器材准备。按计算的每排深孔总装药量 Q，将炸药和起爆器材运输到每排的装药作业点。

(4) 装药。目前已广泛采用装药器装药代替人工装药，其优点是效率高，装药密度大，对爆破效果的改善效果明显。使用装药器装药，带有电雷管或非电导爆管雷管的起爆药包，必须在装药器装药结束后，再用人工装入炮孔。

(5) 填塞。有底柱采矿法用炮泥加木楔填塞，无底柱采矿法只可用炮泥填塞。合格炮泥中黏土和粗砂的比例为 1∶3，加水量不超过 20%；木楔应填在炮泥之外。

(6) 起爆。起爆网路连接顺序是由工作面向着起爆站；电爆网路要注意防止接地，防止同其他导体接触。当前井下爆破多采用导爆管雷管网路起爆。

9.2.4 金属矿山采场大直径深孔爆破(VCR 法)

VCR(vertical crater retreat mining)是垂直深孔球状药包后退式崩矿方法的简称，它是在利文斯顿的爆破漏斗理论基础上建立起来的，以球状药包爆破方式为特征的新采矿方法。它的实质和特点是：在矿房上部水平开掘凿岩硐室或凿岩巷道，在其中打下向大直径深孔，然后从孔的下段开始自下而上，将球状药包(装药长度不大于药卷直径的 6 倍)埋置在采场顶底板之间，沿采场全长和全宽按一定厚度向矿房下部自由空间崩矿，形成倒爆破漏斗的结构。该方法具有矿石破碎质量好、效率高、成本低、工艺简单、作业安全、切割工程量小等一系列优点。其典型矿块回采示意图如图 9-8 所示。

1. 爆破参数

(1) 炮孔直径。在 VCR 法中，炮孔直径一般采用 160～165 mm。

(2) 炮孔深度。炮孔深度为一个阶段的高度，一般为 40～50 m，有的达到 70 m；钻孔偏斜不超过 1%～2%。

(3) 孔网参数。排距一般采用 2～4 m，孔距 2～3 m。

(4) 最小抵抗线和崩落高度。最小抵抗线即药包最佳埋深，一般为 1.8～2.8 m，崩落高度 2.4～4.2 m。

(5) 单个药包质量。要求药包长径比不超过 6，一般采用高密度、高爆速、高爆热的炸药，其质量为 20～37 kg。

(6)爆破分层。每次爆破分层的高度一般为 3～4 m。爆破时为装药方便，提高装药效率，可采用单分层或多分层爆破，最后一组爆破高度为一般分层的 2～3 倍，采用自下而上的

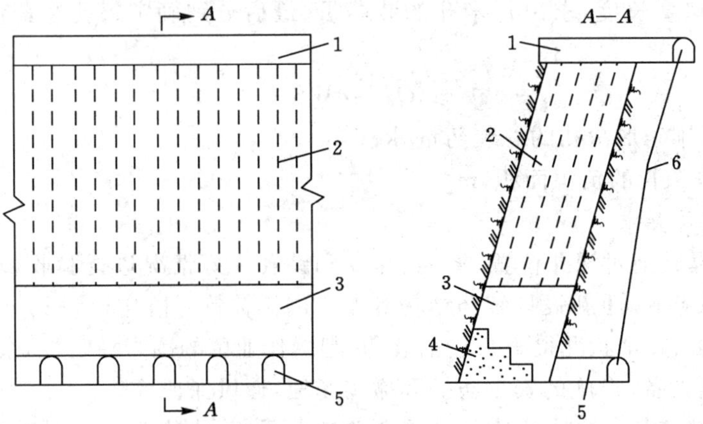

1—凿岩巷道；2—大孔径深孔；3—拉底空间；4—充填台阶；5—装矿巷道；6—运输巷道。

图 9-8　VCR 法典型矿块回采示意图

起爆顺序。

（7）单位炸药消耗量。在中硬矿石条件下，即 $f=8\sim12$ 时，单位炸药消耗量平均为 $0.34\sim0.50\ kg/m^3$。

2. 施工工艺

（1）在矿块上部开掘一个凿岩硐室或凿岩巷道。

（2）在凿岩硐室或凿岩巷道中，钻凿大直径炮孔，清孔并用测量绳测量孔深。

（3）在每个炮孔内装入符合要求的炸药，其装药长度不能大于直径的 6 倍：

① 用绳将孔塞放入孔内，并按设计位置放置到位；

② 在孔塞上部按设计长度装填一段砂或岩屑；

③ 装入下半部分药包；

④ 装起爆药包；

⑤ 装入上半部分药包；

⑥ 按设计长度进行上部填塞；

⑦ 多层同时爆破时，上部填塞到位后重复装药、填塞，直至炮孔全长装完；

⑧ 连网起爆。

（4）药包爆炸时，在矿体中形成倒置的爆破漏斗，矿岩达到破碎效果。

（5）从矿房下部出矿巷道运出已破碎的矿石。

复习思考题

1. 简述煤矿井下爆破的特点。
2. 简述震动爆破的炮眼布置原则。
3. 简述 VCR 法的特点。

10　建(构)筑物拆除控制爆破

10.1　拆除爆破基础知识

拆除爆破是第二次世界大战后迅速发展起来的一项爆破技术，它是根据工程项目的要求和爆破点周围的环境特点与要求，考虑建(构)筑物的结构特点，确定拆除爆破的总体方案，通过精心设计、施工，采取有效的防护技术措施，严格控制炸药爆炸作用范围、建(构)筑物的倒塌运动过程和介质的破碎程度，达到预期爆破效果，将爆破的影响范围和危害作用严格控制在规定的限度以内的一种控制爆破技术。该技术与其他拆除方法相比，具有拆除速度快、经济效益好、劳动强度低等优势，因此，在城市改造、工矿企业改建和扩建等方面得到了广泛的普及和应用。

10.1.1　拆除爆破的技术特点

拆除爆破是要通过控制爆破达到拆除工程要求的目的，同时要保护邻近建筑物和设备的安全，是“拆除”和“保护”的矛盾统一体，拆除爆破有以下一些技术特点：

(1) 控制爆破破坏的范围。按工程要求确定对拆除范围进行爆破，要求只能破坏需要拆除的部分，而保留的部分不应该受到损坏。

(2) 控制爆破破碎的程度。按工程要求控制破碎物的抛、散、碎、裂程度。

(3) 控制建(构)筑物的倒塌方向。通过爆破使被拆除的建(构)筑物失稳，按设计的方向倾倒，并要求定向准确。

(4) 控制爆破的堆积范围。要控制爆破时破碎块体的堆积范围和倒塌的堆积范围，要求堆积有界、有形。

(5) 控制爆破的危害作用。要控制爆破时产生的个别飞石、冲击波、爆破震动的强度和影响范围，确保周围环境设施和人员的安全。

因此，拆除爆破技术不同于一般的土石方爆破技术，是在已有爆破技术基础上发展起来的，它需要了解爆炸力学、材料力学、结构力学和断裂力学等工程学科。由于要求对爆破后产生的破坏效果，特别是对爆破可能产生的危害影响进行严格控制，拆除爆破设计需要了解拆除对象的结构特点、材质以及施工变更情况，要分析爆破后建(构)筑物在重力作用下的变形、破坏、解体、运动过程以及解体构件的塌落堆积范围；要研究不同装药爆破条件下，炸药爆炸用于破碎的能量，在地层中引起的震动大小及传播衰减特性等。

实现拆除控制爆破的关键技术在于：① 通过爆破破坏建(构)筑物的关键受力构件，并对其整体和局部的破坏与失稳状态进行分析计算；② 确定合理的单位用药量，并对总体爆破规模进行控制；③ 合理布置炮孔和药包，形成多点分散装药的布置方式；④ 采用安全有效的防护措施。目前拆除爆破技术已趋于成熟，只要方案合理、设计正确、安全措施得当，即使在周围环境十分复杂和拆除难度很高的情况下，也能获得较为理想的拆除效果。

10.1.2 拆除爆破的类型

建(构)筑物拆除爆破具有爆区附近的环境复杂、爆破拆除的对象结构多样等特点，而且对爆破技术的要求非常严格。根据爆破对象的特点及所采取的拆除方法，可将拆除爆破技术归纳为以下几种类型：

(1) 烟囱、水塔类高耸建(构)筑物拆除技术。拆除方法主要是利用这些高耸建(构)筑物的重心高、长细比大等特点，采用爆破切口致使其失稳倒塌。

(2) 房屋类建筑物拆除技术。包括砖混结构、混凝土结构和钢筋混凝土框架结构的楼房、厂房类建筑物，拆除方法主要是利用结构失稳、解体和倒塌原理。

(3) 大型混凝土基础和钢筋混凝土块体的切割与解体。常见的有各种厂房内的设备基础，各种建(构)筑物的基础，包括桥墩、码头、桩基和地坪等，常用松动爆破或静态爆破方法。

(4) 罐体类建筑物爆破拆除技术。这种薄壁结构物可以储水，有利于采用水压爆破技术进行拆除。

(5) 金属结构物的拆除技术。如桥梁、船舶、钢柱、钢管、钢锭以及各种铸件等，常用爆炸切割的方法进行拆除。

10.1.3 拆除爆破的基本原理

拆除爆破工程无论是拆除有一定高度的建(构)筑物，还是拆除基础类结构物或建筑物，钻孔爆破是拆除爆破最基本的爆破方式，钻孔爆破的理论是拆除爆破的基础。除此之外，拆除爆破还主要应用到结构失稳破坏和松动爆破原理。

失稳破坏原理即利用爆破作用破坏建(构)筑物的承重部位，使之失去承载能力，建(构)筑物在自重作用下，沿着设计方向倾倒或坍塌；在倒塌过程中，伴随着各部分相互挤压、剪切，最后撞击地面而破坏。在拆除爆破中，烟囱、水塔、框架结构及砖混结构等高大建(构)筑物的整体拆除时，主要利用的就是失稳破坏原理。松动爆破原理则是利用炮眼将炸药均匀地装填到拆除物内部，依靠群药包的共同作用使拆除物疏松、破碎或解体，它主要适用于基础拆除爆破。

10.2 烟囱、水塔类高耸建(构)筑物的爆破拆除

在城市改建和厂矿企业的改造过程中，烟囱和水塔是经常遇见的拆除工程。这类建(构)筑物的结构特点是重心高、支撑面积小和容易失稳。用自上而下的人工或机械法拆除，需要高空作业，工效低且不安全。采用爆破法拆除技术，不仅施工速度快、工效高，而且还可以保证施工安全。对于高度超过 50 m 的钢筋混凝土结构的烟囱和水塔，爆破拆除法是最经济、最安全的施工方式。

工业和民用的烟囱从形状上看，主要是圆形、变截面结构；从砌筑材料上看，主要有砖混结构和钢筋混凝土结构，在其内部有一层耐火材料内衬。水塔是一种高耸的塔状建筑物，按其支撑类型区分有桁架式支撑和圆柱式支撑两种，顶部为钢筋混凝土储水罐。桁架式支撑大多采用钢筋混凝土结构，而圆柱式支撑有砖结构和钢筋混凝土结构两种。针对这类高耸

建(构)筑物的特点,在进行爆破设计和施工时,需要重点考虑以下几方面的问题:

(1) 这类建(构)筑物的周围环境比较复杂,空地比较小,确保该类建(构)筑物在有限的空间内安全倒塌下来是拆除爆破成功的关键。

(2) 这类建(构)筑物的长细比比较大,重心高,当其高度超过一定值后,风流方向、大小对其倒塌方向产生重要影响。

(3) 爆破切口参数的设计是定向倒塌的关键技术,若选择不当,可能造成烟囱倒塌时,发生偏转或后坐,使其倒塌方向失去控制。

(4) 在设计前应充分考虑拆除物上与原结构不符的地方,如裂缝、孔洞等。

10.2.1　高耸建(构)筑物爆破拆除方案

在对烟囱、水塔类高耸建(构)筑物确定爆破方案时,首先必须到现场进行实地勘察与测量,了解待拆建(构)筑物周围环境与场地情况,收集该建(构)筑物的原始设计和竣工资料,并与实物进行认真核对,查明其构造、材质、强度、筒壁厚度、施工质量,以及目前的完好程度或风化、破坏情况。在此基础上进行技术、经济和安全等方面综合比较,最终确定拆除爆破方案。

爆破法拆除烟囱或水塔的施工方案主要有定向倒塌、折叠式倒塌和原地坍塌等几种。

1. 定向倒塌

定向倒塌的设计原理是在筒体倾倒一侧的底部,炸开一个大于周长 1/2 的爆破切口,如图 10-1 所示,或炸掉一部分支撑,使建筑物失稳倾斜,在结构物自重作用下形成倾覆力矩,迫使其按预定的方向倒塌。图 10-2 表示底部剖面 A—A 受力状况,α 为爆破切口对应的圆心角,阴影为筒体的保留截面,1—1 轴为保留截面的中性轴,2—2 轴为保留部分的形心轴。切口形成后,中性轴内侧受压,外侧受拉,当筒体外侧边缘的拉应力达到其抗拉强度时,开始出现裂缝,随着筒体的倾斜,裂缝加剧并向受压侧延伸,从而使受压面积减少,压应力剧增,直至保留截面被拉断和压碎,丧失承载能力。当开口闭合时,建筑物重心投影偏出支撑面,使其加速倾倒在一定范围内。

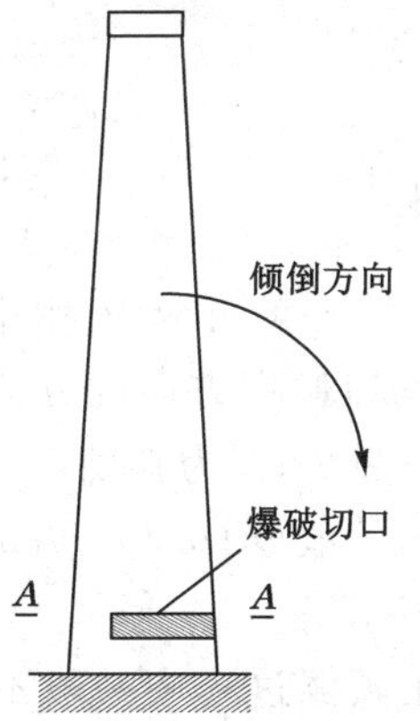

图 10-1　烟囱定向倒塌示意图

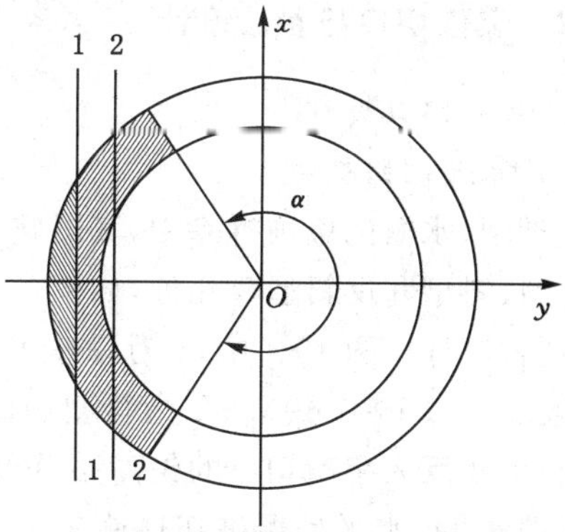

图 10-2　A—A 截面受力情况

该方案使用条件:必须有一定宽度的狭长场地,且长度不小于待拆建筑物高度的 1.1～

1.2 倍,宽度应大于其最大直径的 2.5~3.0 倍。

2. 折叠式倒塌

在周围场地狭窄,任何方向都不具备定向倒塌条件的情况下,可采用折叠式倒塌方案。折叠式倒塌方案可分为单向和双向折叠倒塌两种方式,其基本原理是根据周围场地的大小,除在底部炸开一个切口外,还要在烟囱或水塔中部的适当部位炸开一个或多个切口,使其从上部开始逐段朝相同或相反方向折叠倒塌,如图 10-3 所示。起爆顺序是先爆上部切口,后爆下部切口,当上部倾斜到 20°~30°时,再起爆下部切口,间隔时间大约 3 s。

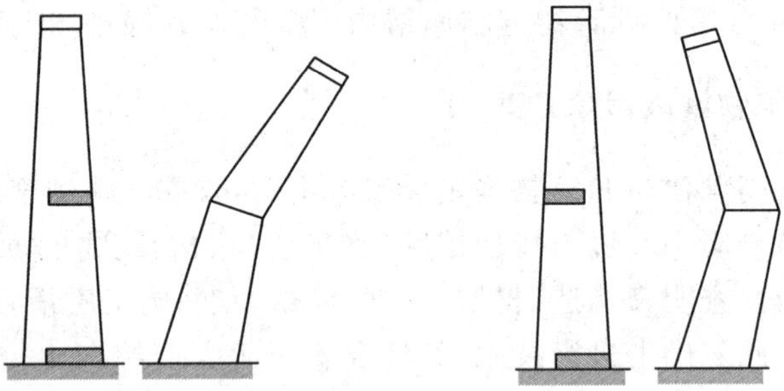

图 10-3　折叠倒塌原理示意图

3. 原地坍塌

原地坍塌原理主要是在烟囱、水塔等的底部,将其支撑壁整个周长炸开一个足够高的等高切口,然后在其本身自重的作用下加速下落,使其撞击地面,借助冲击力自行解体。该方案仅适用于砖结构的烟囱或水塔拆除,且要求周围要有宽度大于其高度 1/6 的场地。原地坍塌方案受筒体的结构及其破损程度影响较大,若筒体高度大于 30 m 时坍塌效果很难控制。

综上所述,在选择爆破方案时,应根据具体条件优先考虑定向倒塌方案,其次是折叠式倒塌方案,最后才是原地坍塌方案。

10.2.2　爆破切口与参数设计

1. 爆破切口设计

(1) 爆破切口类型

在烟囱、水塔的爆破拆除中,其爆破切口有多种多样的形式,一般可分为:水平型、类梯形、反人字型、斜型和反斜型等几种,如图 10-4 所示。爆破切口均以倾倒方向的方位线为中心对称线,左右对称。图 10-4 中,h 为爆破切口高度;L 为爆破切口弧长;L'为斜型切口水平段的长度,一般取(0.36~0.40)L;L''为斜型切口倾斜段的水平长度,一般取(0.30~0.32)L;H 为斜型、反斜型及反人字型切口的矢高;α 为倾斜角度,一般取 35°~45°。

实践表明,水平型爆破切口施工方便,并且烟囱、水塔在倾倒过程中一般不出现后坐现象,有利于保护其相反方向邻近的建筑物。斜型爆破切口定向准确,有利于烟囱、水塔按预定方向顺利倒塌,在倾倒过程中会出现后坐现象,在一定条件下有助于缩小倒塌距离。

(2) 切口高度(h)

爆破切口高度适当增大有利于提高倾倒的准确性,且可以防止出现偏转。一般情况下,

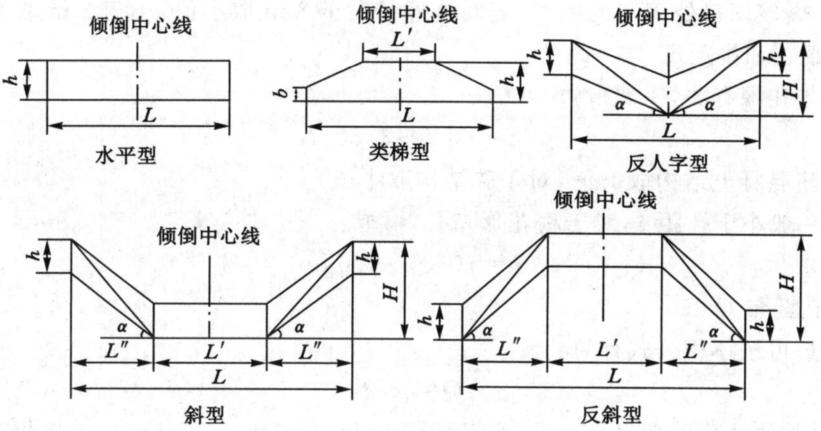

图 10-4　爆破切口类型

切口高度不宜小于爆破部位壁厚的 1.5 倍。通常可取：

$$h=(1.5\sim3.0)\delta \tag{10-1}$$

式中　h——爆破切口高度；

δ——爆破切口处筒体的壁厚。

(3) 切口弧长(L)

切口弧长的大小也会直接影响倒塌距离和方向，若切口过长保留支撑部分过短，倾倒时支撑部分会过早压塌，发生后坐现象；若切口过短，保留支撑部分的刚度过大，被爆筒体会延时或不垮塌，这对倒塌方向的控制也很不利。根据实践经验，切口弧长可按下式进行取值：

对于烟囱：

$$L=\left(\frac{2}{3}\sim\frac{3}{4}\right)\pi D \tag{10-2}$$

对于水塔，考虑到顶部较重，可取：

$$L=\left(\frac{1}{2}\sim\frac{2}{3}\right)\pi D \tag{10-3}$$

式中　D——筒体爆炸部位的直径。

若结构物较高、风化严重时 L 取小值，反之取大值。

(4) 定向窗

为了确保烟囱、水塔能按设计的倒塌方向倒塌，除了正确选择爆破切口类型和参数外，有时提前在爆破切口的两端用风镐或爆破的方法开挖一个窗口，这个窗口叫作定向窗。定向窗的作用是将筒体保留部分与爆破切口部分隔开，使切口爆破不会影响保留部分，以保证正确的倒塌方向。窗口的开挖是在切口爆破之前，钢筋要切断，墙体要挖透。定向窗的高度一般为$(0.8\sim1.0)H$，长度为 0.3～0.5 m。

2. 爆破参数设计

(1) 炮眼布置

切口范围内的炮眼一般是沿筒体直径的径向打，并采用梅花状布置。炮眼深度按下式确定：

$$l=(0.67\sim0.70)\delta \tag{10-4}$$

式中　δ——爆破切口处筒体的壁厚，若筒体外径大于 3 m 取小值，小于 3 m 取大值。

(2) 孔距 a 和排距 b

孔距 a 与孔深有关，一般取：

$$a=(0.8\sim1.50)l \tag{10-5}$$

对于钢筋混凝土结构取大值，对于砖结构取小值。

排距 b 一般小于孔距 a，对于梅花形布孔，可取：

$$b=(0.85\sim1.0)a \tag{10-6}$$

(3) 单孔药量 Q

单孔药量可按体积公式计算：

$$Q=qab\delta \tag{10-7}$$

式中　q——单位炸药单耗量，g/m^3；该值可按表 10-1 和表 10-2 选取，重要爆破可按现场试验确定。

表 10-1　砖结构墙体爆破时单位炸药消耗量 q

δ/cm	砖数/块	$q/(g/m^3)$	δ/cm	砖数/块	$q/(g/m^3)$
37	1.5	2 100～2 500	89	3.5	440～480
49	2.0	1 350～1 450	101	4.0	340～370
62	2.5	880～950	112	4.5	270～300
75	3.0	640～690			

表 10-2　钢筋混凝土结构墙体爆破时单位炸药消耗量 q

δ/cm	钢筋网/块	$q/(g/m^3)$	δ/cm	钢筋网/块	$q/(g/m^3)$
20	1	1 800～2 200	60	2	660～730
30	1	1 500～1 800	70	2	480～530
40	2	1 000～1 200	80	2	410～450
50	2	900～1 000			

10.2.3　高耸建(构)筑物爆破拆除施工安全

烟囱、水塔多位于工业与民用建筑密的地方，为确保爆破时周围建筑物与人身安全，必须精心设计与施工，除严格执行控制爆破施工与安全的一般技术要求外，还应特别注意下列有关问题：

(1) 选择烟囱、水塔倒塌方向时，应尽可能利用门窗、烟道作为爆破切口的一部分。如果它们位于结构支撑部位，应砌墙并保证其足够的强度，以防烟囱、水塔爆破时出现后坐或偏转。

(2) 烟囱、水塔已偏斜时，倒塌方向应与偏斜方向一致，否则应仔细测量倾斜程度，然后通过力学计算确定爆破切口的位置和参数，并需采取必要措施，以防不按预定方向倒塌。

(3) 采用折叠方法爆破时，应保证上下爆破切口形成时间间隔不小于 2 s，即当上半部分已准确定向后再起爆下部切口。

(4) 水塔爆破前应拆除内部管道设施,以免附加重量或刚性支撑影响水塔倒塌方向的准确性。

(5) 烟囱、水塔的爆破单位耗药量较大,为防止飞石,在爆破切口部位应做必要的防护,防护材料可以用荆笆、胶帘等。

(6) 爆破前应准确掌握当时的风向和风速,当风向与倒塌方向不一致且风力很大时,可能影响倒塌的准确性,应推迟爆破时间。

(7) 当烟囱很高时,结构本身的自震以及外部风荷载都会影响倒塌的准确性,因此,应慎重决定爆破方案和爆破参数。

10.3 房屋类建筑物爆破拆除

随着城市建设步伐的加快和企业技术改造的深入进行,大量的废旧楼房、厂房需要拆除。目前,这类建筑物中,钢筋混凝土框架结构越来越多,建筑物的高度也越来越高。对于这类高大坚固的建筑物,采用爆破拆除最能体现出高效、安全、快捷的施工优势。

10.3.1 房屋类建筑物爆破拆除方案

房屋类建筑物爆破拆除,通常采用原地坍塌、定向倒塌、折叠式倒塌和向内折叠坍塌等爆破方案。只有在充分了解建筑物结构、环境条件及拆除要求的基础上,才能确定最佳爆破方案,各种方案中不同的结构失稳倒塌原理,决定了爆破设计的要点。

1. 原地坍塌

当待拆的建筑物的高宽比小于1,楼房四周场地的水平距离均小于1/2楼房高度,最适合采用原地坍塌方案。因此,一般的低矮楼房、厂房建筑物,无论是砖混结构还是钢筋混凝土框架结构,原地坍塌是常用的爆破拆除方案。

对于砖结构且楼板又为预制构件的楼房,只要将最下一层的内外承重墙、立柱充分炸毁,且要求炸毁的高度相同,这样整个楼房在自重作用下向下坍塌,其上部未炸毁的各层在下落冲击力的作用下,也会自行解体,如图10-5所示。对于钢筋混凝土框架结构的楼房,则需要采取切梁断柱的方法,在四周和内部承重柱的底部布设相同炸高的炮孔,并在立柱顶部与梁、柱连接部位也布设炮孔同时起爆,即可实现钢筋混凝土框架结构建筑物原地坍塌爆破。另外,可用毫秒延期起爆,让立柱与墙体的不同部位逐段破坏,使不同部位产生剪切破坏,达到彻底坍塌的目的。不过在进行原地坍塌爆破之前,先要将底层阻碍楼房坍塌的隔断层(如楼梯间及其他非承重墙、立柱等)进行必要的预处理,避免这些构件在爆破时,影响倒塌方向或造成倒塌不彻底的情况。

2. 定向倒塌

当楼房的高宽比大于1,且预定倒塌方向有一较为开阔的空地,且其长度大于2/3楼高度时,则适合采用定向倒塌方案。该方案是以结构失稳原理为设计基础,其实质是在楼房承重结构上设计若干个炸毁位置,利用其空间分布和微差起爆时间间隔,在建筑物中形成倾覆力矩,倾覆过程中利用时间差使构件扭曲、折断、拉开、压碎,且借助触地撞击将建筑物进一步破碎解体,其原理示意图如图10-6所示。

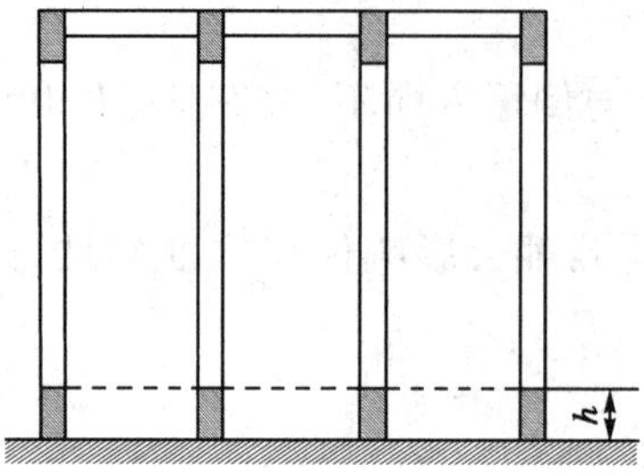

图 10-5　原地坍塌示意图

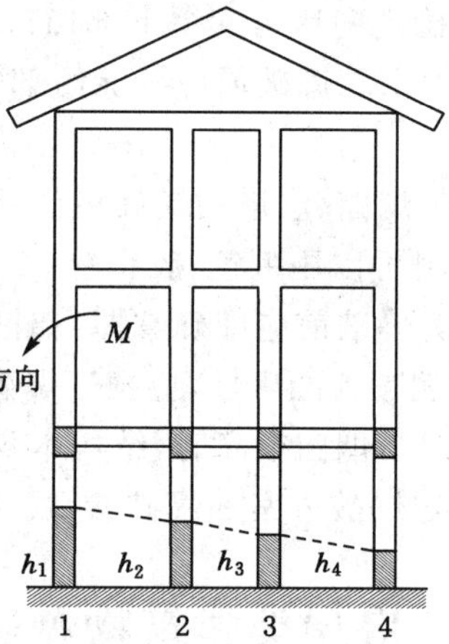

图 10-6　定向倒塌原理示意图

实现定向倒塌的措施是：

(1) 沿倾倒方向的承重墙、立柱上设置不同炸高。

(2) 沿倾倒方向的各承重墙、立柱严格按先后顺序微差间隔起爆。

(3) 为了使楼体在倾倒过程中充分破坏，在炸高上层的相关梁柱交接点也要设置活动铰。

为了减少爆破工作量，在不影响结构安全的前提下，可对部分承重墙和影响倒塌的非承重结构进行预处理，以便使楼体彻底破碎解体，利于清运工作。

3. 折叠式倒塌

若定向倒塌的场地条件不够(空地长度大于楼高度1/2小于2/3)时，可考虑折叠式倒塌方案。折叠式倒塌方案的实质是把楼房分成若干段，然后各段分别采用定向倒塌的方法设计，从上而下分段顺序起爆，以减少塌落长度。根据折叠方式，高层楼房折叠爆破又有单向折叠和双向交替折叠之分。单向折叠倒塌各个分段切口方向一致，倒塌时每个分段的重力转矩作用方向相同，该方案设计方法与定向倒塌相同，其原理示意图如图10-7所示。双向交替折叠倒塌就是自上而下相邻分段切口相反，上下层结构左右交替地定向连续折叠倒塌。

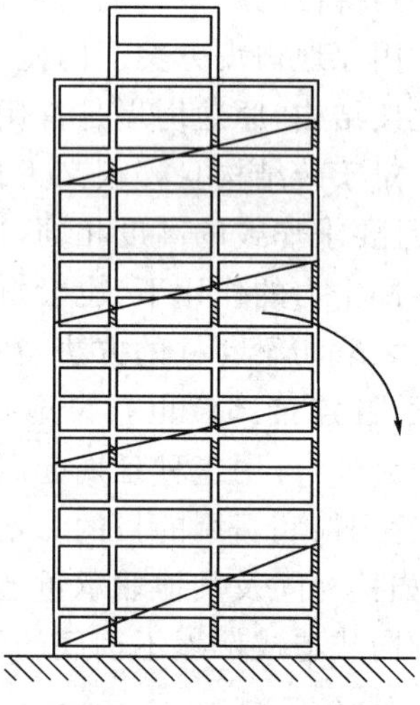

图 10-7　折叠倒塌爆破原理示意图

4. 向内折叠坍塌

向内折叠坍塌方案类似于原地坍塌，区别在于它自上而下对建筑物的每层内的承重构件予以充分的爆破破碎，从而在重力作用下形成向内重力扭矩，如图10-8所示的M、M'，图中阴影部分为炸毁部位；当自上而下顺序延时起爆时，整个建筑物在成对重力扭矩作用下导致上部构件和外承重墙、立柱逐层向内折叠坍塌。如果外承重墙较厚或有钢筋混凝土立柱时，这些部位也应设置部分炸高以形成活动铰，从而确保向内折叠。这种方案倒塌的范围更小,只需满足 1/3～1/2 楼房高度即可。

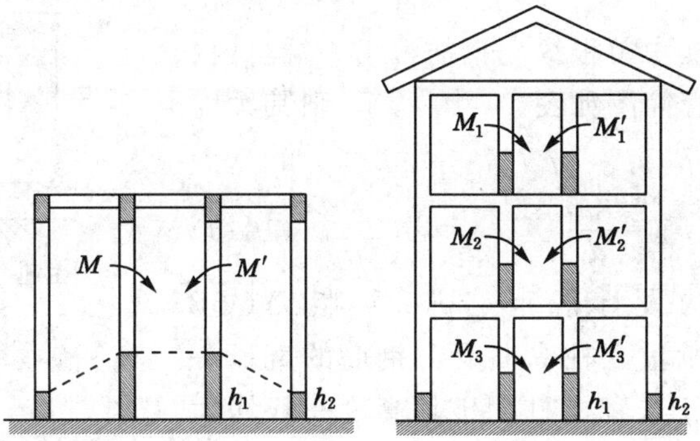

图 10-8　向内折叠坍塌原理示意图

10.3.2　爆破切口高度的确定

1. 整体失稳的爆破切口高度

切口高度即炸高应当满足建筑物失稳倾覆,并使得楼体塌落部分落地时获得一定的撞击速度,以达到上下楼层相互挤压以至解体的目的。

为了保证待拆建筑物的结构彻底失稳倾覆,根据刚性结构爆破后结构重心偏离底部支撑位置,则结构失稳倾覆的原则,其计算简图如图 10-9 所示。可推得设计切口倒塌方向一侧的切口高度为:

$$h \geqslant \frac{H_0}{2}\left[1-\sqrt{1-2\left(\frac{D}{H_0}\right)^2}\right] \tag{10-8}$$

式中　D——待拆建筑物倒塌方向的底边长,m;

H_0——待拆建筑物重心高度,m。

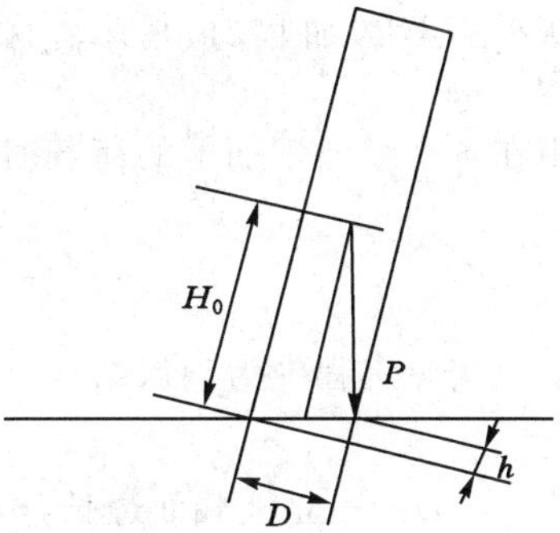

图 10-9　失稳倾覆条件

用式(10-8)计算的切口高度是假设待拆建筑物为刚性结构,且在倒塌过程中不发生空中解体现象所计算的结果。实际工程中往往采取预拆除和设置活动铰等方法破坏结构的整体性,使之更容易失稳,因此,用此式计算是完全满足要求的。

2. 钢筋混凝土承重立柱的失稳条件和最小破坏高度

(1) 失稳条件

用控制爆破方法将立柱基础以上一定高度的混凝土充分破碎,使之脱离钢筋骨架,并使箍筋拉断、主筋向外膨胀成曲杆,则孤立的钢筋骨架便不能组成整体抗弯截面。当暴露出的钢筋骨架顶部承受的荷载超过其抗压强度极限或达到压杆失稳的临界荷载时,钢筋将发生塑性变形,从而导致承重立柱失稳坍塌。

(2) 最小破坏高度

最小破坏高度是指使立柱失稳坍塌而暴露出的钢筋骨架的最小长度,或满足上述失稳条件的立柱破坏高度。

假设钢筋骨架上部实际作用的纵向压力荷载为 P,立柱主筋的直径为 d、截面积为 F、

截面惯性矩为 $J=\frac{\pi d^4}{64}$、弹性模量为 E，主钢筋根数为 n。计算失稳高度时，把立柱中单根纵向钢筋视为一端自由、一端固定的压杆，其计算简图如图 10-10 所示，则其柔度可按下式计算：

$$\lambda=\frac{8h}{d} \tag{10-9}$$

根据《混凝土结构设计规范（2015 年版）》（GB 50010）可知，框架结构承重立柱纵向受力钢筋的直径一般不超过 40 mm，而对于失稳立柱的破坏高度一般均大于 500 mm。现假设立柱内钢筋的直径取最大值40 mm，破坏高度取最小值 500 mm，根据式（10-9）可以求得其柔度 $\lambda \geqslant 100$。由此可以说明，在框架结构建筑物的拆除爆破中，立柱内钢筋的破坏属于细长压杆失稳问题。对于普通钢筋细长压杆（$\lambda \geqslant 100$），可用欧拉公式计算临界荷载，即：

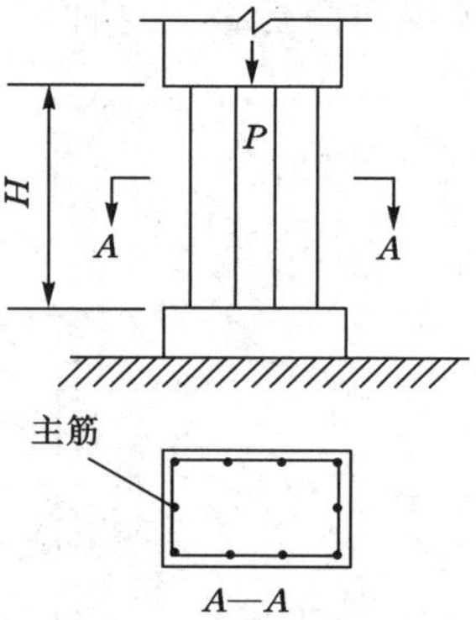

图 10-10　钢筋立柱失稳破坏高度

$$P_m=\frac{\pi^2 EJ}{4h^2} \tag{10-10}$$

若 $P_m \leqslant \frac{P}{n}$，即临界荷载小于或等于实际作用在各个纵向钢筋上的荷载时，承重立柱必然失稳坍塌，此时，取最小破坏高度 $H_{min}=12.5d$ 即可。若 $P_m > \frac{P}{n}$，即临界荷载大于实际作用在各个纵向钢筋上的荷载时，可令 $P_m=\frac{P}{n}$，反求压杆长度，即最小破坏高度为：

$$H_{min}=\frac{\pi}{2}\sqrt{\frac{EJn}{P}} \tag{10-11}$$

实际工程中为确保结构顺利倒塌，立柱爆破高度 H 可按下列经验公式确定：

$$H=K(B+H_{min}) \tag{10-12}$$

式中　B——立柱截面边长，m；

K——经验系数，一般取 $K=1.5\sim2.0$。

框架结构建筑物在爆破坍塌过程中，均需要将一些立柱爆松，使之形成活动铰，这时的爆破高度一般取为：

$$H'=(1\sim1.5)B \tag{10-13}$$

10.3.3　爆破参数设计

1. 最小抵抗线 W

对于砖墙、梁和柱的拆除爆破，最小抵抗线一般按下式确定：

$$W=\frac{1}{2}B \tag{10-14}$$

式中　B——墙体厚度或梁、柱截面的最小边长。

2. 炮眼间距 a 和排距 b

钢筋混凝土梁、柱和板等构件的炮眼间距为：

$$a=(1.2\sim1.25)W \tag{10-15}$$

砖墙的炮眼间距为：

$$a=(1.5\sim 2.0)W \tag{10-16}$$

炮眼排距为：

$$b=(0.8\sim 1.0)a \tag{10-17}$$

3. 炮孔深度 l

依据墙体两侧最小抵抗线相等的原则，可确保装药将墙体内外炸塌均匀，因此，要求装药的中心恰好在墙体中心上，这样炮孔深度应为：

$$l=\frac{1}{2}(\delta+L) \tag{10-18}$$

式中 δ——墙体厚度；

L——装药长度。

4. 单孔装药量的计算

钢筋混凝土框架立柱、梁爆破时，单孔装药量可按体积公式计算，单位炸药消耗量 q 的取值可按表 10-3 选取。

表 10-3 钢筋混凝土立柱、梁爆破单位炸药消耗量 q

W/cm	q/(g/m³)	布筋情况	爆破效果	防护等级
10	1 150～1 300	正常布筋	混凝土破碎、疏松，与钢筋分离，部分碎块逸出钢筋笼	Ⅱ
	1 400～1 500	单箍筋	混凝土粉碎，脱离钢筋笼，箍筋拉断，主筋鼓胀	Ⅰ
15	500～560	正常布筋	混凝土破碎、疏松，与钢筋分离，部分碎块逸出钢筋笼	Ⅱ
	650～740	单箍筋	混凝土粉碎，脱离钢筋笼，箍筋拉断，主筋鼓胀	Ⅰ
20	380～420	正常布筋	混凝土破碎、疏松，与钢筋分离，部分碎块逸出钢筋笼	Ⅱ
	420～460	单箍筋	混凝土粉碎，脱离钢筋笼，箍筋拉断，主筋鼓胀	Ⅰ
30	300～340	正常布筋	混凝土破碎、疏松，与钢筋分离，部分碎块逸出钢筋笼	Ⅱ
	350～380	单箍筋	混凝土粉碎，脱离钢筋笼，箍筋拉断，主筋鼓胀	Ⅰ
	380～400	布筋较密	混凝土破碎、疏松，与钢筋分离，部分碎块逸出钢筋笼	Ⅱ
	460～480	双箍筋	混凝土粉碎，脱离钢筋笼，箍筋拉断，主筋鼓胀	Ⅰ
40	260～280	正常布筋	混凝土破碎、疏松，与钢筋分离，部分碎块逸出钢筋笼	Ⅱ
	290～320	单箍筋	混凝土粉碎，脱离钢筋笼，箍筋拉断，主筋鼓胀	Ⅰ
	350～370	布筋较密	混凝土破碎、疏松，与钢筋分离，部分碎块逸出钢筋笼	Ⅱ
	420～440	双箍筋	混凝土粉碎，脱离钢筋笼，箍筋拉断，主筋鼓胀	Ⅰ
50	220～240	正常布筋	混凝土破碎、疏松，与钢筋分离，部分碎块逸出钢筋笼	Ⅱ
	250～280	单箍筋	混凝土粉碎，脱离钢筋笼，箍筋拉断，主筋鼓胀	Ⅰ
	320～340	布筋较密	混凝土破碎、疏松，与钢筋分离，部分碎块逸出钢筋笼	Ⅱ
	380～400	双箍筋	混凝土粉碎，脱离钢筋笼，箍筋拉断，主筋鼓胀	Ⅰ

注：表中Ⅰ级防护为三层草袋、一层胶帘加一层麻袋布，或两层草袋、一层荆笆加一层铁丝网覆盖；Ⅱ级防护为两层草袋、一层胶帘加两层麻袋布，或一层草袋加两层荊笆覆盖。

浆砌砖墙爆破时，单孔装药量可按体积公式计算，单位体积炸药消耗量 q 可根据最小抵抗线的大小、墙体质量等情况，按表 10-1 选取，墙角炮眼的装药量可加大到正常炮孔装药量的1.2倍。

10.3.4 起爆网路设计

起爆网路设计是关系到建筑物拆除爆破能否成功的一项重要工作。建筑物拆除爆破具有如下特点:一次起爆雷管多,少则数百发多则几千发,有时甚至上万发;装药布置范围大,如承重墙、立柱、横梁、楼梯间和不同楼层间等地方均有布药,因此,这类起爆网路一般比较复杂。如若使用电力起爆网路,则需从挑选雷管到连接网路等各个工序,均应用仪表对雷管和线路进行检查,并对比设计数据,及时发现施工和网路连接中的问题,确保爆破网路的可靠性和准确性。在电力爆破网路中,最常用的是串联和串并联连接方式。串并联起爆网路在设计和施工中,需要对网路进行分组和各支路的电阻平衡处理,这个环节技术要求较高且比较复杂,因此,要求施工时的炮眼布置及其个数应尽量与设计一致,如有变动应用代用电阻代替,使各支路电阻达到平衡,以保证通过各个雷管的电流一致。

若采用非电起爆网路,由于在城市施工,一般不采用导爆索起爆网路,而只能采用导爆管起爆系统。非电导爆管起爆网路具有操作简单、使用方便、经济、安全、准确、可靠,能抗杂散电流、静电和雷电等优点,可以满足现场不停产拆除爆破和在雷雨季节安全施工的要求,目前大型拆除爆破多采用这种起爆网路。

10.4 基础爆破拆除

在旧城改造和其他工程建设中,不可避免地要遇到各种机械设备、建筑物、桥墩、码头等混凝土或钢筋混凝土基础需要破碎拆除。拆除时,一般采用浅眼爆破法,如果条件允许也可采用深孔爆破法,当不允许使用爆破方法进行拆除的特殊条件下,还可以采用静态破碎剂破碎。

10.4.1 基础爆破拆除原则

基础爆破一方面是将基础破碎并运走,从此角度出发要求破碎得越碎越好,因此装药量和炸药单耗可适当选大值;但另一方面爆破均在复杂环境中进行,为了安全又要对爆破的装药量和爆破次数加以限制,要实行“爆撬结合,宁撬勿飞”的原则。为了正确处理这一矛盾,爆破时可遵循如下的处理原则与方法:

(1) 当周围环境比较简单时,如待拆除的基础周围50 m以内没有需要保护的建(构)筑物、交通要道和人流稀少的情况下,可采用较大的爆破参数进行爆破,若采用人工清运,还可以采用梅花布孔方式以及微差、挤压等爆破技术措施,改善爆破破碎质量,提高清运效率。

(2) 当环境条件比较复杂,如待拆除的基础周围20～30 m以内就有重要建筑或其他设施需要保护,对爆破安全要求更加严格时,首先要求对环境和待拆除基础做仔细勘察,根据要求认真设计,选用较小的孔网参数,减小爆破规模,采用微差爆破技术减少每一个炮孔的装药量,使装药在待爆体内分布更加分散和均匀,最大限度地控制爆破危害效应;然后要求仔细施工,控制施工误差给爆破带来的不确定危险,并且根据工程特点采用一些防护技术措施,控制爆破地震、空气冲击波和飞石等危害,确保安全、快速、高效地完成施工任务。

10.4.2 基础爆破参数设计

1. 最小抵抗线

最小抵抗线应根据待拆除基础的材质、几何形状、尺寸和配筋情况，以及要求的爆破破碎块度等综合因素确定。实践表明，对于大型块体基础，最小抵抗线取值一般可按下列方法进行。

混凝土或钢筋混凝土块体：$W=35\sim70$ cm。

浆砌片石、料石块体：$W=50\sim80$ cm。

混凝土爆破后，一般碎块的尺寸略大于 W，如果爆破后采用人工清渣，一般取小值；当采用机械清渣时，可选用较大的最小抵抗线。

2. 炮孔布置与孔间距

在基础爆破拆除中，炮眼布置时应充分考虑待爆体的材质、几何形状、结构类型、施工条件和爆破效果的要求，一般可设计成垂直眼、水平眼和倾斜眼三种形式。但只要施工条件允许，应尽量采用垂直炮眼，因为其钻眼、装药和堵塞比较方便。炮眼排列可选用矩形或梅花形布置，实际施工中多采用梅花形布置炮孔，它有利于炮眼间介质的充分破碎。

炮孔间距和排距选择是否合理，直接影响爆破的效果，如果 a 和 b 过大，则相邻药包的共同作用减弱，爆破后会出现大块，给清理工作造成困难，有时还需进行二次破碎；若 a 和 b 过小，不仅增加了凿岩工作量和雷管消耗，还减慢了施工进度，而且过分破碎也不便于清理。

一般 a 和 b 以及分层装药时药包之间的距离不宜小于 20 cm，对于炮孔间距可按下式选取：

混凝土或钢筋混凝土基础：$a=(1.0\sim1.3)W$；

浆砌片石、料石基础：$a=(1.0\sim1.5)W$。

上述 a 值的上下限，应根据拆除物的具体情况而定。当拆除物强度较高、建筑质量较好时取小值，反之取大值。

多排炮眼一次起爆时，排距 b 应不大于孔距 a。根据材质情况和对爆破块度的要求，可取 $b=(0.6\sim0.9)a$。

3. 炮眼直径和炮眼深度

在拆除爆破中，一般选择直径 38～42 mm 的钻头钻凿炮眼。当炮眼较深，需分层装药时，可钻凿较大直径的炮眼以方便装药作业；当炮眼较浅时，可钻凿较小直径的炮眼。

合理的炮眼深度可避免出现冲炮和坐底现象，使炸药能量得到充分利用。一般情况下应使炮眼深度大于最小抵抗线。适当加大炮眼深度，不但可以缩短每延米炮眼的平均钻眼时间，而且还可增大爆破方量，从而加快施工速度，节省爆破费用。

对于不同边界条件的基础，在保证孔深 $l>W$ 的前提下，炮眼深度可按下述方法确定：

当拆除基础底部是临空面时，取

$$l\leqslant H-W \tag{10-19}$$

当设计爆破面位于基础中间时，取

$$l=kH \tag{10-20}$$

当设计破裂面位于断裂面、伸缩缝或施工缝等部位时，取 $k=0.7\sim0.8$；当设计破裂面位于变截面部位时，取 $k=0.9\sim1.0$；当设计破裂面位于均质、等截面的拆除物内部时，取 k

=1.0。

4. 单位炸药消耗量

单位炸药消耗量 q 与拆除基础的材质、强度、构造以及抵抗线的大小等因素有关。单位炸药消耗量可参考表 10-4 选取。

表 10-4　单位炸药消耗量 q

爆破对象及材质		W/cm	q/(g/m³)
混凝土圬工强度较低		35～50	150～180
混凝土圬工强度较高		35～50	180～220
混凝土桥墩及桥台		40～60	250～300
混凝土公路路面			300～360
钢筋混凝土桥墩台帽		35～40	400～500
浆砌片石及料石		50～70	400～500
桩头	ϕ1.0 m	50	80～90
	ϕ0.8 m	40	90～110
	ϕ0.6 m	30	160～180
浆砌砖墙	厚 37 cm	18.5	1 200～1 400
	厚 50 cm	25.0	950～1 100
	厚 63 cm	31.5	700～800
	厚 75 cm	37.5	500～600
混凝土大块	V=0.08～0.15 m³		180～250
	V=0.16～0.40 m³		120～150
	V>0.40 m³		80～100

5. 分层装药

在较深的炮眼中，采用分层装药，能避免能量过分集中，防止飞石或减少大块率，减弱爆破震动。当炮眼深度 $l>1.5W$ 时应分层装药，各层药包间距应满足 $20\ \text{cm}<a_1\leqslant W$。

装药层数和药量的分配可根据炮眼深度与最小抵抗线的关系，按表 10-5 确定。为便于装药、堵塞和连线，分层装药不宜超过 4 层，因此，确定炮眼深度时应考虑这一因素的影响。另外，在混凝土基础底部有钢筋网时，可在单孔药量不变的情况下，适当增加底层药包的质量。

表 10-5　分层装药与药量分配

孔深	装药层数与药量分配			
	上层药包	第二层药包	第三层药包	第四层药包
l=(1.5～2.5)W	0.4Q	0.6Q		
l=(2.6～3.7)W	0.25Q	0.35Q	0.40Q	
l>3.7W	0.15Q	0.25Q	0.25Q	0.35Q

注：Q 为单孔装药量。

10.4.3　基础爆破拆除施工安全

(1) 当基础都被埋在地下时,可在基础周围开挖侧沟,一方面为爆破创造临空面,另一方面减小爆破震动,改善爆破效果。

(2) 采取有效的防护措施。实践证明,在基础上面和侧面压盖或码堆两层土袋或沙袋,再用荆笆或其他柔性材料覆盖的防护方法,可以有效地控制飞石。防护工作中,应避免直接用刚性材料覆盖炮口,防止空气冲击波将覆盖体抛出,损坏周围设备。

(3) 药量控制与防护工作并重。在拆除爆破中,若装药量达到了抛掷爆破的量级,则一般的防护措施是不能阻止飞石的,只有将装药量控制在松动爆破范围内,防护措施才能发挥有效作用。

10.5　水压爆破技术

对于罐体、水池、容器、管道、碉堡等相对封闭的薄壁型建(构)筑物,采用水压爆破可以比较经济地将其拆除。爆破时在容器状建(构)筑物中注满水,将药包悬挂于水中适当位置,利用水的不可压缩特性,把炸药爆炸时产生的压力传递到建(构)筑物上,使建(构)筑物均匀受力而充分破碎。水压爆破主要适用于能够蓄水的建(构)筑物,这类建(构)筑物的特点是壁薄、面积大、内部所配钢筋非常密集,若采用普通的钻眼爆破法进行拆除,则钻眼非常困难,且所需钻凿的炮眼数较多而浅,爆破时很容易造成冲泡和飞石;采用水压爆破则避免了大量的凿岩工作,减少了药包数量,简化了爆破网路,只要设计合理,爆破时可避免产生飞石、空气冲击波、爆破震动等爆破危害效应,是一种经济、安全、快速的爆破拆除方法。

10.5.1　水压爆破原理与药量计算

1. 水压爆破原理

炸药在蓄水建(构)筑物中爆炸后,首先在水中产生强度高达几十至几百兆帕的水中冲击波,由于水的不可压缩性,冲击波被传递到建(构)筑物的内壁上,并且在墙外发生反射。建(构)筑物的墙体不仅要承受冲击波的强大压缩作用,而且还要承受在墙外产生的反射拉伸形成的拉伸作用;随后,爆炸高压气团所形成的水球迅速向外膨胀,并将其能量传递给构筑物四壁,又形成一次冲击的加载作用,加剧了建(构)筑物的破坏。此后,具有残压的水流从裂缝中向外溢出,并裹携少数碎块形成飞石。由此可知,水压爆破时建(构)筑物主要受到两种荷载的作用:一是水中冲击波的作用,二是高压爆生气团的膨胀压缩作用。

2. 药量计算

国内外学者根据理论研究和工程实践经验,从不同角度提出了多种水压爆破的药量计算公式,如薄壁圆筒药量计算公式、薄壁矩形容器药量计算公式等,但这些公式中均含有一些与材料性质有关的参数,若这些参数掌握不准将会带来很大的误差,不便于药量的精确计算。下面介绍建立在冲量准则基础上的药量计算公式。

(1) 圆筒形结构物

将水压爆破产生的水中冲击波对圆筒的破坏看成是冲量作用的结果,以圆筒形材料的极限抗拉强度作为破坏的强度判据,并运用结构在等效静载作用下产生的位移与冲量作用下产生的位移一样的原理，建立药量计算公式，经过简化后得：

$$Q=K_0\ (K_1K_2\delta)^{1.6}R^{1.4} \tag{10-21}$$

式中 Q——密度为 1.5 g/cm^3 的 TNT 药包质量，kg，若使用其他炸药，则需乘以换算系数；

δ——圆筒形结构物的壁厚，m；

R——圆筒形结构物的内半径，m；

K_0——与圆筒形结构物材质和受力特点有关的系数，见表 10-6；

K_1——圆筒形结构物壁厚修正系数，与壁厚和内半径的比值有关，见表 10-7；

K_2——与破碎程度有关的系数，混凝土完全破碎取 18～22，龟裂松动取 4～7。

表 10-6 结构材料系数

混凝土强度等级	C13	C18	C23	C28	C33	C38
K_0	0.122 5	0.159 3	0.195 2	0.228 2	0.304 5	0.361 0

表 10-7 壁厚修正系数

δ/R	0.1	0.2	0.4	0.6	0.8	1.0
K_1	1.000	1.109	1.233	1.369	1.514	1.667

(2) 非圆筒形结构物

当结构物为非圆筒形时，可用等效内半径 $\hat{R}$ 和等效壁厚 $\hat{\delta}$ 取代圆筒形结构物中内半径 R 和壁厚 δ 代入式(10-21)进行药量计算，等效内半径 $\hat{R}$ 和等效壁厚 $\hat{\delta}$ 可按下列公式确定：

$$\hat{R}=\sqrt{\frac{S_R}{\pi}} \tag{10-22}$$

$$\hat{\delta}=\hat{R}\left(\sqrt{1+\frac{S_\delta}{S_R}}-1\right) \tag{10-23}$$

式中 S_R——通过药包中心的结构物内部水平截面面积，m^2；

S_δ——通过药包中心的结构物外壁的水平截面面积，m^2。

10.5.2 水压爆破药包布置

装药量确定以后，药包位置就决定了爆炸荷载在结构物四壁的分布情况，直接影响着水压爆破的效果。因此，在确定药包布置位置时，就要根据水压爆破的荷载分布特征，结合结构物四壁厚度的变化情况、结构物的高径比或长宽比以及结构物形状综合考虑。

1. 水压爆破的荷载分布特征

装药布置是否合理，是直接影响水压爆破效果的重要因素。当水中药包爆炸时，结构物内壁上所承受的荷载分布是不均匀的，如图 10-11 所示。最大荷载位于药包中心同一水平各点。随着距药包中心距离的增

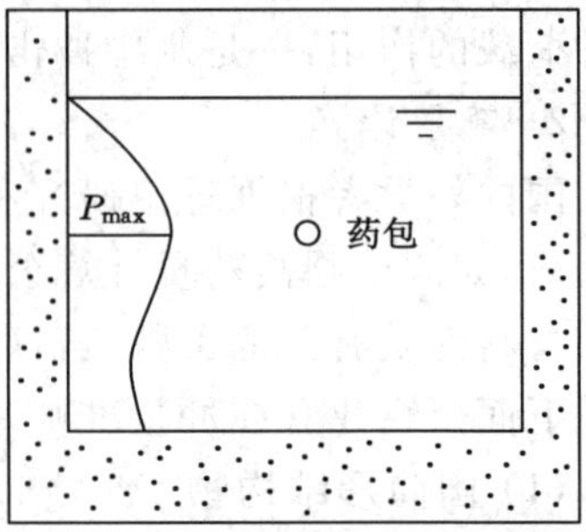

图 10-11 水压爆破荷载分布规律

加，壁上受到的爆炸荷载逐渐降低，到达水面处时荷载为零，荷载的变化规律呈曲线形，在接近结构物底部时，荷载出现回升，但其值仍小于最大值。

从以上分析可知，结构物在承受爆炸荷载后其顶部抵抗变形的阻力最小，随着深度的增加抵抗变形的阻力也增大，达到结构物底板时抵抗变形的阻力最大。

2. 药包位置确定应遵循的原则

根据上述爆炸荷载分布特征和结构物特征，水压爆破药包位置确定应遵循以下几方面的原则：

(1) 根据爆炸荷载的分布和结构的变形特点，对于截面形状规则、壁厚相等的短筒形结构物，采用单药包时，药包应布置在结构物水平截面的几何中心处。

(2) 当结构物容器充满水时，药包一般放置在水面以下相当于水深的 2/3 处。若容器不能充满水时，应保证药包入水深度不小于容器中心至容器壁的距离，相应降低药包在水中的位置，直至放置在容器底部。

(3) 当容器的长宽比或高宽比大于 1.2 时，应根据长宽比的不同，将总药量分为两个或多个药包。药包间的间距 a 一般为：

$$a \leqslant (1.3 \sim 1.4)R \tag{10-24}$$

式中　R——药包中心至容器壁的最短距离。

(4) 同一容器两侧壁厚不同时，应布置偏炸药包，使炸药包偏于厚壁的一侧。容器中心至偏炸药包中心的距离称为偏炸距离，如图 10-12 所示。其计算式如下：

$$x = \frac{R(\delta_1^{1.143} - \delta_2^{1.143})}{\delta_1^{1.143} + \delta_2^{1.143}} \approx \frac{R(\delta_1 - \delta_2)}{\delta_1 + \delta_2} \tag{10-25}$$

式中　x——偏炸距离；

R——容器中心至侧壁的距离；

δ_1，δ_2——容器两侧壁厚。

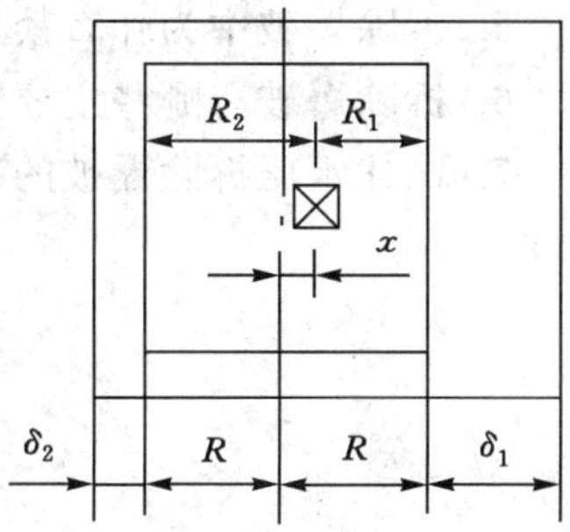

图 10-12　偏炸距离

10.5.3　水压爆破施工安全

1. 炸药及起爆网路防水处理

水压爆破应选用抗水炸药，如水胶炸药、乳化炸药等。如果采用铵梯炸药，应做好防水处理。药包可用塑料袋包装或其他容器盛放，并保证装药密度。药包放入水中可采用悬挂式或支架式固定，必要时可附加配重，以防悬浮或漂移。

水压爆破一般采用复式起爆网络。无论采用电力起爆系统还是采用非电起爆系统，网路均应做好防水处理。

2. 施工注意事项

(1) 确定方案时应调研是否具备水压爆破条件

设计前应检查结构物是否漏水，供水水源能否满足施工要求等。对爆破后溢出的水如何排放，是否造成水患应慎重考虑。

(2) 构筑物开口的处理

用水压爆破拆除构筑物，需要认真做好开口部位的封闭处理。封闭处理的方式很多，可把钢板锚固在构筑物壁面上，中间夹上橡皮密封垫以防漏水；也可以用砖石砌筑、混凝土浇灌或用木板夹填黄泥及黏土封堵。无论采用什么方式，封闭处理的部位仍是结构的薄弱环节，还应采取必要的防护。实践证明，用编织袋填土堆码，并使堆码厚度大于构筑物壁厚，堆码面积大于开口面积，可以改善爆破效果，提高爆破的安全性。

(3) 对不拆除部分的保护

对那些与拆除物相连但不拆除的结构，应事先将其连接部分切断。对同一容器（如管道）的不拆除部分，可采用填沙、预裂、加箍圈等方法加以保护。

(4) 开挖临空面

水压爆破的构筑物一般具有良好的临空面，但是对地下工事，一定要在构筑物的外侧开挖好拆除物的临空面，否则爆破后构筑物破坏不完全，影响后阶段的清运工作。

复习思考题

1. 简述建（构）筑物拆除爆破的基本原理和关键技术。
2. 高耸建（构）筑物的爆破拆除应注意哪些问题？
3. 高耸建（构）筑物可以选择的爆破方案主要有哪些？各自的使用条件是什么？
4. 简述拆除控制爆破施工中常用的安全措施。
5. 拆除爆破中为什么禁用导火索起爆法？
6. 拆除爆破有哪些主要特点？
7. 试述水压拆除爆破的基本原理及优缺点和注意事项。

11　爆破器材安全管理

近年来，随着我国改革开放的不断深入和经济建设的快速发展，爆破在国民经济建设中显示出了巨大的作用，已成为高效、经济、有效的工程作业手段，它不仅涉及矿山、建筑、公路、铁路、水利等传统岩土工程领域，在新材料的爆炸合成、爆炸切割、爆炸焊接、爆炸成型、爆炸硬化等领域也占有一席之地。为了满足生产的需要，爆破器材的种类也越来越多，性质也千差万别，对爆破器材的安全管理工作提出了新的更高的要求。切实加强民用爆炸物品管理工作，对于保障民用爆炸物品储存、运输、使用等方面的安全，防止发生各类爆炸事故，有效维护社会稳定，确保经济建设顺利进行和人民安居乐业，防止犯罪分子利用爆炸物品进行破坏活动，具有十分重要的意义。

爆破是一种高风险的涉及爆炸物品的特种行业，世界各国对爆破器材都有严格的管理制度，我国也非常重视。我国在不同时期和不同年代都制定了相应的管理法规，这些法规对爆破器材安全有序服务于我国国民经济建设起到了重要作用。爆破器材在生产、销售、运输、存储、使用中都必须按《民用爆炸物品安全管理条例》和《爆破安全规程》(GB 6722)的规定执行，若违反规定，则其责任人应当承担相应的法律责任。

爆破器材从生产制造企业到最终爆破施工企业的爆破施工过程中，一般都要经过图11-1所示的流转流程：

$$\text{民用爆炸物品制造企业}\Rightarrow\left.\begin{matrix}\text{县级以上民用爆炸物品销售公司}\\\text{大型爆破施工企业}\end{matrix}\right\}\Rightarrow\text{购买}\Rightarrow\text{运输}\Rightarrow\left\{\begin{matrix}\text{储存}\\\text{过期产品销毁}\end{matrix}\right\}$$

$$\Rightarrow\text{销售（发放）}\left\{\begin{matrix}\text{中小爆破施工企业}\\\text{大型爆破施工企业内部施工单位}\end{matrix}\right\}\Rightarrow\text{购买}\Rightarrow\text{运输}$$

$$\Rightarrow\left\{\begin{matrix}\text{存储}\\\text{过期产品销毁}\end{matrix}\right\}\Rightarrow\text{发放}\Rightarrow\text{到工作面的运输}\Rightarrow\left\{\begin{matrix}\text{现场管理}\\\text{退库}\end{matrix}\right.$$

图11-1　爆破器材流转流程图

从图11-1的各环节中可以看出，购买、运输、储存、发放、销毁是各环节所共有的，因此，本章主要介绍这些环节中的安全管理内容。

11.1　爆破器材购买与销售管理

11.1.1　爆破器材管理部门的职责和范围

国防科技工业主管部门主要负责民用爆炸物品生产、销售的安全监督管理；公安机关主要负责民用爆炸物品公共安全管理和民用爆炸物品的购买、运输、存储、爆破作业等方面的安全监督管理，并监控民用爆炸物品的流向。应急管理、铁路、交通、民航主管部门依照法律、法规的规定，负责做好民用爆炸物品的有关安全监督管理工作。国防科技工业主管部门、公安机关、工商行政管理部门按照职责分工,负责组织查处非法生产、销售、购买、运输、存储、邮寄、使用民用爆炸物品的行为。国家对民用爆炸物品的生产、销售、购买、运输和爆破作业实行了许可证制度。未经政府有关部门许可,任何单位或个人不得生产、销售、购买、运输民用爆炸物品,不得从事爆破作业。严禁转让、出借、转借、抵押、赠送、私藏或者非法持有民用爆炸物品。

爆破器材的安全管理,由从业单位的主要领导人(第一责任人)负责,他应组织制定爆破器材的购买、运输、储存、销毁、发放、使用和安全管理制度及安全技术操作规程,建立岗位安全责任制,教育从业人员严格遵守。民用爆炸物品从业单位应当依法设置治安保卫机构或配备治安保卫人员,设置技术防范措施,防止民用爆炸物品丢失、被盗、被抢。加强对从业人员的安全教育、法制教育和岗位技术培训,从业人员经考核合格的,方可上岗作业;对有资格要求的岗位,应配备具有相应资格的人员。

11.1.2 销售、购买单位的要求与工作流程

民用爆炸物品使用单位申请购买民用爆炸物品的,应当向所在地县级公安机关提出购买申请,并提交以下材料:① 工商营业执照或者事业单位法人证书;② “爆破作业单位许可证”或者其他合法使用的证明;③ 购买单位的名称、地址、银行账户;④ 购买的品种、数量和用途说明。

受理申请的公安机关应当对提交的有关材料进行审查,对符合条件的,核发“民用爆炸物品购买许可证”。“民用爆炸物品购买许可证”应当载明许可购买的品种、数量、购买单位以及许可的有效期限。若民用爆炸物品使用单位是经有关部门审查核发直供用户许可的企业,可持“民用爆炸物品购买许可证”直接向民用爆炸物品生产企业购买所需的爆破器材;若民用爆炸物品使用单位没有取得直供用户许可,其所需爆破器材应由当地经营机构供应。两种情况均应提供经办人的身份证明。销售民用爆炸物品的企业,应当查验许可证和经办人的身份证明;对持“民用爆炸物品购买许可证”购买的,应当按照许可的品种、数量销售。

民用爆炸物品销售企业可凭“民用爆炸物品销售许可证”向民用爆炸物品生产企业购买民用爆炸物品。

销售、购买民用爆炸物品,应当通过银行账户进行交易,不得使用现金或者实物进行交易。销售民用爆炸物品的企业,应当自民用爆炸物品买卖成交之日起 3 日内,将销售的品种、数量和购买单位向所在地省、自治区、直辖市人民政府国防科技工业主管部门和所在地县级公安机关备案。还要将购买单位的许可证、银行账户转账凭证、经办人的身份证明复印件保存 2 年备查。购买民用爆炸物品的单位,应当自民用爆炸物品买卖成交之日起 3 日内,将购买的品种、数量向所在地县级人民政府公安机关备案。

11.2 爆破器材装卸与运输管理

11.2.1 爆破器材的装卸管理

装卸人员必须经过岗位培训,了解爆破器材的安全知识。装卸人员在作业时不应穿戴易产生静电的化纤衣服,禁止穿带钉子鞋、高跟鞋,不准携带烟火。装卸爆破器材的地点,应

远离人口稠密区，并设有明显标志，白天应悬挂红旗和警标，夜晚应有足够的照明并悬挂红灯。若遇暴风雨或雷雨时，不应装卸爆破器材。装爆破器材前要认真检查运输工具的完好状况，清除运输工具内的一切杂物，爆破器材的包装箱（袋）及铅封应保持完整无损。装卸时，应设警卫和专人在场监督，无关人员不允许在场；装卸搬运应轻拿轻放，装好、码平、卡牢、捆紧，不得摩擦、撞击、抛掷、翻滚、侧置及倒置爆破器材；若待运雷管箱未装满雷管时，其空隙部分应用不产生静电的柔软材料塞满；若需要分层装载爆破器材时，不准站在下层箱（袋）上装载另一层，雷管或硝化甘油类炸药分层装载时不应超过两层；若用吊车装卸爆破器材时，一次起吊的量不得超过设备能力的 50%；装卸爆破器材应做到不超高、不超宽、不超载，与其他货物不应混装；雷管等起爆器材，不应与炸药在同时、同地进行装卸。

11.2.2 爆破器材的运输管理

1. 运输一般原则

参与爆破器材运输的单位，应凭爆破器材购买单位有效的爆破器材供销合同和申请表，向公安机关申领“爆炸物品运输许可证”。跨省、自治区、直辖市运输的向运达地区的市级公安机关申请；在本省、自治区、直辖市运输的向运达地县级公安机关申请。凭证在有效期间内，按指定路线运输。当爆破器材运达目的地后，收货单位应指派专人领取，认真检查爆破器材的包装、数量和质量；如果包装破损，数量与质量不符，应立即报告有关部门和当地县（市）公安局，并在有关代表参与下编制报告书，分送有关部门。任何个人不应随身携带爆破器材搭乘公共交通工具，不允许在托运行李及邮寄包裹中夹带爆破器材。

爆破器材运输的工具宜使用汽车、火车、轮船等，不应使用翻斗车、拖车、自行车、摩托车和畜力车等，也不能使用公共交通工具运输。参与爆破器材运输的车辆（船）要符合国家有关运输安全的技术要求，其结构可靠，机械电气性能良好，要具有防盗、防火、防热、防雨、防潮、防静电等安全性能，在确认适合装运爆破器材后，才能投入使用，出发前要配足燃料，严禁装着爆破器材驶入途中的加油站。

同车（船）运输两种以上爆破器材时，应遵守表 11-1 的规定。但在特殊情况下，经爆破工作领导人批准，起爆器材与炸药可以同车（船）装运，但其数量不应超过：炸药 1 000 kg，雷管 1 000 发，导爆索 2 000 m，导火索 2 000 m。雷管应装在专用的保险箱里，箱子内壁应衬有软垫，箱子应紧固于运输工具的前部，炸药箱（袋）不得放在雷管箱上。

表 11-1 爆破器材同库存放的规定

爆破器材名称	雷管类	黑火药	导火索	硝铵类炸药	属 A_1 级单质炸药类	属 A_2 级单质炸药类	射孔弹类	导爆索类
雷管类	○	×	×	×	×	×	×	×
黑火药	×	○	×	×	×	×	×	×
导火索	×	×	○	○	○	○	○	○
硝铵类炸药	×	×	○	○	○	○	○	○
属 A_1 级单质炸药类	×	×	○	○	○	○	○	○
属 A_2 级单质炸药类	×	×	○	○	○	○	○	○

表 11-1(续)

爆破器材名称	雷管类	黑火药	导火索	硝铵类炸药	属 A_1 级单质炸药类	属 A_2 级单质炸药类	射孔弹类	导爆索类
射孔弹类	×	×	○	○	○	○	○	○
导爆索类	×	×	○	○	○	○	○	○

注:1. ○表示可同库存放,×表示不应同库存放。

2. 雷管类包括火雷管、电雷管、导爆管雷管。

3. 属 A_1 级单质炸药类为黑索今、太安、奥克托金和以上述单质炸药为主要成分的混合炸药或炸药柱(块)。

4. 属 A_2 级单质炸药类为梯恩梯和苦味酸及以梯恩梯为主要成分的混合炸药或炸药柱(块)。

5. 导爆索类包括各种导爆索和以导爆索为主要成分的产品,包括继爆管和爆裂管。

6. 硝铵类炸药,包括以硝酸铵为主要组分的各种民用炸药。

装运爆破器材的车(船),在行驶途中应有熟悉所运爆破器材性能的押运人员押运,非押运的其他人员不准乘坐。按指定路(航)线行驶,不准在人员聚集的地点、交叉路口和桥梁上(下)及火源附近停留;中途停留时,应有专人看管,不准吸烟、用火,开车(船)前应检查码放和捆绑有无异常,车(船)要用帆布覆盖,并设有明显的标志。运输硝化甘油类炸药或雷管等感度高的爆破器材时,车厢和船舱的底部应铺软垫;若气温低于 10 ℃运输易冻的硝化甘油炸药或气温低于−15 ℃运输难冻的硝化甘油炸药时,应采取防冻措施。车(船)完成运输后应打扫干净,清出的药粉、药渣应运至指定地点,定期进行销毁。

2. 铁路运输

铁路运输爆破器材,除执行铁道部门有关规定外,还应注意装有爆破器材的车厢不应溜放;装有爆破器材的车辆,应专线停放,与其他线路隔开,通往该线路的转撤器应锁住,车辆应楔牢,其前后 50 m 处设“危险”警示标识,机车停放位置与最近的爆破器材库房的距离不应小于 50 m;装有爆破器材的车厢与机车之间,炸药车厢与起爆器材车厢之间,应用一节以上未装有爆破器材的车厢隔开;车辆运行的速度,在矿区内不超过 30 km/h,厂区内不超过 15 km/h,库区内不超过 10 km/h。

3. 水路运输

水路运输爆破器材时,不应使用筏类工具。运输爆破器材的机动船,船底板和舱壁应无缝隙,舱口应关严,装爆破器材的船舱不得有电源,对机舱相邻或邻近蒸汽管路时,应采取可靠的隔热措施。运输爆破器材的船上备有足够数量的消防器材,并在船头和船尾设危险标志,夜间和雾天设红色安全灯,如遇浓雾或大风浪时应停航,且停泊地点距岸上建筑物不小于 250 m。

4. 道路运输

用汽车运输爆破器材,出车前,车库主任(或队长)应认真检查车辆状况,并在出车单上注明:“该车检查合格,准许用于运输爆破器材”;由熟悉爆破器材性能,具有安全驾驶经验的司机驾驶;在平坦的道路上行驶时,前后两辆汽车距离不应小于 50 m,上山或下山不小于 300 m;遇有雷雨时,车辆应停在远离建筑物的空旷地方;在雨天或冰雪路面上行驶时,应采取防滑安全措施;车上应配备灭火器材,并按规定配挂明显的危险标志;在高速公路上运输爆破器材,应按国家有关规定执行。公路运输爆破器材途中避免停留住宿,禁止在居民点、行人密集的闹市区、名胜古迹、风景游览区、重要建筑设施等附近停留。

5. 井下运输

(1) 竖井、斜井运输。在竖井、斜井中往井下运输爆破器材时，要事先通知卷扬机司机、信号工；一般不能在上下班或人员集中的时间内运送爆破器材。用罐笼运送硝化甘油类炸药或雷管等比较敏感的爆破器材时，只准放一层爆破器材料箱，且不得滑动；运送其他类炸药时，炸药箱堆放的高度不得超过罐笼高度的 2/3；罐笼中乘坐的人员除爆破人员和信号工外，其他无关人员不应与爆破器材同罐乘坐。当用罐笼运输雷管或硝化甘油类炸药时，其升降速度不得超过 2 m/s；当用吊桶或斜坡卷扬机运输爆破器材时，其速度不得超过 1 m/s；运输雷管时应采取绝缘措施。运输的爆破器材不应在井口房或井底车场停留，必须立即运到指定的地下库房存放。

(2) 电机车运输。在巷道内用矿用电机车运输爆破器材时，列车前后要设“危险”标志，并要采用封闭型的专用车厢装运，车内应铺软垫，运行速度不超过 2 m/s，在装爆破器材的车厢与机车之间，以及装炸药的车厢与装起爆器材的车厢之间，应用空车厢隔开。当运输的是电雷管时，还应采取可靠的绝缘措施。当用架线式电力机车运输，在装卸爆破器材时，机车应断电。

(3) 斜坡道用汽车运输。在斜坡道上用汽车运输爆破器材时，行驶速度不要超过 10 km/h，也不应在上下班或人员集中时运输，车头、车尾应分别安装特制的蓄电池红灯作为危险标志。汽车应在道路中间行驶，如果需要会车让车时，需靠边停车。

(4) 人工搬运爆破器材。用人工搬运爆破器材时，在夜间或井下，应随身携带完好的矿用蓄电池灯、安全灯或绝缘手电筒；不应一人同时携带雷管和炸药；雷管和炸药应分别放在两个专用背包(木箱)内，不应放在衣袋里；领到爆破器材后，应直接送到爆破地点，不应乱丢乱放；不应提前班次领取爆破器材，不得携带爆破器材在人群聚集的地方停留。

一人一次运送爆破器材数量不超过雷管 1 000 发、拆箱(袋)搬运炸药 20 kg、背运原包装炸药 1 箱(袋)、挑运原包装炸药 2 箱(袋)。若用手推车运输爆破器材时，载重量不应超过 300 kg，运输过程中应采取防滑、防摩擦和防止产生火花等安全措施。

11.3　爆破器材贮存

11.3.1　器材库的类型

爆破器材存放于爆破器材库中，它由专门存放爆破器材的主要建(构)筑物和爆破器材的发放、管理、防护以及办公等辅助设施组成。爆破器材库的分类如图 11-2 所示，若按其服务年限可分为永久性库和临时性库两类；若按其所处位置可分为地面库、埋入式库、硐室库和井下库四种。

- 爆破器材库
  - 按服务年限
    - 永久性爆破器材库
    - 临时性爆破器材库
  - 按所处位置
    - 地面爆破器材库
    - 埋入式爆破器材库
      - 入口裸露埋入式
      - 墙体下段埋入式
    - 硐室式爆破器材库
      - 隧道式硐室库
      - 深埋入式硐室库
    - 井下爆破器材库
      - 硐室式库
      - 壁槽式库

图 11-2　爆破器材库分类

11.3.2 爆破器材库的位置、结构和设施

地面库应选择在远离人群聚居区和重要建(构)筑物(如城镇、铁路、桥梁、国防设施等)的地方。在山区要充分利用地形的有利条件,尽量将爆破器材库选择在有天然屏障的地方,这样不仅有利于安全防护,而且也可以大大减少库房的安全设施及消防设备费用,但要注意库址不能受到山洪、地下水、泥石流等自然灾害的威胁。对于没有天然屏障的平原地区,要把防护放到首位。

地面库房在布置位置时,应注意相邻库房不应长边相对布置;雷管库应布置在库区一端;在库区周围应设密实围墙,围墙到最近库房的距离不应小于 15 m(小型库不应小于 5 m),围墙高度不应低于 2 m;库区办公、警卫及生活服务等建筑物,应布置在安全地点;库区道路的纵坡坡度主要运输道路不宜大于 6%,手推车道路不宜大于 2%。爆破器材库的结构应遵守《民用爆炸物品工程设计安全标准》(GB 50089)和《地下及覆土火药炸药仓库设计安全规范》(GB 50154)的有关规定。

对于永久性爆破器材库,应根据库容量在库区修建高位消防水池:当库容量小于 100 t,贮水池容量为 50 m^3(小型库为 15 m^3);当库容量为 100~500 t,贮水池容量为 100 m^3;当库容量超过 500 t,设消防水管。消防水池应距库房不大于 100 m,消防管路距库房不大于 50 m。如果库区在草原和森林地区的周围,应修筑防火沟渠,沟渠边缘距库区围墙要小于 10 m,沟宽为 1~3 m,深为 1 m,且经常保持足够的水位。

每个库房都应配备足够的消防灭火器和工具等,消防系统和消防器材、工具等必须定期检查和更换,以确保其完好。

防护土堤可以使爆破器材库一旦发生意外爆炸事故时,把事故区隔离开来,对事故的扩大和传播起到很好的隔断作用。国内外多年来重大爆炸事故的深刻教训充分证实,防护土堤可以较大幅度地降低库房发生意外事故时对外界的影响,它可以有效地阻挡爆炸所产生的冲击波和飞散物的破坏作用,特别是对低角度飞散物的阻挡作用十分明显。而且防护土堤还可以减少外界发生意外事故时对爆破器材库的波及。因此,一般要求在永久性地面库房周围建立防护土堤。

在砌筑防护土堤时,允许用块石或混凝土砌筑不高于 1.0 m 的堤基;堤基上部应用泥土、砂质黏土等可塑性和不燃材料修建,不应用石块、碎石和可燃材料修建。因为堤基上部如用石块、碎石和可燃材料修建,一旦发生事故,石块和碎石就会像炮弹一样飞散,可燃物还会起到助燃作用,这样不但起不到安全防护的作用,而且还会使爆炸危害范围进一步扩大。

防护土堤堤基至库房墙壁的距离为 1~3 m,有套间的一侧可达 5 m 或按运输要求确定,并且在土堤与库房之间,应设有用砖石砌成的排水沟,防护土堤的高度应高出库房屋檐 1 m,其顶部宽度要求有 1 m 宽,底部宽度根据土堤所用材料的稳定坡面角确定。

井下炸药库应设防爆门,防爆门在发生意外事故时应可自动关闭,且能限制大量爆炸气体外溢和缓冲井下空气冲击波;贮存雷管和硝化甘油类炸药的硐室或壁槽,应设金属丝网门;另外,井下爆破器材库除设专门贮存爆破器材的硐室和壁槽外,还应设连通硐室或壁槽的巷道和若干辅助硐室;在距库房 15 m 以内的连通巷道内,需要支护时应使用不燃材料,在有瓦斯、煤尘爆炸危险的井下爆破器材库附近,应设置岩粉棚,并应定期更换岩粉。在井下爆破器材库区内,不应设爆破器材检验与销毁场,爆破器材的爆炸性能检验与销毁,应在

地面指定的地点进行。不应在井下爆破器材库房对应的地表修筑永久性建筑物，也不应在距库房 30 m 范围内掘进巷道。

11.3.3 爆破器材库的照明和防雷设施

地面爆破器材库的电气照明，库房区域的用电负荷按二级负荷供电进行设计，辅助建筑物则按一般供电场所设计。从库区变电站到各库房的低压线路，宜采用铜芯铠装电缆埋地的敷设。当全长采用电缆有困难时，可采用钢筋混凝土杆和铁横担的架空线，并应使用一段金属铠装电缆或护套电缆穿钢管直接埋地引入，埋地长度应不小于 15 m，室外架空线路不应跨越危险库房。在电缆入户端应将其金属外皮、钢管接到防雷电感应的接地装置上。在电缆与架空线连接处，应装设避雷器。避雷器、电缆金属外皮、钢管和绝缘子铁脚、金具等应连在一起接地，其冲击接地电阻不应大于 10 Ω。电源开关或熔断器，应设在库房外面（或设在辅助硐室里），并装在铁制配电箱中。

爆破器材库房（硐室或壁槽）内不应安装任何固定灯具，一般利用自然采光或在库外安设探照灯进行投射照明，灯具距库房的距离不应小于 3 m；也可以采用移动式照明，但必须使用防爆手电筒或手提式防爆应急灯，不能使用电网供电的移动手提灯。

井下爆破器材库的电气照明，应采用防爆型或矿用密闭型电气设备，电线应采用铜芯铠装电缆；井下库区的电压宜为 36 V。在有可燃性气体和粉尘爆炸危险的井下库区，应使用防爆型移动灯具和防爆手电筒；在其他井下库区可使用蓄电池灯、防爆手电筒或汽油安全灯作为移动式照明。

建筑规范要求民用与工业建筑都应有避雷装置。这一点对爆破器材库尤为重要，因雷击而造成爆破器材库内贮存的爆破器材意外爆炸的事故国内外都有报道，因而雷电对爆破器材的安全贮存是一个极其重要的危害因素，必须认真加以防范。目前常用的方法是在爆破器材库安置防雷装置，包括避雷针和避雷线。

避雷装置可以通过它的引下线与接地装置配合，把一定范围内的雷电引向自身，泄入大地，以保护爆破器材库和其内贮存的爆破器材免遭雷击。

避雷针保护的范围是一个圆锥体，其范围的大小和避雷针的安设高度有关。有时根据爆破器材库的高度和分布范围等情况可安设多个避雷针，避雷针与库房外墙的距离要保持在 3 m 以上，并且应设单独的接地极板，接地电阻不宜大于 10 Ω，避雷针的引下线不能与库房的任何金属构件接触，否则不但不能避免雷电，反而更会招来雷击。

避雷线也称架空地线，是几个避雷针的顶端用金属导线连接在一起组成的，它扩大了避雷针的保护范围和效果。按要求除山硐式的爆破器材库可以不设避雷装置以外，所有的爆破器材库库房必须在避雷装置有效保护范围以内，以避免雷电对其造成直接危害，而且对于雷管和导爆索等感度较高的、危害性较大的 A_1、A_2 级库房，还需要装设二次防雷装置。库房内所有的金属构件要全部接地，以防雷电的二次作用。二次防雷装置的做法是在库房的房顶上按一定的要求铺盖金属网，并与接地极板（埋入地下深度不得小于 0.8 m、距库房墙基 0.5～1.0 m）牢固连成闭合回路，形成一个完整的避雷屏蔽，使整个库房处于屏蔽之中，做到根本性杜绝雷击。避雷装置要在每年的雷雨季节之前进行一次检查和测试，金属导电部分要除锈，接地冲击电阻要符合要求，以确保其应有的防雷击性能。同时还应采取其他防雷措施，如砍伐高大树木，拆除容易招引雷电的废建筑、室外架空金属管道接地等。

11.3.4 爆破器材的贮存、库房管理与收发

1. 爆破器材贮存

需要贮存爆破器材的单位，在设置爆破器材库时，应提出申请报主管部门批准，并报当地县(市)公安机关审查同意，方可建库；库房建成并经验收合格发给“爆破器材贮存许可证”后，方准贮存爆破器材。任何单位和个人不应非法贮存爆破器材。设置的爆破器材库应符合国家有关安全规范，要有完善的防盗报警设施和健全的安全管理制度，并配备符合要求的专职守卫人员和保管员。在建好库房的地方，任何单位不应在其危险区域内修建任何建(构)筑物。

爆破器材应贮存在专用的爆破器材库里；特殊情况下，应经主管部门审核并报当地县(市)公安机关批准，方准在库外存放。爆破器材库的贮存量，应遵守下列规定：

(1) 地面库单一库房的最大允许存药量，不应超过表 11-2 的规定。

表 11-2 地面库单一库房的最大允许存药量

序号	爆破器材名称	单一库房最大允许存药量/t
1	硝化甘油炸药	20
2	黑索今	50
3	太安	50
4	梯恩梯	150
5	黑梯药柱、直爆药柱	50
6	硝铵类炸药	200
7	射孔弹	3
8	爆炸筒	15
9	导爆索	30
10	黑火药、无烟火药	10
11	导火索、点火索、点火筒	40
12	雷管、继爆管、高压油井雷管、导爆管起爆系统	10
13	硝酸铵、硝酸钠	500

注：雷管、导爆索、导火索、点火筒、继爆管及专用爆破器具按其装药计算存药量。

(2) 地面总库的总容量：炸药不应超过本单位半年生产用量，起爆器材不应超过一年生产用量。地面分库的总容量：炸药不应超过 3 个月生产用量，起爆器材不应超过半年生产用量。

(3) 硐室库的最大容量不应超过 100 t。

(4) 井下只准建分库，库容量不应超过：炸药 3 昼夜的生产用量；起爆器材 10 昼夜的生产用量；单个硐室贮存的炸药不应超过 2 t，单个壁槽不应超过 0.4 t。

(5) 乡、镇所属以及个体经营的矿场、采石场及岩土工程等使用单位，其集中管理的小型爆破器材库的最大贮存量不应超过一个月的用量，并应不大于表 11-3 的规定。

表 11-3 小型爆破器材库的最大贮存量

库房名称	单位	最大贮存量	库房名称	单位	最大贮存量
硝铵类炸药	kg	3 000	导火索	m	30 000
硝化甘油炸药	kg	500	导爆索	m	30 000
雷管	发	20 000	塑料导爆管	m	60 000

爆破器材宜单一品种专库存放。若受条件限制，不得不同一库同时存放不同品种的爆破器材时，则存放的爆破器材之间必须满足表 11-1 的规定和要求。当不同品种的爆破器材同库存放时，单库允许的最大存药量仍应符合表 11-2 的规定；当危险级别相同的爆破器材同库存放时，同库存放的总药量不应超过其中一个品种的单库最大允许存药量；当危险级别不同的爆破器材同库存放时同库存放的总药量不应超过危险级别最高的品种的单库最大允许存药量。

2. 爆破器材的库房管理

爆破器材库要由责任心强，工作认真负责，并熟悉爆破器材基本性能的专人担任仓库管理员，负责爆破器材的发放、回收及检验工作。管理员必须经过专门的培训，考试合格并由上级单位发给上岗证书，持证上岗。库区应昼夜设警卫，加强巡逻，无关人员不准随意进入爆破器材库，不准任何人在爆破器材库区域内点火、吸烟或将火种、易燃物、有毒、有腐蚀性的物品带入库房。当工作人员进入库区时，不应穿带钉鞋和易产生静电的衣服，不应使用能产生火花的工具开启炸药、雷管箱。库房应整洁、防潮和通风良好，并应定期检查库区的消防设备、通信设备、警报装置和防雷装置，以保持其完好。要做好防鼠、灭鼠工作，堵塞鼠洞，以防老鼠咬坏爆破器材，甚至咬响雷管，造成事故。严禁在库房内住宿、开会或加工爆破器材。库区内不应存放与管理无关的工具和杂物。应建立健全严格的责任制度、治安保卫制度、防火制度、保密制度等。爆破器材宜分区、分库、分品种贮存，分类管理。每间库房贮存爆破器材的数量，不应超过库房设计的允许贮存药量要求。

爆破器材在库房贮存时，要将爆破器材码放整齐、稳当，不得倾斜，并在爆破器材包装箱下，垫有大于 0.1 m 高度的垫木。码放时，要留有 0.6 m 以上宽度的安全通道，且爆破器材包装箱与墙壁的距离宜大于 0.4 m，码放的高度不要超过 1.6 m。如果存放的是硝化甘油类炸药或各种雷管箱和继爆管箱(袋)，应放置在木质货架上，货架高度不宜超过 1.6 m，且货架上的硝化甘油类炸药和各种雷管箱不能叠放，还应经常测定库房的温度和湿度，若发现硝化甘油类炸药箱渗油、冻结和硝铵类炸药吸潮结块，应及时处理。

3. 爆破器材的收发

对新购进的爆破器材，应逐个检查包装情况，并按规定做性能检测；应建立爆破器材收发账、领取和清退制度，定期核对账目，做到账物相符；变质的、过期的和性能不详的爆破器材，不应发放使用；爆破器材应按出厂时间和有效期的先后顺序发放使用；总库区内不允许拆箱(袋)发放爆破器材，只允许整箱(袋)发放；爆破器材的发放应在单独的发放间(发放硐室)里进行，不应在库房硐室或壁槽内发放。若在多水平开采的矿井，爆破器材库距工作面超过 2.5 km 或井下不设爆破器材库时，允许在各水平设置发放站。发放站存放的炸药不应超过 0.5 t，雷管不应超过 1 箱，炸药与雷管应分开存放，并用砖或混凝土墙隔开，墙的厚度不小于 0.25 m。

11.3.5 临时性爆破器材库

临时性爆破器材库，应设置在不受山洪、滑坡和危石等威胁的地方。允许利用结构坚固但不住人的各种房屋、土窑和车棚等作为临时性爆破器材库。临时性爆破器材库的库房宜为单层结构，地面应平整无缝隙，墙、地板、屋顶和门为木结构的，应涂防火漆，窗、门应为有一层外包铁皮的板窗、门。库区宜设简易围墙或铁刺网，其高度不小于 2 m，库内应有足够的消防器材，要设置独立的发放间，面积不小于 9 m^2，雷管库房应单独设置。临时性爆破器材库的最大贮存量为炸药 10 t、雷管 20 000 发、导爆索 10 000 m。

若不超过 6 个月的野外流动性爆破作业，采用安装有特制车厢（不应将特制车厢做成挂车形式）的汽车存放爆破器材时，其存放量不应超过车辆额定载重量的 2/3。如果在经过核准的专用同一车上既装有炸药又装有雷管时，应在车厢内的右前角设置一个能固定的专门存放雷管的木箱，木箱里面应衬有软垫，箱应上锁，且雷管不得超过 2 000 发。特制车厢应是外包铝板或铁皮的木车厢，其前壁和侧壁应开有 0.3 m×0.3 m 的铁栅栏通风孔，后部应开设有外包铝板或铁皮的木门，门应上销，整个车厢外表应涂防火漆，并设有危险标志；车辆停放位置，应确保爆破作业点、有人建筑物、重要构筑物和主要设备的安全，白天、夜晚均应有人警卫。加工起爆管和检测电雷管电阻，应在离危险车辆 50 m 以外的地方进行。

若用船只做临时性爆破器材库存放爆破器材时，船只应停泊在航线以外的安全地点，距码头、建筑物、其他船只和爆破作业地点不应少于 250 m。船上应设有单独的炸药舱和雷管舱，各舱应有单独的出入口并与机舱和热源隔离，存放量不应超过 2 t；存放爆破器材的框架应设凸缘，装爆破器材的箱（袋）应固定牢固。船上应悬挂危险标志，夜间挂红灯，且应有人员警卫。存放爆破器材的船舱，应用移动式蓄电池提灯或安全手电筒照明，严禁烟火，并应备有足够的消防器材。船靠岸时，岸上 50 m 以内不准无关人员进入。海上不应使用非机动船存放爆破器材。

在作业地点的地面上存放爆破器材时，运至作业地点的爆破器材，应有专人看管；作业地点只应存放当班作业所需的爆破器材；大型爆破，可存放本次工程所需的爆破器材；雷管或起爆体不应和炸药存放在一起；拆除爆破和地震勘探及油气井爆破时，不应将爆破器材散堆在地，雷管应放在外包铁皮的木箱里，箱应加锁。

特殊情况下，经单位安全保卫部门和当地县（市）公安机关批准，爆破器材可临时存放在露天场地，但必须遵守下列规定：存放场应选择在安全地方，悬挂醒目标志（白天插红旗，晚上挂红灯），并应严加看管，昼夜有人巡逻警卫。存放爆破器材的场地不应堆放任何杂物；炸药堆与雷管不应混放，其间距应不小于 25 m。爆破器材应堆放在垫木上，不应直接堆放在地上；在爆破器材堆上，应覆盖帆布或搭简易的帐篷；距存放场周边 50 m 范围内严禁烟火。发现爆破器材丢失、被盗，应及时向主管部门及公安机关报告。

11.3.6 地面爆破器材库的安全允许距离

在设置地面爆破器材仓库或露天存放爆破器材场所时，贮药点至库区外部保护对象的外部允许距离，应以保护对象的重要程度划分的防护等级分别确定；在考虑贮存点之间的内部允许距离时，应考虑炸药性质和土堤的影响，再按不殉爆原则来确定。在确定外部距离时，可不考虑炸药性质和仓库有无土堤；若库区内有一个以上仓库或药堆时，应按每个仓库或药堆分别进行外部距离和内部距离核定。

在对地面仓库外部安全允许距离进行核定时，要使每个仓库或药堆至小型工矿企业围墙或100～200户村庄边缘的距离，不小于表11-4的规定。若是其他保护对象，可根据表11-5确定各保护对象的防护等级系数，然后再以规定的系数乘以表11-4规定的距离，来确定每个仓库或药堆至其他保护对象的允许距离。

表11-4　地面爆破器材库或药堆至村庄(100～200户)边缘的安全允许距离

存药量/t	$150<M\leqslant200$	$100<M\leqslant150$	$50<M\leqslant100$	$30<M\leqslant50$	$20<M\leqslant30$	$10<M\leqslant20$	$5<M\leqslant10$	$M\leqslant5$
安全允许距离/m	1 000	900	800	700	600	500	400	300

注：表中距离适用于平坦地形，遇到下列几种特定地形时，其数值可适当增减：

(1) 当危险建筑物紧靠20～30 m高的山脚下布置，山的坡度为10°～25°，爆破器材库与山背后建筑物之间的距离，与平坦地形相比，可适当减小10%～30%。

(2) 当危险建筑物紧靠30～80 m高的山脚下布置，山的坡度为25°～35°，爆破器材库与山背后建筑物之间的距离，与平坦地形相比，可适当减小30%～50%。

(3) 在一个山沟中，一侧山高为30～60 m，坡度10°～25°，另一侧山高为30～80 m，坡度25°～30°，沟宽100 m左右，沟内两山坡脚下爆破器材库直对布置的建筑物之间的距离，与平坦地形相比，应增加10%～50%。

(4) 在一个山沟中，一侧山高为30～60 m，坡度10°～25°，另一侧山高为30～80 m，坡度25°～35°，沟宽40～100 m，沟的纵坡4%～10%，爆破器材库沿沟纵深和沟的出口方向建筑物之间的距离，与平坦地形相比，应适当增加10%～40%。

表11-5　各种被保护对象的防护等级系数

被保护对象	防护等级系数	被保护对象	防护等级系数
≤10户的零散住户	0.5	高速公路	0.8
10～50户的零散住户	0.6	Ⅰ级公路	0.6
50～100户的村庄	0.8	Ⅱ、Ⅲ级公路	0.5
100～200户的村庄，小型工矿企业的围墙	1.0	Ⅳ级公路	0.4
乡、镇的规划边缘	1.2	通航船舶的河流航道	0.5
县城的规划边缘，大、中型工矿企业的围墙	2.0	高压输电线路/kV	
		35	0.4
大于10万人的城市规划边缘	3.0	110	0.5
		220	1.8
Ⅰ级铁路线	0.8	330	1.9
Ⅱ级铁路线	0.6	500	2.0
Ⅲ级铁路线	0.5	油库	0.6

地面爆破器材库间或药堆间的安全允许距离，应考虑炸药的种类和有无土堤的情况，分别进行查表确定。A_1级库房或药堆间的距离不应小于表11-6的规定；A_2级库房或药堆间的距离不应小于表11-7的规定；A_3级库房或药堆间的距离不应小于表11-8的规定。当相邻库房或药堆为不同类别炸药时，应分别查表确定安全允许距离并取最大值。

表 11-6　A_1 级仓库之间的安全允许距离

存药量/t		30<M≤50	20<M≤30	10<M≤20	5<M≤10	2<M≤5	1<M≤2	M≤1
仓库类型	无土堤地面库、药堆/m	110	90	80	65	50	40	30
	有土堤地面库/m	80	70	60	50	40	35	25

注:本表适用于黑索今、铵梯黑炸药、黑梯药柱、胶质炸药及以此类炸药为主装药的专用爆破器具。

表 11-7　A_2 级仓库之间的安全允许距离

存药量/t		100<M≤150	50<M≤100	30<M≤50	20<M≤30	10<M≤20	5<M≤10	M≤5
仓库类型	无土堤地面库、药堆/m	60	50	45	35	30	25	20
	有土堤地面库/m	40	35	30	25	20	20	20

注:本表适用于梯恩梯及以梯恩梯为主的专用爆破器具、雷管、导爆索。其中雷管和导爆索按其装药量计算存药量

表 11-8　A_3 级仓库之间的安全允许距离

存药量/t		150<M≤200	100<M≤150	50<M≤100	30<M≤50	20<M≤30	M≤20
仓库类型	无土堤地面库、药堆/m	50	45	38	32	26	20
	有土堤地面库/m	35	30	27	24	20	20

注:1. 本表适用于硝铵类炸药和黑火药。

2. 硝铵类炸药指以硝酸铵为主要成分的炸药,包括粉状铵锑炸药、铵油炸药、铵松蜡炸药、铵沥蜡炸药、乳化炸药、粉状乳化炸药、水胶炸药、浆状炸药、多孔粒状铵油炸药、乳化粒状炸药、粒状黏性炸药、震源药柱等。

井下爆破器材库的库址不应设在含水层和岩体破碎带内,并且使炸药库距井筒、井底车场和主要巷道的距离:硐室式库不小于 100 m,壁槽式库不小于 60 m;距经常行人巷道的距离:硐室式库不小于 25 m,壁槽式库不小于 20 m;距地面或上下巷道的距离:硐室式库不小于 30 m,壁槽式库不小于 15 m。贮存爆破器材的各硐室,壁槽的间距应大于殉爆安全距离。

11.4　爆破器材检验与销毁

11.4.1　爆破器材的检验

1. 爆破器材生产厂家的检验

爆破器材必须进行出厂检验,才能入库或销售。以炸药为例,出厂检验内容主要包括组分、水分、殉爆、爆速等指标的测定。若产品是恢复生产检测、生产许可证检测或产品定型检验,则必须对所生产的产品进行形式检验,形式检验除要检验出厂检验的指标外,还需对有毒气体、做功能力、可燃气体安全度、猛度等指标进行检验。形式检验只能到国家指定的检测中心或检测站进行。

2. 爆破器材代销商或有爆破器材库的大用户的检验

对新入库的爆破器材,应抽样进行性能检验。对超过储存期(一般民用炸药的储存期为 6 个月,雷管为 2 年)、出厂日期不明和质量可疑的爆破器材,应进行严格的检验,并由炸药库主任或爆破工作领导人根据检验结果,确认其能否继续保管、使用或销毁。各类爆破器材

的检验项目，应参见产品的技术条件和性能标准；检验方法应严格执行相应的国家标准或部颁标准。

爆破器材的外观应由保管员负责定期抽样检查。爆破器材的爆炸性能检验，应在安全的地方进行，由爆破工程技术人员负责。

11.4.2 爆破器材的销毁

爆破器材超过了贮存期限或虽在贮存期限之内，但经过检验确认失效或不符合技术条件要求的或国家标准的，都应销毁或重新加工利用。

乡镇管辖的小型矿场、采石场或小型爆破企业，对不合格的爆破器材，不应自行销毁或自行加工利用，应退回原发放单位按规定进行销毁或再加工。

1. 爆破器材销毁的范围

(1) 工业炸药：① 超过贮存期限的；② 在贮存期限内出现渗油、变质、硬化，性能明显下降，不符合技术标准的；③ 混入能增加炸药感度或降低炸药安定性的杂质，又不便清除的；④ 对来历不明又难以判断好坏的，应予以销毁。

(2) 起爆器材：① 超过贮存期限的；② 不符合国家技术标准的；③ 收缴、捡拾性能不明，安定性能无保障的，应予以销毁。

2. 销毁方法

销毁爆破器材的方法有爆炸法、焚烧法、溶解法、化学分解法等 4 种方法。应视所销毁的爆破器材性质、种类及当地具体情况来选择销毁方法。

(1) 爆炸法。爆炸法适用于具有爆炸性能的器材，只有确认雷管、导爆索、继爆管、起爆药柱、射孔弹、爆炸筒和炸药能完全爆炸时，才允许用爆炸法销毁。用爆炸法销毁爆破器材时应分段爆破，单响销毁量不应超过 20 kg，并应避免彼此间发生殉爆，同时应有坚固的掩蔽体，掩蔽体到爆破器材销毁场地的距离由设计确定。在没有人工或自然掩体的情况下，起爆前或点燃后，参加销毁的人员应远离危险区，此距离由设计确定。如果要把全部销毁的爆破器材一次运到销毁场地，而又分批进行销毁，则应将待销毁的爆破器材放置在销毁场地上风向的掩体后面，其距离由设计确定。用爆炸法销毁爆破器材应按销毁设计书进行，设计书由单位主要负责人批准并报当地公安机关备案。

用爆炸法销毁爆破器材，应采用电雷管、导爆索或导爆管起爆系统。爆炸筒、射孔弹、起爆药柱和有爆炸危险的废弹壳爆炸销毁时，应在深 2 m 以上的坑(或废巷道)内进行，并应在其上面覆盖一层松土。销毁爆破器材的起爆药包应用合格的爆破器材制作。传爆性能不好的炸药，可用增加起爆能的方法起爆。

(2) 焚烧法。对于燃烧不会引起爆炸的爆破器材，可用焚烧法销毁。不应用焚烧法销毁雷管、继爆管、起爆药柱、射孔弹、爆炸筒，不同品种的爆破器材不应一起焚烧。焚烧前，应仔细检查，严防其中混有雷管和其他起爆材料，同时用木棍将已结块的药块打碎。应用焚烧法销毁爆破器材时，应在天气晴朗、无风的白天进行。

将待焚烧的爆破器材放在燃料堆上，每个燃料堆允许烧毁的爆破器材不应多于 10 kg，药卷在燃料堆上应排列成行，互不接触。不应成箱成堆进行焚烧，以免燃烧时温度、压力突增，由燃烧转化成爆炸而造成事故。待焚烧的有烟或无烟火药，应散放成长条状。其厚度不应大于 10 cm，条间距离不应小于 5 m，各条宽不应大于 0.3 m，同时点燃的条数不应多于 3

条，焚烧时应防静电、电击引起火药意外燃烧。不应将爆破器材装在容器内燃烧。点火前，应从下风向敷设导火索和引燃物，只有在一切准备工作做完和全体工作人员进入安全区后，才准点火。

燃料堆应具有足够的燃料，严禁在燃烧过程中添加燃料。只有确认燃料堆已完全烧尽熄灭后，才准走进焚烧场地检查；发现有未完全燃烧的爆破器材，应从中取出，另行焚烧。焚烧场地完全冷却后，才准开始焚烧下一批爆破器材。焚烧场地可以用水冷却或用土掩埋，在确认无再燃烧的可能性时，才允许撤离场地。

用爆炸法或焚烧法销毁爆破器材时，应清除销毁场地周围半径 50 m 范围内的易燃物、杂草和碎石。引爆前或点火前应发出声响警告信号。在野外销毁时还应在销毁场地四周安排警戒人员，控制所有可能进入的通道，不准非操作人员和车辆进入。

(3) 溶解法。能溶解于水而失去爆炸性能的爆破器材，如硝铵类炸药和黑火药等，可以用溶解法销毁。将容器中不溶解的残渣收集在一起，再用焚烧法或爆炸法销毁。严禁直接将爆破器材丢入河、塘、江、湖及下水道中溶解销毁，以防造成污染。

(4) 化学分解法。能被化学试剂分解消除爆炸性能的爆破器材，可用化学分解法销毁。采用化学分解法销毁爆破器材时，应使爆破器材达到完全分解，其溶液应经处理符合有关规定，方可排到下水道，剩下的残渣应另行妥善处理。

3. 销毁方案的制定

销毁爆破器材时，应登记造册并编写书面报告。报告中应说明被销毁爆破器材的名称、数量、销毁原因、销毁方法、销毁地点及时间，报上级主管部门批准。销毁工作应根据单位总工程师或爆破工作领导人的书面批示进行。销毁工作不应单人进行，操作人员应是专职人员并经专门培训。销毁后应有 2 名以上销毁人员签名，并建立台账及档案。

制定正确的销毁方案是顺利进行爆破器材销毁工作的关键。尤其是大规模的、难度大的销毁工作，要在调查研究的基础上，应用正确的方法、可靠的措施和明确的语言，制定出科学、严密、周详的销毁方案。方案要经上级领导部门审批，报所在地县、市公安局同意后方可实施。在销毁方案的制定中，对销毁工作的每一个具体细节，都要有针对性地做出明确具体的规定。销毁方案应包括下述内容：

(1) 基本情况概述。包括待销毁爆破器材的种类、数量、销毁原因、潜在的危险程度、参与销毁的技术人员及其签名、销毁地点、时间和完成期限等。

(2) 器材的准备。主要包括销毁时所需要使用的爆破器材、防护用品、工具、车辆等的规格型号、种类和数量。

(3) 销毁场地的选择及气候条件。销毁场地应选在安全、偏僻、空旷的地带，距周围建筑物不应小于 200 m，距铁路、公路不应小于 60 m。销毁爆破器材时，不应在夜间、雨天、雾天和 3 级风以上的天气里进行，也不应在阳光下曝晒爆破器材。

(4) 警戒。包括警戒区的划定范围、警戒信号、警戒人数及所在位置、警戒派出的时间和警戒人员的任务以及群众疏散与安置、交通管制等内容。

(5) 运输。包括运载工具、装卸方法、装载数量、启运时间、行驶线路、车辆标识、押运人员的配置等。

(6) 起爆。包括参与起爆的人数和姓名、起爆时间、起爆信号、起爆次数、解除信号及信号的种类。

(7) 销毁场地的清理。爆破器材销毁后，应对现场进行检查，如果发现有残存爆破器材，应收集起来集中销毁。不能继续使用的剩余包装材料(箱、袋、盒和纸张)，经检查确认没有雷管和残药后，可用焚烧法销毁。包装过硝化甘油类炸药有渗油痕迹的药箱(袋、盒)，应予销毁。

(8) 组织领导与通信。进行规模较大的销毁工作时，要在当地政府或相关部门的直接领导下，由公安、驻地警卫部队、交通等单位的负责人和工程技术主管人员组成指挥部，下设销毁、运输、警戒、消防、救护、通信联络、后勤等若干组，各组与指挥部要保证有良好的通信系统。

此外，对性能不清或损毁较严重的爆破器材，可先取少量进行试验性销毁，在取得一定经验后，再研究制定销毁方案，进行大规模的销毁工作。

复习思考题

1. 中小型矿山企业在贮存爆破器材时，应注意哪些事项？
2. 购买爆破器材时需要办理哪些手续？
3. 装卸爆破器材时有哪些规定？
4. 人工搬运爆破器材应遵守哪些规定？
5. 爆破器材井下运输有哪些规定？
6. 哪些爆破器材不能用焚烧法销毁？为什么？

12 爆破工程安全管理

爆破行业是一个具有高度危险性的特殊行业，这种特殊性不仅表现在技术上，还表现在对社会稳定、社会安全的影响上。因此，我国对爆破工程进行了分级管理，并根据这些分级，对涉爆企业、人员都提出了准入条件和要求，同时也对分级管理的重大爆破工程项目的设计程序、内容以及施工组织等方面做出了明确的规定。这些通过设计程序的分级项目，在未进入施工前还必须进行安全评估和审批，施工时要实行安全监理管理制等。这套完善的管理制度，不但规范了企业、人员的行为、业务范围、工作程序，而且对预防爆破事故的发生，防止犯罪分子利用爆炸物品进行破坏活动，保障社会主义建设和人民生命财产安全具有非常重要的意义。

12.1 爆破工程分级

根据《爆破安全规程》(GB 6722)的规定，爆破工程按工程类别、一次爆破总药量、爆破环境复杂程度和爆破物特征，分 A、B、C、D 四个级别，实行分级管理。爆破工程分级如表 12-1 所示。

表 12-1 爆破工程分级

作业范围	分级计量标准	级别			
		A	B	C	D
岩土爆破①	一次爆破药量 Q/t	$100\leqslant Q$	$10\leqslant Q<100$	$0.5\leqslant Q<10$	$Q<0.5$
拆除爆破	高度 H②/m	$50\leqslant H$	$30\leqslant H<50$	$20\leqslant H<30$	$H<20$
	一次爆破药量 Q③/t	$0.5\leqslant Q$	$0.2\leqslant Q<0.5$	$0.05\leqslant Q<0.2$	$Q<0.05$
特种爆破④	单张复合板使用药量 Q/t	$0.4\leqslant Q$	$0.2\leqslant Q<0.4$	$Q<0.2$	

注：① 表中药量对应的级别指露天深孔爆破。其他岩土爆破相应级别对应的药量系数为：地下爆破 0.5；复杂环境深孔爆破 0.25；露天硐室爆破 5.0；地下硐室爆破 2.0；水下钻孔爆破 0.1；水下炸礁及清淤、挤淤爆破 0.2。

② 表中高度对应的级别指楼房、厂房及水塔的拆除爆破；烟囱和冷却塔拆除爆破相应级别对应的高度系数为 2 和 1.5。

③ 拆除爆破按一次爆破药量进行分级的工程类别包括桥梁、支撑、基础、地坪、单体结构等；城镇浅孔爆破也按此标准分级；围堰拆除爆破相应级别对应的药量系数为 20。

④ 第 12 章所列其他特种爆破都按 D 级进行分级管理。

(1) B、C、D 级一般岩土爆破工程，遇下列情况应相应提高一个工程级别：

① 距爆区 1 000 m 范围内有国家一、二级文物或特别重要的建(构)筑物、设施；

② 距爆区 500 m 范围内有国家三级文物、风景名胜区、重要的建(构)筑物、设施；

③ 距爆区 300 m 范围内有省级文物、医院、学校、居民楼、办公楼等重要保护对象。

（2）B、C、D级拆除爆破及城镇浅孔爆破工程，遇下列情况应相应提高一个工程级别：

① 距爆破拆除物或爆区 5 m 范围内有相邻建（构）筑物或需重点保护的地表、地下管线；

② 爆破拆除物倒塌方向安全长度不够，需用折叠爆破；

③ 爆破拆除物或爆区处于闹市区、风景名胜区。

（3）矿山内部且对外部环境无安全危害的爆破工程不实行分级管理。

12.2　爆破作业单位、人员管理

爆破作业单位的分类、资质分级、资质要求和管理要求应当符合《爆破作业单位资质条件和管理要求》（GA 990）的规定。

12.2.1　爆破作业单位资质及许可证管理

爆破作业单位为依法取得"爆破作业单位许可证"，从事爆破作业的单位，可分为非营业性爆破作业单位和营业性爆破作业单位。非营业性爆破作业单位为仅为本单位合法的生产活动需要，在限定区域内自行实施爆破作业的单位；营业性爆破作业单位为具有独立法人资格，承接爆破作业项目设计施工和（或）安全评估、安全监理的单位。

1. 爆破作业单位资质分级及要求

1）爆破作业单位资质分级

（1）营业性爆破作业单位的资质等级由高到低分为一级、二级、三级、四级，从业范围分为设计施工、安全评估、安全监理。资质等级与从业范围的对应关系见表 12-2。

表 12-2　营业性爆破作业单位资质等级与从业范围对应关系表

资质等级	A级爆破作业项目	B级爆破作业项目	C级爆破作业项目	D级及以下爆破作业项目
一级	设计施工 安全评估 安全监理	设计施工 安全评估 安全监理	设计施工 安全评估 安全监理	设计施工 安全评估 安全监理
二级	—	设计施工 安全评估 安全监理	设计施工 安全评估 安全监理	设计施工 安全评估 安全监理
三级	—	—	设计施工 安全监理	设计施工 安全监理
四级	—	—	—	设计施工

注：表中 A、B、C、D 级为《爆破安全规程》（GB 6722）中规定的相应级别。

（2）非营业性爆破作业单位不分级。

2）爆破作业单位资质要求

爆破作业单位从事爆破作业时必须合法经营，要有健全的安全管理制度和岗位安全责任制度，设置技术负责人、项目技术负责人、爆破员、安全员和保管员等岗位，并配备相应人员。

（1）非营业性爆破作业单位资质要求：① 有经安全评价合格的民用爆炸物品专用仓库；② 技术负责人具有理学、工学学科范围中级及以上技术职称，有 2 年及以上爆破作业项目技术管理工作的经历；③ 爆破工程技术人员不少于 1 人，爆破员不少于 5 人，安全员不少于 2 人，保管员不少于 2 人；④ 有爆破作业专用设备。

（2）营业性爆破作业单位资质要求：

① 一级资质的营业性爆破作业单位应达到以下要求：a. 有或租用经安全评价合格的民用爆炸物品专用仓库；b. 注册资金 2 000 万元以上，净资产不低于 2 000 万元，其中爆破施工机械及检测、测量设备净值不少于 1 000 万元；c. 近 3 年承担过的 A 级爆破作业项目的设计施工不少于 10 项，或 B 级及以上爆破作业项目的设计施工不少于 20 项，工程质量达到设计要求，未发生重大及以上爆破作业责任事故；d. 技术负责人具有理学、工学学科范围高级技术职称，有 10 年及以上爆破作业项目技术管理工作的经历，且主持过的 A 级爆破作业项目的设计施工不少于 5 项，或 B 级及以上爆破作业项目的设计施工不少于 10 项；e. 具有理学、工学学科范围技术职称的工程技术人员不少于 30 人（其中，高级爆破工程技术人员不少于 9 人，中级爆破工程技术人员不少于 6 人），爆破员不少于 10 人，安全员不少于 2 人，保管员不少于 2 人；f. 有钻孔机、空压机、测振仪、全站仪等爆破施工机械及检测、测量设备。

② 二级资质的营业性爆破作业单位应达到以下要求：a. 有或租用经安全评价合格的民用爆炸物品专用仓库；b. 注册资金 1 000 万元以上，净资产不低于 1 000 万元，其中爆破施工机械及检测、测量设备净值不少于 500 万元；c. 近 3 年承担过的 B 级及以上爆破作业项目的设计施工不少于 10 项，或 C 级及以上爆破作业项目的设计施工不少于 20 项，工程质量达到设计要求，未发生重大及以上爆破作业责任事故；d. 技术负责人具有理学、工学学科范围高级技术职称，有 7 年及以上爆破作业项目技术管理工作的经历，且主持过的 B 级及以上爆破作业项目的设计施工不少于 5 项，或 C 级及以上爆破作业项目的设计施工不少于 10 项；e. 具有理学、工学学科范围技术职称的工程技术人员不少于 20 人（其中，高级爆破工程技术人员不少于 6 人，中级爆破工程技术人员不少于 4 人），爆破员不少于 10 人，安全员不少于 2 人，保管员不少于 2 人；f. 有钻孔机、空压机、测振仪、全站仪等爆破施工机械及检测、测量设备。

③ 三级资质的营业性爆破作业单位应达到以下要求：a. 有或租用经安全评价合格的民用爆炸物品专用仓库；b. 注册资金 300 万元以上，净资产不低于 300 万元，其中爆破施工机械及检测、测量设备净值不少于 150 万元；c. 近 3 年承担过的 C 级及以上爆破作业项目的设计施工不少于 10 项，或 D 级及以上爆破作业项目的设计施工不少于 20 项，工程质量达到设计要求，未发生重大及以上爆破作业责任事故；d. 技术负责人具有理学、工学学科范围高级技术职称，有 5 年及以上爆破作业项目技术管理工作的经历，且主持过的 C 级及以上爆破作业项目的设计施工不少于 5 项，或 D 级及以上爆破作业项目的设计施工不少于 10 项；e. 具有理学、工学学科范围技术职称的工程技术人员不少于 10 人（其中，高级爆破工程技术人员不少于 3 人，中级爆破工程技术人员不少于 2 人），爆破员不少于 10 人，安全员不少于 2 人，保管员不少于 2 人；f. 有钻孔机、空压机、测振仪、全站仪等爆破施工机械及检测、测量设备。

④ 四级资质的营业性爆破作业单位应达到以下要求：a. 有或租用经安全评价合格的

民用爆炸物品专用仓库；b. 注册资金 100 万元以上，净资产不低于 100 万元，其中爆破施工机械及检测、测量设备净值不少于 50 万元；c. 技术负责人具有理学、工学学科范围中级及以上技术职称，有 3 年及以上爆破作业项目技术管理工作的经历；d. 具有理学、工学学科范围技术职称的工程技术人员不少于 5 人(其中，中级爆破工程技术人员不少于 2 人，初级爆破工程技术人员不少于 1 人)，爆破员不少于 10 人，安全员不少于 2 人，保管员不少于 2 人；e. 有钻孔机、空压机、测振仪、全站仪等爆破施工机械及检测、测量设备。

2. 爆破作业单位许可证管理

(1) 爆破作业单位许可证申请要求

① 非营业性爆破作业单位申请许可证时，首先应向所在地的市级公安机关提出申请，并提交"爆破作业单位许可证"申请表及下列材料：

a. 民用爆炸物品专用仓库安全评价报告；

b. 爆破作业区域证明；

c. 涉爆从业人员的从业资格证明；

d. 爆破作业专用设备清单。

② 营业性爆破作业单位申请许可证时，应向所在地省级公安机关提出申请，并提交"爆破作业单位许可证"申请表及下列材料：

a. 自有或租用民用爆炸物品专用仓库安全评价报告；

b. 注册资金、净资产、专用设备净值的有效证明；

c. 近 3 年单位承接的爆破作业项目设计施工方案；

d. 技术负责人主持的爆破作业项目设计施工方案；

e. 涉爆从业人员从业资格证明；

f. 爆破施工机械及检测、测量设备清单。

(2) 爆破作业单位许可证的发放要求

① 受理申请的公安机关应自受理申请之日起 20 日内进行审查。对符合条件的，发放"爆破作业单位许可证"；对不符合条件的，书面向申请人说明理由。

② 非营业性"爆破作业单位许可证"的信息应包括：许可证编号、单位名称、单位地址、法定代表人姓名、技术负责人姓名、有效期、签发机关和签发日期等。

③ 营业性"爆破作业单位许可证"除包括非营业性"爆破作业单位许可证"的信息外，还应注明资质等级和从业范围。非营业性的"爆破作业单位许可证"仅在爆破作业许可区域内有效，而营业性的则在全国范围内有效。

(3) 爆破作业单位许可证的换发要求

① "爆破作业单位许可证"的有效期为 3 年。

② 有效期届满继续从事爆破作业的，爆破作业单位应在期满前 60 日内，向原签发公安机关提出换发"爆破作业单位许可证"的申请。

③ 法定代表人、技术负责人、单位名称、单位地址发生变化的，爆破作业单位应在发生变化之日起 30 日内，向原签发公安机关提出换发"爆破作业单位许可证"的申请。

④ 受理申请的公安机关应按照申请要求的相关规定进行审查。对符合条件的，换发"爆破作业单位许可证"；对不符合条件的，书面向申请人说明理由。

(4) 爆破作业单位许可证的降级处理

① 营业性爆破作业单位在爆破作业活动中发生较大爆破作业责任事故的，签发公安机关应根据利害关系人的请求或依据职权，对其资质等级予以降级，并根据降级情况重新核定从业范围。

② 被降低资质等级的营业性爆破作业单位，3 年内不得申请晋升资质等级。

（5）爆破作业单位许可证的撤销处理

① 县级及以上地方公安机关应加强对爆破作业单位的监督检查，发现资质条件不符合规定要求，未按照资质等级从事爆破作业，或发生重大及以上爆破作业责任事故的，应书面告知“爆破作业单位许可证”签发公安机关。

② 签发公安机关接到书面告知后，应组织复核。对经复核属实的，应撤销其“爆破作业单位许可证”。

3. 爆破作业单位应遵守的规范

（1）营业性爆破作业单位应按照“爆破作业单位许可证”许可的资质等级、从业范围承接相应等级的爆破作业项目。不应为非法的生产活动实施爆破作业；不应将承接的爆破作业项目转包；不应为本单位或有利害关系的单位承接的爆破作业项目进行安全评估、安全监理；不应在同一爆破作业项目中同时承接设计施工、安全评估和安全监理。

（2）从事安全评估、安全监理的爆破作业单位，应按照有关法律、行政法规和《爆破作业项目管理要求》(GA 991)的规定实施安全评估、安全监理，承担相应的法律责任。

（3）营业性爆破作业单位应建立爆破作业业绩档案管理制度，在爆破作业活动结束后 15 日内，如实将本单位从事爆破作业活动的有关情况录入民用爆炸物品信息管理系统。

（4）爆破作业单位应加强对本单位涉爆从业人员的管理，不应聘用无爆破作业资格的人员从事爆破作业。

（5）公安机关应在核发“爆破作业单位许可证”30 日内，将依法取得“爆破作业单位许可证”的爆破作业单位的基本情况向社会公布，接受社会监督。

（6）省级公安机关应在核发“爆破作业单位许可证”15 日内，将依法取得一级、二级、三级资质的营业性爆破作业单位的基本情况向公安部备案。

12.2.2 涉爆人员的要求和职责

1. 涉爆人员的要求

（1）技术负责人、项目技术负责人应由爆破工程技术人员担任，可以兼任。

（2）爆破员、安全员、保管员不得兼任。

（3）爆破工程技术人员、爆破员、安全员、保管员不应同时受聘于两个及以上爆破作业单位。

2. 涉爆人员的职责

（1）技术负责人的岗位职责。① 组织领导爆破作业技术工作；② 组织制定爆破作业安全管理制度和操作规程；③ 组织爆破作业人员安全教育、法制教育和岗位技术培训；④ 主持制定爆破作业设计施工方案、安全评估报告和安全监理报告。

（2）项目技术负责人的岗位职责。① 监督爆破作业人员按照爆破作业设计施工方案作业；② 组织处理盲炮或其他安全隐患；③ 全面负责爆破作业项目的安全管理工作；④ 负责爆破作业项目的总结工作。

(3) 爆破员的岗位职责。① 保管所领取的民用爆炸物品;② 按照爆破作业设计施工方案,进行装药、联网、起爆等爆破作业;③ 爆破后检查工作面,发现盲炮或其他安全隐患及时报告;④ 在项目技术负责人的指导下,配合爆破工程技术人员处理盲炮或其他安全隐患;⑤ 爆破作业结束后,将剩余的民用爆炸物品清退回库。

(4) 安全员的岗位职责包括:① 监督爆破员按照操作规程作业,纠正违章作业;② 检查爆破作业现场安全管理情况,及时发现、处理、报告安全隐患;③ 监督民用爆炸物品领取、发放、清退情况;④ 制止无爆破作业资格的人员从事爆破作业。

(5) 保管员的岗位职责。① 验收、保管、发放、回收民用爆炸物品;② 如实记载收存、发放民用爆炸物品的品种、数量、编号及领取人员的姓名;③ 发现、报告变质或过期的民用爆炸物品。

12.3 爆破设计施工管理

爆破工程设计文件有爆破设计书、爆破说明书及标准设计三种。分级管理的爆破工程项目,即 A、B、C、D 级爆破工程应编制爆破设计书和爆破说明书,矿山建设及生产是重复性的爆破作业,只需编制标准设计。无论编写哪一类型的设计,设计之前均应对爆区的地形、地质进行勘测,对爆破对象的尺寸、材质及周围环境进行调查,由具有相应资质的设计单位和设计人员编写。

按设计程序,爆破设计分为可行性研究、技术设计和施工图设计三个阶段。可行性研究是论证爆破方案在技术上的可行性,在经济上的合理性和在安全上的可靠性。技术设计是通过与其他施工方案比较,论证爆破方案的优越性;通过两个以上不同爆破方案的比较分析,推荐出最优的爆破方案。技术设计是提交审核与安全评估的重要文件,应达到可以按设计文件施工的深度。施工图设计是为施工提供翔实图纸和安全技术要求。对硐室爆破还应在装药前根据硐室开挖过程中揭示的地质情况和开挖工程验收资料,提出每条导洞装药、填塞、网路敷设的施工分解图。

A 级爆破工程应按 3 个阶段编制设计文件。B 级爆破工程可将可行性研究与技术设计合并,分两个阶段编制设计文件。其他分级管理的爆破工程允许一次完成施工设计,但应有技术方案设计的内容。

12.3.1 爆破设计依据和内容

1. 设计依据

(1) 进行爆破设计应遵守《爆破安全规程》(GB 6722)的规定及有关行业规范、地方法规的规定,按设计委托书或合同书要求的深度和内容编写。

(2) 设计单位应按设计需要提出勘测任务书。勘测任务书内容:① 爆破对象的形态,包括爆区地形图,建(构)筑物的设计文件、图纸及现场实测、复核资料;② 爆破对象的结构与性质,包括爆区地质图、建(构)筑物配筋图;③ 影响爆破效果的爆体缺陷,包括大型地质构造和建(构)筑物受损状况;④ 爆破有害效应影响区域内保护物的分布图。

(3) 设计人员现场踏勘调查后形成的报告书、试验工程总结报告、当地类似工程的总结报告以及现场试验、检测报告,均应作为设计依据。

(4) 爆破工程施工过程中,发现地形测量结果和地质条件、拆除物结构尺寸、材质完好状态等与原设计依据不相符或环境条件有较大改变,应及时修改设计或采取补救措施。

(5) 凡是安全评估未通过的设计文件,应按安全评估的要求重新设计;安全评估要求修改或增加内容的,应按要求修改补充。

2. 技术设计内容

(1) 爆破技术设计分说明书和图纸两部分,具体包括以下内容:① 工程概况,即爆破对象、爆破环境概述及相关图纸,爆破工程的质量、工期、安全要求;② 爆破技术方案,即方案比较、选定方案的钻爆参数及相关图纸;③ 起爆网路设计及起爆网路图;④ 安全设计及防护、警戒图。

(2) 合格的爆破设计应符合以下要求:① 设计单位的资质符合规定;② 承担设计和安全评估的主要爆破工程技术人员的资格及数量符合规定;③ 设计文件通过安全评估或设计审查认为爆破设计在技术上可行、安全上可靠。

(3) 复杂环境爆破技术设计应制定应对复杂环境的方法、措施及应急预案。

12.3.2 爆破施工组织设计

(1) 施工组织设计由施工单位编写,编写负责人所持爆破工程技术人员安全作业证的等级和作业范围应与施工工程相符合。

(2) 施工组织设计应依据爆破技术设计、招标文件、施工单位现场调查报告、业主委托书、招标答疑文件等进行编制。

(3) 爆破工程施工组织设计的内容:① 施工组织机构及职责;② 施工准备工作及施工平面布置图;③ 施工人、材、机的安排及安全、进度、质量保证措施;④ 爆破器材管理、使用安全保障;⑤ 文明施工、环境保护、预防事故的措施及应急预案。

(4) 设计施工由同一爆破作业单位承担的爆破工程,允许将施工组织设计与爆破技术设计合并。

12.4 爆破安全评估和安全监理

12.4.1 爆破安全评估

1. 安全评估要求

(1) 需经公安机关审批的爆破作业项目,提交申请前均应进行安全评估。

(2) A、B 级爆破工程的安全评估应至少有 3 名具有相应作业级别和作业范围的持证爆破工程技术人员参加;环境十分复杂的重大爆破工程应邀请专家咨询,并在专家组咨询意见的基础上,编写爆破安全评估报告。

(3) 爆破安全评估报告内容应该翔实,结论应当明确。

(4) 经安全评估通过的爆破设计,施工时不得任意更改。经安全评估否定的爆破技术设计文件,应重新编写、重新评估。施工中如发现实际情况与评估时提交的资料不符,需修改原设计文件时,对重大修改部分应重新上报评估。

2. 安全评估的依据

(1) 国家、地方及行业相关法规和设计标准。

(2) 安全评估单位与委托单位签订的安全评估合同。

(3) 设计文件及设计施工单位主要人员资格材料。

(4) 安全评估人员现场踏勘收集的资料。

3. 安全评估的主要内容

(1) 爆破作业单位的资质是否符合规定。

(2) 爆破作业项目的等级是否符合规定。

(3) 设计所依据的资料是否完整。

(4) 设计方法、设计参数是否合理。

(5) 起爆网路是否可靠。

(6) 设计选择方案是否可行。

(7) 存在的有害效应及可能影响的范围是否全面。

(8) 保证工程环境安全的措施是否可行。

(9) 制订的应急预案是否适当。

12.4.2 爆破安全监理

1. 安全监理的要求

(1) 经公安机关审批的爆破作业项目,实施爆破作业时,应进行安全监理。

(2) 爆破安全监理单位应在详细了解安全技术规定、应急预案后认真编制监理规划和实施细则,并制定监理人员岗位职责。

(3) 爆破安全监理人员应在爆破器材领用、清退、爆破作业、爆后安全检查及盲炮处理的各环节上实行旁站监理,并做出监理记录。

(4) 每次爆破的技术设计均应经监理机构签认后,再组织实施。爆破工作的组织实施应与监理签认的爆破技术设计相一致。

(5) 监理机构签发爆破作业暂停令的条件:

① 爆破作业严重违规经制止无效时;

② 施工中出现重大安全隐患,须停止爆破作业以消除隐患时。

(6) 爆破安全监理单位应定期向委托单位提交安全监理报告,工程结束时提交安全监理总结和相关监理资料。

2. 安全监理的主要内容

(1) 爆破作业单位是否按照设计方案施工。

(2) 爆破有害效应是否控制在设计范围内。

(3) 审验爆破作业人员的资格,制止无资格人员从事爆破作业。

(4) 监督民用爆炸物品领取、清退制度的落实情况。

(5) 监督爆破作业单位遵守国家有关标准和规范的落实情况,发现违章指挥和违章作业,有权停止其爆破作业,并向委托单位和公安机关报告。

复习思考题

1. 简述我国爆破工程分级的依据及各级施工单位的要求。
2. 简述爆破技术负责人和爆破员的主要职责。
3. 简述爆破设计的三个阶段及其要求。
4. 简述爆破安全监理的主要内容。

13 爆破安全技术

在建设工程和采矿工程等行业中,爆破技术得到了广泛应用,带来了良好的经济效益和社会效益。但是爆破工作中也有许多潜在的不安全因素,各种爆破事故时有发生,给人民生命财产造成了重大损失。为了保证爆破作业能安全进行,必须懂得和掌握爆破安全技术,严格遵守爆破安全规程。爆破安全技术主要涉及两个方面的内容:一是爆破产生的危害及其防护;二是爆破施工过程中的操作安全。

爆破产生的危害主要包括因爆破引起的地震、冲击波、飞石、噪声、有毒气体等方面的负面效应,它直接威胁爆区周围环境和人民生命财产安全。因此,随着爆破技术在工业建设和城市建筑拆除等行业中的广泛应用,爆破危害的有效预防和安全距离的确定,已成为爆破设计与施工的重要组成部分,也是衡量爆破是否成功的重要标志。

确定爆破安全距离的目的是限制爆破有害效应对周围环境的影响,确保该距离之外人员、建筑物及其他被保护对象的安全。在安全距离一定的条件下,可以通过反算出齐发爆破的总装药量或延期爆破中最大一段的起爆药量,从而将爆破有害效应控制在一定的范围之内,达到有效控制的目的。

爆破施工的安全问题涉及爆破工程的全过程,大量工程实践表明,预防爆破事故的措施可以概括为:“精心设计是基础,严谨施工是关键,安全管理是保障”。

13.1 爆破地震效应及减震技术

炸药爆炸时释放出的巨大能量是以应力波的形式向外传播的,随着传播距离的增加,逐渐衰减为地震波。地震波由于引起介质质点的强烈振动,能使爆区周围的建筑物产生损伤甚至倒塌、露天边坡滑动或地下巷道冒落,形成严重的危害。

13.1.1 爆破地震的产生及危害

1. 爆破地震的产生

炸药在岩土介质中爆炸时,大部分能量将岩体破碎、移动或抛掷,剩余部分能量对周围的介质引起扰动,并以波动形式向外传播,随距离的增加由应力波逐渐衰减为地震波。地震波是一种弹性波,它包含在介质内部传播的体波和沿地面传播的面波。

各种波向外传播时,每一种波的能量密度都将随着离开震源距离的增加而减小。可以证明,在介质表面,纵波和横波的振幅与距离按 $1/r^2$ 比例减小,瑞利波的振幅与距离按 $1/\sqrt{r}$ 比例减小,因此,瑞利波随距离的衰减比体波慢得多。

2. 爆破地震的危害

在工程爆破中,利用炸药可达到各种工程目的,如矿山开采、土石方爆破开挖、定向爆破筑坝、修筑铁路路基以及进行建筑物或构筑物爆破拆除等。但在爆破区一定范围内,当爆破引起的震动达到足够的强度时，就会造成各种破坏现象，如滑坡、建筑物或构筑物的破坏等，这种爆破震动波引起的现象及后果称为爆破地震效应。

工程爆破引起建(构)筑物的震动影响，主要表现在以下方面：

(1) 硐室爆破或深孔爆破对地面和地下建(构)筑物、保留岩体、设备等的影响。

(2) 城市、人口等稠密区进行的明挖、地下工程爆破以及拆除爆破对工业及民用建筑物、重要精密设施等的危害。

(3) 坝肩、深基坑、船闸、渠道等高边坡开挖爆破对边坡稳定性及喷层、锚杆、锚索等的影响。

(4) 地下洞室群爆破对相邻隧道、廊道、厂房等稳定性的影响。

13.1.2 爆破地震的传播规律

爆破震动强度通常用介质质点的运动物理量来描述，包括质点位移(u)、速度(v)和加速度(a)等。爆破震动波幅值通常用于表述震动强度，震动幅值指标有质点震动位移、震动速度、震动加速度等。震动加速度可直接反映震动力强弱，而且震动加速度计体积小、量测方便，因此初始阶段大多以震动加速度来表述震动强度，但通过一段时间试用和比较，发现以震动加速度指标作为岩体结构破坏标准时分散性很大。根据 U. 兰格福斯等人的早期研究，认为强度相当的不同岩石产生破坏的临界震动速度变化范围不大，质点震动速度指标与建(构)筑物的破坏和失稳相关性最好，爆破震动峰值速度描述震动强度具有较好的代表性，爆破震动速度是估计介质(如岩石和钢筋混凝土结构等)承受震动破坏等级的最好标准，它和岩体稳定性有较统一的对应关系，因此，目前一般采用质点垂直震动速度值作为判定标准。

爆破震动速度的计算，目前主要根据苏联科学家萨道夫斯基归纳的爆破震动速度的经验公式计算，即：

$$v=K\left(\frac{\sqrt[3]{Q}}{R}\right)^{\alpha} \tag{13-1}$$

式中 v——介质质点振动速度，cm/s；

Q——延期爆破单段最大药量或齐发爆破的总药量，kg；

R——爆源中心到观测点的距离，m；

K,α——与爆破点至计算保护对象间所传播的介质性质、地形地质条件有关的系数和衰减指数，可按表 13-1 选取，或通过现场试验确定。

表 13-1 爆区不同岩性的 K、α 值

岩 性	K	α
坚硬岩石	50～150	1.3～1.5
中硬岩石	150～250	1.5～1.8
软岩石	250～350	1.8～2.0

13.1.3 爆破地震安全允许标准和评价方法

安全震动速度是被保护物受到爆破震动作用而不产生任何破坏(如抹灰掉落、开裂等)

的质点垂直震动速度峰值，它通常是以被保护物的临界破坏速度除以一定的安全系数求出的，或根据实测统计数据资料确定。根据我国《爆破安全规程》(GB 6722)的规定，评价各种爆破对不同类型建(构)筑物和其他保护对象的震动影响，应采用不同的安全判据和允许标准；地面建筑物的爆破震动判据，采用保护对象所在地质点的峰值震动速度和主震频率；水工隧道、交通隧道、矿山巷道、电站(厂)中心控制室、新浇筑大体积混凝土的爆破震动判据，采用保护对象所在地质点峰值震动速度。爆破震动安全允许标准值见表 13-2。

表 13-2　爆破震动安全允许标准值

序号	保护对象类别	安全允许震动速度/(cm/s)		
		$f<10$ Hz	10 Hz$<f\leqslant50$ Hz	$f>50$ Hz
1	土窑洞、土坯房、毛石房屋	0.15～0.45	0.45～0.9	0.9～1.5
2	一般民用建筑物	1.5～2.0	2.0～2.5	2.5～3.0
3	工业和商业建筑物	2.5～3.5	3.5～4.5	4.2～5.0
4	一般古建筑与古迹	0.1～0.2	0.2～0.3	0.3～0.5
5	运行中的水电站及发电厂中心控制室设备	0.5～0.6	0.6～0.7	0.7～0.9
6	水工隧道	7～8	8～10	10～15
7	交通隧道	10～12	12～15	15～20
8	矿山巷道	15～18	18～25	20～30
9	永久性岩石高边坡	5～9	8～12	10～15
10	新浇筑大体积混凝土(C20) 龄期：初凝～3 d	1.5～2.0	2.0～2.5	2.5～3.0
	龄期：3～7 d	3.0～4.0	4.0～5.0	5.0～7.0
	龄期：7～28 d	7.0～8.0	8.0～10.0	10.0～12.0

注：1. 表中质点震动速度为 3 个分量中的最大值，震动频率为主振频率。

2. 频率范围根据现场实测波形确定或按如下数据选取：硐室爆破＜20 Hz；露天深孔爆破 10～60 Hz；露天浅孔爆破 40～100 Hz；地下深孔爆破 30～100 Hz；地下浅孔爆破 60～300 Hz。

3. 爆破震动监测应同时测定质点震动相互垂直的 3 个分量。

在按表 13-2 选取安全允许质点震动速度时，应认真分析以下影响因素：

(1) 选取建筑物安全允许震动速度时，应综合考虑建筑物的重要性、建筑质量、新旧程度、自震频率、地基条件等。

(2) 省级以上(含省级)重点保护古建筑与古迹的安全允许震动速度，应经专家论证选取，并报相应文物管理部门批准。

(3) 取隧道、巷道安全允许震动速度时，应综合考虑构筑物的重要性、围岩分类、开挖跨度、埋深大小、爆源方向、周边环境等。

(4) 对永久性岩石高边坡，应综合考虑边坡的重要性、边坡的初始稳定性、支护状况、开挖高度等。

(5) 非挡水新浇筑大体积混凝土的安全允许震动速度，可按表 13-2 给出的上限值选取。

13.1.4 降低爆破地震的技术措施

为了确保爆区周围人员和建(构)筑物的安全,必须将爆破地震的危害严格控制在允许范围之内,目前行之有效的减震措施有如下几种:

(1) 限制齐发爆破的最大用药量。

(2) 选用低威力、低爆速的炸药,实践证明,炸药的波阻抗越大、爆破震动的强度也越大。

(3) 改变装药结构可降低爆破震动。如不耦合装药、硐室条形药包、空气间隔装药和孔底留空气垫层等。

(4) 采用毫秒延时爆破技术,限制延期爆破药量最大一段的装药量。在总装药量和其他爆破条件相同的情况下,毫秒延时爆破的振动速度比齐发爆破可降低40%～60%。

(5) 采用预裂爆破技术,或在爆源与需要保护的建(构)筑物之间开挖减震沟槽,或在它们之间打单排或多排的密集孔也可起到一定的减震作用。

13.2 爆破空气冲击波及其防护

13.2.1 爆破空气冲击波产生的原因

炸药爆炸时都会有空气冲击波从爆炸中心传播出来。炸药若是在空气中爆炸,其高温高压的爆炸产物就会直接作用在气体介质上,形成强烈的空气冲击波;炸药若是在岩石中爆炸,高温高压的爆炸产物就从岩石破裂瞬间冲入周围空气中,强烈地压缩邻近的空气,使其压力、密度、温度突然升高形成空气冲击波。由于空气冲击波具有较高的压力和流速,它不仅可以引起爆破区域附近一定范围内的建(构)筑物破坏,而且还会造成人类器官的损伤和心理反应,严重的可以导致死亡。

工程爆破产生空气冲击波的原因,大体有以下几种:

(1) 裸露的炸药、导爆索等的爆炸产生的空气冲击波。

(2) 炮孔填塞长度不够,填塞质量不好,炸药爆炸高温高压气体从孔口冲出产生的空气冲击波。

(3) 因局部抵抗线太小,沿该方向冲出的高温高压气体产生的空气冲击波。

(4) 多孔起爆时,由于起爆顺序控制不合理,导致部分炮孔的抵抗线变小,造成空气冲击波。

(5) 在断层、夹层、破碎带等弱面部位高温高压气体冲出产生的空气冲击波。

(6) 大型硐室抛掷爆破时,鼓包破裂后冲出的气浪,以及在河谷地区大爆破气浪形成“活塞状”压缩空气,形成空气冲击波。

装药量、炸药性质、岩体性质及构造、填塞状态、起爆方法等是影响空气冲击波强度的主要因素。

13.2.2 爆破空气冲击波的计算

爆炸气体产物的膨胀由于惯性效应而易引起过度膨胀,导致波阵面后面的压力急剧下降，则产生压力低于大气压的稀疏波，并从波阵面向爆炸中心传播。随着传播距离的增加，空气冲击波的波强逐渐下降变成噪声和次声波。空气冲击波与噪声和次声波的区别在于超压和频率，一般认为，超压大于 7 kPa 的为空气冲击波，超压低于此值的为噪声和次声波。

爆炸空气冲击波是由压缩相和稀疏相两部分组成的，而在大多数情况下冲击波的破坏作用是由压缩相所引起的。确定压缩相破坏作用的特征参数是冲击波波阵面上的超压值 Δp，按下式计算：

$$\Delta p = p - p_0 \tag{13-2}$$

式中 p——冲击波波阵面上的峰值压力，Pa；

p_0——空气的初始压力，Pa。

炸药在岩石中爆炸时，空气冲击波的强度取决于一次爆破的装药量、传播距离、起爆方法和堵塞质量。空气冲击波的峰值压力可按下式计算：

$$p = H\left(\frac{Q^{1/3}}{R}\right)^{\beta} \tag{13-3}$$

式中 Q——延期爆破单段最大药量或齐发爆破的总药量，kg；

R——爆炸中心到观测点的距离，m；

H——与爆破场地条件有关的系数；

β——空气冲击波的衰减指数。

H、β 的取值参考表 13-3。

表 13-3 不同爆破条件的 H、β 值

爆破条件	H		β	
	毫秒延时起爆	齐发起爆	毫秒延时起爆	齐发起爆
炮孔爆破	1.43		1.55	
钻眼爆破破碎大块		0.67		1.31
裸露药包破碎大块		1.35	1.81	1.18

利用上述两式可计算出爆破空气冲击波超压值。当冲击波超压值大于 2.0 kPa 时，建筑物上门窗玻璃将全部破坏，人员轻微挫伤；当冲击波超压值大于 50 kPa 时，轻型结构被严重破坏、砖结构房屋被掀顶、土墙倒塌，人员内脏受到严重挫伤；当冲击波超压值大于 100 kPa 时，则砖结构房屋全部破坏，钢结构建筑物严重破坏，大部分人员死亡。

13.2.3 爆破空气冲击波安全距离

露天进行裸露爆破或用爆炸法销毁爆破器材时，炸药能量转化为空气冲击波的比例较高，而且影响的范围也较大。因此，《爆破安全规程》(GB 6722)规定，露天裸露爆破大块时，一次爆破的炸药量不大于 25 kg，并按式(13-4)确定空气冲击波对在掩体内避炮作业人员的安全允许距离：

$$R = K\sqrt[3]{Q} \tag{13-4}$$

式中 R——空气冲击波对掩体内避炮作业人员的最小允许距离，m；

Q——一次爆破的炸药量，秒延时爆破取最大段药量计算，毫秒延时爆破则按一次爆破的总药量计算，kg。

K——系数，对于爆破作业人员取 $K=25$，对于周围居民和其他人员取 $K=60$，对于建筑物取 $K=55$。

13.2.4 爆破噪声及其破坏效应

爆破噪声是爆破空气冲击波引起气流急剧变化的结果。爆破空气冲击波在传播过程中能量逐渐耗损，波强逐渐下降而变成噪声。噪声的超压较低，一般用声压级别分贝表示，即：

$$S=20\log\frac{\Delta p}{p_0} \tag{13-5}$$

式中 S——声压级别，dB。

目前，各个国家提出的噪声控制标准还不统一，美国环保局曾提出以 120 dB 为推荐的亚声安全值；美国矿务局规定 128 dB 为安全限；美国杜邦公司认为，爆破噪声低于 115 dB 时只有少数人投诉。我国湖北爆破协会规定，在市区爆破时，距爆区 20 m 以外的噪声应限制在 90 dB 以下。爆破噪声对建筑物的破坏如表 13-4 所示。对爆破噪声的预防与爆破空气冲击波预防基本相似。

表 13-4 爆破噪声对建筑物的破坏

声压级/dB	压力/MPa	建筑物破坏情况
177～180	0.15～0.2	窗框破坏
171	0.07	大多数窗玻璃破坏
161	0.02	玻璃部分破坏，屋瓦部分翻动，顶棚抹灰部分脱落
151	0.007	一些安装不好的玻璃破坏
141	0.002	某些大格窗玻璃破坏
128	0.000 5	美国矿务局规定安全值
120	0.000 2	美国环保局推荐的亚声安全值

13.2.5 降低空气冲击波及噪声的技术措施

爆破作业时，为了确保人员和建筑设施的安全，必须对空气冲击波加以限制，使之低于允许的超压值。常用的空气冲击波防护措施主要有如下几种：

(1) 多采用分次爆破或延期爆破技术。

(2) 严格按设计抵抗线进行施工，确保抵抗线均匀。

(3) 尽量避免采用裸露导爆索起爆，加强填塞质量。

(4) 对岩体的地质弱面采用补强办法来扼制冲击波。

(5) 控制爆破方向及选择合理爆破间隔时间。

(6) 预设阻波墙法，如水力阻波墙、沙袋阻波墙、防波排柱和木垛阻波墙等。

13.3 爆破个别飞石及其预防

13.3.1 爆破个别飞石产生的原因

爆破飞石是指爆破时从被爆物体中脱离主爆堆而飞散较远的个别碎块。这些个别碎石飞得较远，且飞行方向及距离难以准确预测，给爆区附近人员、建筑物和设备等的安全造成严重威胁，它是爆破工程中最重要的潜在事故因素之一。爆破产生个别飞石的距离和数量与爆破参数、堵塞质量、地形、地质构造等因素有关。产生个别飞石的主要原因如下：

(1) 单位炸药消耗量取值过大，致使炸药在破碎预定范围的介质后，有多余的能量作用在个别碎石上，使其获得较大的动能而飞散。

(2) 炮孔位置布置不当。由于对待爆的介质内部断层、裂隙、软弱夹层或原结构的工程质量、构造和布筋情况了解不够，将炮眼或药室布置在这些薄弱部位，使此位置介质的破碎能量过剩。

(3) 最小抵抗线由于设计或施工的误差导致其实际值减小或方向改变。

(4) 堵塞长度不够或质量不高；炮孔附近的碎石未清理干净或覆盖质量不合格。

(5) 起爆顺序不合理或延期时间过长。

13.3.2 爆破个别飞石安全距离

《爆破安全规程》(GB 6722)规定，除抛掷爆破外，爆破时个别飞散物对人员的安全距离不应小于表 13-5 的规定，对设备或建(构)筑物的安全允许距离，应由设计确定。

表 13-5 爆破个别飞散物对人员的安全允许距离

<table>
<tr><th colspan="2">爆破类型和方法</th><th>个别飞散物的最小安全允许距离/m</th></tr>
<tr><td rowspan="9">1. 露天岩土爆破[①]</td><td>破碎大块岩矿：
裸露药包爆破法
浅孔爆破法</td><td>
400
300</td></tr>
<tr><td>浅孔爆破</td><td>200(复杂地质条件下或未形成台阶工作面时不小于 300)</td></tr>
<tr><td>浅孔药壶爆破</td><td>300</td></tr>
<tr><td>深孔爆破</td><td>按设计，但不小于 200</td></tr>
<tr><td>深孔药壶爆破</td><td>按设计，但不小于 300</td></tr>
<tr><td>浅孔孔底扩壶爆破</td><td>50</td></tr>
<tr><td>深孔孔底扩壶爆破</td><td>50</td></tr>
<tr><td>硐室爆破</td><td>按设计，但不小于 300</td></tr>
<tr><td colspan="2">2. 爆破树墩</td><td>200</td></tr>
<tr><td colspan="2">3. 森林救火时，堆筑土壤防护带</td><td>50</td></tr>
<tr><td colspan="2">4. 爆破拆除沼泽地的路堤</td><td>100</td></tr>
</table>

表 13-5(续)

爆破类型和方法		个别飞散物的最小安全允许距离/m
5. 水下爆破	水面无冰时的裸露药包或浅孔、深孔爆破 水深小于 1.5 m 水深大于 6 m 水深 1.5～6 m	 与地面爆破相同 不考虑飞石对地面或水面以上人员的影响 由设计确定
	水面覆冰时的裸露药包或浅孔、深孔爆破	200
	水底硐室爆破	由设计确定
6. 破冰工程	爆破薄冰凌	50
	爆破覆冰	100
	爆破阻塞的流冰	200
	爆破厚度大于 2 m 的冰层或爆破阻塞流冰一次用药量超过 300 kg	300
7. 爆破金属物	在露天爆破场	1 500
	在装甲爆破坑中	150
	在厂区内的空场中	由设计确定
	爆破热凝结物	按设计，但不小于 30
	爆炸加工	由设计确定
8. 拆除爆破、城镇浅孔爆破及复杂环境深孔爆破		由设计确定
9. 地震勘探爆破	浅井或地表爆破	按设计，但不小于 100
	在深孔中爆破	按设计，但不小于 30

注：① 沿山坡爆破时，下坡方向的飞石安全允许距离应增大 50%。

我国在计算抛掷爆破时，对个别飞石飞行最远距离的计算多采用以下经验公式：

$$R=20kn^2W \tag{13-6}$$

式中 k——安全系数，与地形、风向等因素有关，一般取 1.0～1.5；

n——爆破作用指数；

W——最小抵抗线，m。

以上公式对于拆除爆破仅能作为参考；在确定飞石范围时，若在高山陡坡条件下进行硐室爆破，还应考虑滚石的危害。

由于造成个别飞石的原因很多，情况也很复杂，因此，具体一次爆破作业飞石安全距离的确定应视其爆破条件、周围环境等因素，类比相似工程，综合考虑来确定。

13.3.3 爆破个别飞石的防护措施

在爆破施工过程中，为了防止人员和其他保护对象不受飞石的伤害，主要采取以下防护措施：

(1) 合理确定爆破参数，特别注意最小抵抗线的实际大小和方向，避免出现较大的施工误差；在爆破参数设计上，尽量减小爆破作用指数，选择最佳的最小抵抗线，合理选择起爆顺序和延期时间间隔。

（2）详细勘查爆区介质结构情况，注意避免将药包放在软弱夹层或基础的结合缝上。

（3）提高堵塞长度，加强堵塞质量，严防堵塞物中夹杂碎石，多采用反向起爆方法。

（4）装药前要认真复核孔距、排距、孔深和最小抵抗线等尺寸，如有不符情况，应根据实测资料采取补救措施或修改装药量，严格禁止多装药。

（5）在进行浅眼爆破时，应尽量少用或不用导爆索起爆系统，以免因炮泥被炸开而产生飞石。

（6）在进行建（构）筑物拆除爆破时，对爆破装药部位加强覆盖。

同时，也可以在爆区与被保护对象之间设置防护排架、挂钢丝网或胶帘等拦截飞石，或对被保护对象进行严密覆盖；为必须在危险区内工作的人员设置掩体，使人员和可移动保护对象尽可能撤出飞石影响区域，以最大限度地防治飞石危害。

13.4 爆破有害气体的产生与预防

13.4.1 地下爆破有害气体含量要求

在地下爆破中，由于炸药爆炸或燃烧后会生成大量的 NO、NO_2、CO、SO_2、H_2S 等有害气体，当这些有害气体的含量超过某一限值时，就会危害人的身体健康。因此，爆破后由于通风时间不够或通风系统达不到要求，致使炮烟浓度较大或没完全排干净，工人长时间在这样的环境中工作而酿成事故，俗称“炮烟熏人”。所以，根据《爆破安全规程》（GB 6722）规定，地下爆破作业点的有害气体浓度不得超过表 13-6 所示的标准。

表 13-6 地下爆破作业点的有害气体允许浓度

名称	符号	最大允许浓度	
		按体积/%	按质量/(mg/m^3)
一氧化碳	CO	0.002 4	30
氮氧化物（换算成 NO_2）	NO_2	0.000 25	5
二氧化硫	SO_2	0.000 5	15
硫化氢	H_2S	0.000 66	10
氨	NH_3	0.004	30
甲烷	CH_4	1.0	
二氧化碳	CO_2	1.5	

13.4.2 产生炮烟熏人的原因

炸药爆炸时产生的有害气体主要与炸药的氧平衡有关，还与药包加工质量、使用条件、作业环境有关，因此，出现炮烟熏人的原因主要有以下几方面：

（1）所用炸药质量低劣、变质，使得炸药爆炸不完全，有毒气体生成量大。

（2）使用炸药量过多，超过了通风能力，不能在规定时间内迅速排除炮烟。

（3）爆破后排烟时间不够，工人提前进入工作面。

(4) 作业人员在回风巷道内,距爆破地点较近,未能及时撤离。

(5) 通风系统能力不够,炮烟不能在规定时间内及时排出等。

13.4.3 减少爆破有害气体的技术措施

为了减少爆破有害气体的危害,可采取以下措施进行控制:

(1) 选择配方合理的炸药,从理论上尽量使炸药实现零氧平衡或接近零氧平衡,减少爆破有害气体产生量。

(2) 不得使用质量低劣、变质的炸药。

(3) 一次爆破的炸药量要与通风能力相适应,如果通风能力不能完全满足要求时,可适当增加通风时间,来满足通风量的需求。

(4) 爆破后,在爆破地点 20 m 范围内要充分洒水,以便吸收或溶解有害气体。

(5) 爆破后要有足够的通风时间,待工作面炮烟排干净后方可进入。

13.5 爆破事故的预防和处理

工程爆破是一种高风险的特种行业,它涉及的领域广阔、内容丰富、方法各异,且作业环境条件复杂。为了保证爆破工程的安全,防止爆破事故的发生,必须从工程设计到工程施工与安全管理等方面,进行全过程管控,采取一切必要措施杜绝事故的发生。大量工程实践表明,预防爆破事故的措施可以概括为:“精心设计是基础,严格施工是关键,安全管理是保障”。

13.5.1 工程设计中的管控

(1) 对爆破对象及周围环境进行详细的调查研究。在接受任务、明确工程要求以后,设计人员必须深入现场仔细勘察,掌握爆破对象、周围环境的实际情况,这是制定爆破方案、预防爆破事故措施的依据。勘察时,第一,需要查阅原始地形、地质资料、岩性资料、建筑物设计资料,对爆破对象的介质和结构情况有一个充分的了解和认知;第二,对施工时段爆区的气象、杂散电流、射频电、感应电等外来电源及外来热源进行调研和查证,摸清爆区周围环境的变化规律;第三,对爆区附近需要保护的建筑物、地面和地下的各种设施、重点人群进行调研统计,并对施工过程中可能产生的风险进行评估等,充分掌握现场的第一手资料。这些调研工作不可能一次完成,而应贯穿于整个爆破准备工作的全过程,若施工途中发现条件有变,爆破设计和爆破事故预防措施就必须根据新情况进行修改和调整。

(2) 周密设计、合理布药,优化爆破方案和爆破参数。药包的位置和药量的大小,决定着爆破安全和效果,而药包位置、各项爆破参数之间又有密切联系。设计时应根据工程要求和现场条件,全面分析对比、综合考虑,优化爆破方案和参数,以期得出最佳爆破方案。

在岩土爆破中,先是根据最小抵抗线(W)的方向和数值,选定爆破作用指数(n)及介质单位炸药消耗量(q)。最小抵抗线的方向应尽量避开正对保护对象,无法避开时可降低 n 值。

在拆除爆破中,布药方案必须同时满足工程要求和控制危害效应在允许范围内,危害效应以个别飞散物为主。爆破拆除建(构)筑物必须按照具体情况决定布药方案,为减小用药量和药包个数，提高起爆网路的可靠度，可在掌握整体结构受力特性的基础上设计预处理部分承重结构，削弱其强度以利倒塌，但必须防止因预处理不当导致“不爆就倒”的意外事故。

(3) 确定保护对象安全判据，计算一次齐发爆破或微差爆破单段最大允许药量。从现有对工程爆破各种危害效应的认识出发，先确定最近保护对象所在地面的质点安全允许振动速度，经过经验公式估算出一次齐发爆破或微差爆破单段最大允许药量，这是保护对象不受爆破振动破坏的基本保证。控制最大允许药量只是控制了爆源强度，但是爆破震动传播受地形、地质条件影响很大，设计时需要充分考虑保护对象所处地基地貌及爆破具体情况。

(4) 采用分段延期爆破技术，实施分散装药，使炸药能量均匀分散释放。为解决工程规模、工期同爆破安全间的矛盾，应采用“一次起爆、多段响炮”的分段延期起爆技术，起爆段数取决于工程任务，一般按工程量及安全要求确定。设计时，第一，根据安全减振要求，使每段起爆药量不大于允许起爆药量；第二，根据技术可靠要求，使先起爆药包对后起爆药包无不利影响；第三，根据炸药爆炸能量充分利用要求，使先起爆药包不仅为后起爆药包爆破开创新自由面减小夹制作用和阻力，而且还要考虑后起爆药包爆炸时与前起爆药包爆炸的残余能量充分叠加和利用。

(5) 起爆网路精心设计，确保其准爆可靠。实现分段延期爆破要设计合理的起爆网路，确保每个药包不误爆、不拒爆。先要根据工程特点，选定正确的起爆方法。电起爆系统设计、爆破器材及施工稍复杂，且受环境外来电潜在威胁大，起爆分段数受延期电雷管段数限制而不能太多，但电起爆器材质量较有保证，可检查网路的施工质量，准爆可靠度大。非电导爆管系统较简便，受环境外来电威胁相对较小，采用孔内、孔外相结合的延期起爆网路可实现任意延期起爆段，但目前国产非电起爆器材质量尚待提高，网路施工质量还无法检查，准爆可靠度相对小些。有鉴于此，雷雨季节或在易遭雷击、外来电影响场合实施爆破时，采用电力起爆必须有周密的安全措施。

(6) 预估可能出现的爆破事故，提出周密的处理预案。设计时要根据工程特点和环境条件，预估爆破后可能出现的意外事故，如爆破碎片飞散，爆破有害气体、粉尘，爆破冲击波，爆破引发的火灾、水害，切断电气，阻塞交通，爆破震动危害，药包拒爆，以及爆破拆除建(构)筑物爆而不倒、倒塌方向失控、前冲或后坐等等，提出事故预防和应急处理措施，做到有备无患，避免因措手不及而引发新的事故。

13.5.2 工程施工中的管控

(1) 设计人员深入现场参与施工、指导施工。爆破工程具有特殊性，爆破设计人员必须深入现场，参与施工与指导，针对施工中出现的新情况、新问题，应及时调整修改设计，确保最终实现设计要求和目的。

(2) 建立、健全各项规章制度。根据工程特点，分别制定各项制度、各类人员岗位职责和关键工序的施工图、技术操作细则等，明确安全、质量标准。对全体工作人员进行技术培训，考核合格后持证上岗。切实做到有章可循，有法可依，按图施工，确保安全。

(3) 对关键工序和施工参数均应建立检查验收制度，确保施工质量。开始装药前必须对装药室或装药孔进行逐个检查验收，发现不符合设计要求的，必须坚决纠正，对不能修改的应采取其他的补救措施。对装药孔，主要检查孔位、孔深、孔数、孔距、倾斜度以及孔内情况。对装药室，主要检查位置、走向、尺寸、地质构造以及重大施工质量问题等。最后填写该项目的“竣工验收登记表”，由施工负责人和验收人分别签字，验收成果是最后确定设计的主要依据，必须足够重视。

(4) 对爆破器材进行认真检查，确保器材的质量。爆破器材是实现安全准爆的物质基础。《爆破安全规程》(GB 6722)规定，使用前必须按产品说明书指标检查爆破器材性能，坚决不用价廉而质量低劣的产品。使用多时段延期雷管时，要及时核查雷管的品种、数量是否相符，严防错发、错装雷管品种导致设计起爆顺序错乱而引发爆破事故，施工中必须有适量的备用器材。

(5) 根据设计的防护措施，认真组织施工，确保施工质量。在有可能危及人员安全或使邻近建(构)筑物、重要设施遭受损害的场所进行工程爆破时，应该采取各种防护措施和手段。对个别飞散物可采用全面防护、重点防护或两者综合的防护措施。全面防护时，一要注意防止覆盖物破坏起爆网路，二要防止先爆药包破坏覆盖物使后爆部分裸露，若采用金属防护材料覆盖时，应将电雷管脚线和导线接头用胶布包裹绝缘，严防短路。

(6) 根据设计布设警戒，严禁无关人员进入。工程爆破安全距离已在设计中规定，执行警戒中绝不可缩小。警戒范围要通过现场勘察后标定在平面图上，核定各个岗哨位置及人员、装备。原则是必须封闭可能进入爆破危险区的所有通道。各个岗哨按照事前公布的警戒时间封闭通道，确保人员、车辆不能进入危险区。

(7) 爆后进行安全检查，消除隐患。爆破后，解除警报前要认真对爆破现场进行安全检查，及时发现和消除事故隐患。在确认现场安全后方可解除警戒。

13.5.3 加强安全管理

(1) 加强人的管理。主要是组织本单位爆破作业人员参加培训，经考核并取得有关部门颁发的相应类别和作业范围、级别的安全作业证，才能持证上岗。要组织爆破作业人员在工作中相互学习、交流，不断提高安全技术水平。要奖励先进，树立典型，推动单位安全工作不断进步。

(2) 加强物的管理。要根据爆破工程的具体情况，对爆破器材的购置、运输、装卸、储存、发放、检查、应用、销毁等各个环节制定具体操作细则，并随时检查执行情况，切实做到账物相符，严防器材的流失，遵章操作，杜绝事故。

(3) 建立质量保证体系。按照质量管理体系标准，建立本单位工程爆破质量保证体系，这是预防爆破事故、确保爆破质量的根本措施。日前国内已有部分爆破企业按照国际质量管理体系标准要求，制定出本企业工程爆破质量保证体系文件(质量手册、程序文件、作业指导书、检验规程等)并通过国家权威机构认证。这不但强化、提高了企业的内部管理水平，同时也为今后走出国门，承接国外爆破工程项目创造了条件。

13.6 拒爆的产生及其处理方法

拒爆是指各种原因造成装药起爆后炸药没有爆炸的现象。它的发生可能是由于起爆材料或炸药质量不好，或起爆网路出现故障等造成的。拒爆不仅影响爆破效果，而且还造成很大的安全隐患。处理拒爆是一项危险性较高的作业，需要采取专门的安全措施和方法。

13.6.1 拒爆产生的原因

(1) 炸药因素造成的拒爆。炸药因素造成拒爆的原因主要有两方面：一是炸药过期、变质或炸药不合格等质量方面的问题造成拒爆；二是炸药使用不当，如不抗水的炸药没做防水处理、装药直径小于该炸药的临界直径、装药密度过大或过小(混合炸药)等因素造成拒爆。

(2) 起爆网路或起爆材料因素造成的拒爆。工业炸药的起爆方法，目前主要有非电起爆法(导爆索起爆法、导爆管雷管起爆法)和电力起爆法两种，起爆方法不同，产生拒爆的原因也不同。

若采用导爆索起爆法，产生拒爆的原因主要有：导爆索质量差或因贮存时间长，保管不良而变质；装入炮孔(或药室)后，铵油炸药中的柴油渗入药芯中，使其性能改变，造成拒爆；多段起爆时，被前段爆破冲坏；网路连接方法错误等。

若采用导爆管起爆法，产生拒爆的原因主要有：一是导爆管质量差，有破损或管内有杂物；在连接过程中有死结，有沙粒、气泡、水珠进入导爆管；导爆管与连接元件松动、脱节；起爆雷管不能完全起爆网路；网路在装药填塞过程中受损等。二是导爆管毫秒延期雷管在进行大面积分段毫秒延时爆破时，在起爆网路设计中，没有注意选取合理的点燃阵面宽度，使先起爆药包对后起爆药包造成破坏而引起拒爆。

若采用电雷管和电爆网路起爆，其产生拒爆的原因主要有：一是电雷管本身的原因，如装、运过程中，桥丝松动或断裂，或在贮存中保管不良及装药后雷管受潮变质；也有的是雷管出厂时，质量就不合格，起爆力小，桥丝电阻过大或过小，超过允许的范围值，或者电雷管的品种不一致。二是外来原因，如装填不慎将网路打断，连接不牢固，连接方式不妥当，使爆破网路有漏电或接地现象等。三是电爆网路设计不合理或计算错误。除电源产生的电流太小，不够准爆条件而引起拒爆外，还可能因设计时采用的连接方式不够合理，例如各支路电阻不平衡，使一些支路电流较大，而另一些支路中的雷管得不到最低准爆电流。因此，在电爆网路设计中一定要注意电源的容量和保证网路中每一个电雷管所得到的电流大于最小准爆电流，并尽可能使各支路电阻平衡。

13.6.2 拒爆处理要求

(1) 处理拒爆前，应由爆破领导人定出警戒范围，并在该区域边界设置警戒，处理拒爆时无关人员不准进入警戒区。

(2) 应派有经验的爆破员处理拒爆，硐室爆破的拒爆处理应由爆破工程技术人员提出方案并经单位主要负责人批准。

(3) 电力起爆发生拒爆时，应立即切断电源，及时将拒爆电路短路。

(4) 导爆索和导爆管起爆网路发生拒爆时，应首先检查导爆索或导爆管是否有破损或断裂，发现有破损或断裂的应修复后重新起爆。

(5) 不应拉出或掏出炮孔中的起爆药包。

(6) 拒爆处理后，应仔细检查爆堆，将残余的爆破器材收集起来销毁；在不能确认爆堆无残留的爆破器材之前，应采取预防措施。

(7) 拒爆处理后应由处理者填写登记卡片或提交报告，说明产生拒爆的原因、处理的方法和结果、预防措施。

13.6.3 拒爆处理方法

（1）裸露爆破的拒爆处理

① 处理裸露爆破的拒爆，可去掉部分封泥，安置新的起爆药包，加上封泥起爆；如发现炸药受潮变质，则应将变质炸药取出销毁，重新敷药起爆。

② 处理水下裸露爆破和破冰爆破的拒爆，可在拒爆附近另投入裸露药包诱爆，也可将药包回收销毁。

（2）钻孔爆破的拒爆处理

① 爆破网路未受破坏，且最小抵抗线无变化者，可重新连线起爆；最小抵抗线有变化者，应验算安全距离，并加大警戒范围后，再连线起爆。

② 对于浅孔爆破可打平行孔装药爆破，平行孔距盲炮不应小于 0.3 m，对于浅孔药壶爆破，平行孔距拒爆药壶边缘不应小于 0.5 m。为确定平行炮孔的方向，可以从拒爆孔口掏出部分填塞物。对于深孔爆破，可在距拒爆孔口不小于 10 倍炮孔直径处另打平行孔装药起爆。爆破参数由爆破工程技术人员确定并经爆破领导人批准。

③ 可用木、竹或其他不产生火花的材料制成的工具，轻轻地将炮孔内填塞物掏出，用药包诱爆。

④ 可在安全地点外用远距离操纵的风水喷管吹出拒爆的填塞物及炸药，但应采取措施回收雷管。

⑤ 处理非抗水硝铵炸药的拒爆，可将填塞物掏出，再向孔内注水，使其失效，但应回收雷管。

⑥ 拒爆应在当班处理，当班不能处理或未处理完毕，应将拒爆情况（拒爆的数目、炮孔方向、装药数量、起爆药包位置、处理方法和处理意见）在现场交接清楚，由下一班继续处理。

复习思考题

1. 爆破地震和天然地震有何区别？如何预防爆破地震波的危害？
2. 爆破有害气体有哪些？如何减少这些气体的含量及其对人的危害？
3. 爆破产生的飞石有哪些不确定性因素？如何预防？
4. 井下爆破如何预防空气冲击波的危害？
5. 如何预防爆破事故的发生？
6. 简述拒爆产生的原因。
7. 简述处理拒爆的方法和措施。

参考文献

[1] 陈宝心,杨勤荣.爆破动力学基础[M].武汉:湖北科学技术出版社,2005.
[2] 杜邦公司.爆破手册[M].北京:冶金工业出版社,1986.
[3] 高尔新,杨仁树.爆破工程[M].徐州:中国矿业大学出版社,1999.
[4] 高文蛟,陈学习.爆破工程及其安全技术[M].北京:煤炭工业出版社,2011.
[5] 郭占江,马平.炸药现场混装技术在大型露天煤矿抛掷爆破中的应用[J].工程爆破,2009,15(4):82-85.
[6] 罗勇.聚能效应在岩土工程爆破中的应用研究[D].合肥:中国科学技术大学,2006.
[7] 孟吉复,惠鸿斌.爆破测试技术[M].北京:冶金工业出版社,1992.
[8] 庙延钢,张智宇,栾龙发,等.特种爆破技术[M].北京:冶金工业出版社,2004.
[9] 施富强.复杂地质条件下危岩的爆破排险[J].工程爆破,2006,12(1):58-60.
[10] 佟铮,马万珍,曹玉生.爆破与爆炸技术[M].北京:中国人民公安大学出版社,2001.
[11] 汪旭光.爆破设计与施工[M].北京:冶金工业出版社,2011.
[12] 汪旭光.爆破手册[M].北京:冶金工业出版社,2010.
[13] 王树仁,程玉生.钻眼爆破简明教程[M].徐州:中国矿业大学出版社,1989.
[14] 熊代余,顾毅成.岩石爆破理论与技术新进展[M].北京:冶金工业出版社,2002.
[15] 杨国梁.钢筋混凝土结构爆破拆除数值模拟研究[D].北京:北京理工大学,2008.
[16] 张雪亮,黄树棠.爆破地震效应[M].北京:地震出版社,1981.
[17] 张正宇,等.现代水利水电工程爆破[M].北京:中国水利水电出版社,2003.
[18] 郑哲敏,等.爆炸加工[M].2 版.北京:国防工业出版社,1981.